运检专业技术监督设备监造培训教材

国网辽宁省电力有限公司　组编

内 容 提 要

本书是《运检专业技术监督设备监造指导书》的配套培训教材，全书共分5章，分别对变压器、油浸式并联电抗器、断路器、组合电器和隔离开关5类设备的基本知识、标准体系、检测方法及评判标准等内容进行详细说明，并对《运检专业技术监督设备监造指导书》的重点条款进行了解析。

本书可供运检专业参与监造人员阅读使用。

图书在版编目（CIP）数据

运检专业技术监督设备监造培训教材/国网辽宁省电力有限公司组编.—北京：中国电力出版社，2020.9

ISBN 978-7-5198-4862-0

Ⅰ.①运…　Ⅱ.①国…　Ⅲ.①电力系统运行－电力设备－监督管理－中国－技术培训－教材
Ⅳ.①TM732

中国版本图书馆CIP数据核字（2020）第145286号

出版发行：中国电力出版社
地　　址：北京市东城区北京站西街19号（邮政编码100005）
网　　址：http://www.cepp.sgcc.com.cn
责任编辑：穆智勇（zhiyong-mu@sgcc.com.cn）
责任校对：黄　蓓　王海南
装帧设计：张俊霞　赵姗姗
责任印制：石　雷

印　　刷：北京博图彩色印刷有限公司
版　　次：2020年9月第一版
印　　次：2020年9月北京第一次印刷
开　　本：787毫米×1092毫米　16开本
印　　张：13.75
字　　数：322千字
印　　数：0001—1500册
定　　价：58.00元

编 委 会

前言

早期设备监造是由专业的电力设备监造代表或专业技术丰富的专家组成监造组，进驻厂家生产现场对设备设计、制造、总装、试验等重要环节进行监督检查，确保产品质量符合技术协议的要求。随着大量国产设备投入电网，其间的安全稳定运行问题更加突出，以往单纯依靠第三方进行监造的模式已不能满足要求，更需要设备投运后的运维管理部门派出具有较高技能水平和丰富现场管理经验的生产人员前往设备生产厂家参与设备监造，关注设备的总装、试验等关键环节，掌握设备制造及出厂的详细资料，见证设备出厂试验中的各项目是否通过。采用这种监造方式，可以在设备尚未出厂时对设备生产进行全面了解，发现制造中出现的问题并及时整改，确保“零缺陷”运抵现场进行安装和交接试验，并在运行中保证较高的可靠性和较低的缺陷率，为今后变电站的安全稳定运行创造了良好的硬件条件。

电网主设备（变压器、组合电器等）具有工艺技术复杂、加工制造周期长、人为因素多、质量风险管控要求高等特点。设备监造对运检人员要求较高，需要具备深厚的专业技术能力和丰富的现场经验。为加强设备监造工作的开展，结合电力行业最新的标准及现场实际经验，国网辽宁省电力有限公司编制运检专业技术监督设备监造培训教材，详细讲解设备监造关键质量把控要点及相关专业知识、注意事项等内容。提高运检人员监造水平，指导运检人员顺利开展设备监造工作，进而为新设备的安全稳定运行保驾护航。

本书是《运检专业技术监督设备监造指导书》的配套辅助教材，全书分为5章，以图片结合文字说明的形式详细讲解设备监造要点及相关内容，包含变压器、油浸式并联电抗器、断路器、组合电器和隔离开关5类设备监造所需基础专业知识、该类设备监造相关的标准体系、该类设备型式试验及出厂试验所涉及的检测方法及评判标准、该类设备对应《运检专业技术监督设备监造指导书》中重点条款的解析。通过对本教材的学习，可使参与设备监造工作的运检专业人员掌握相关知识，全面提升运检人员监造的技能水平，从源头上保障设备监造质量。

本书由辽宁省电力有限公司组织编写，国网抚顺供电公司、国网本溪供电公司、国网营口供电公司、国网阜新供电公司、国网辽阳供电公司、国网盘锦供电公司、国网辽宁检修公司、国网辽宁电科院参与编写，并得到了江苏省电力有限公司、安徽省电力有限公司、特变电工沈阳变压器集团有限公司、新东北电气集团高压开关有限公司、江苏省如高高压电器有限公司、西安西电开关电气有限公司、国网辽宁建设公司的热情帮助和大力支持，在此一并致谢。

本书可供运检专业参与监造人员使用，可用于指导监造人员开展66～500kV变压器、油浸式电抗器、组合电器、断路器和隔离开关5类主设备相关入厂监造工作。

由于编写人员水平所限，书中难免存在不妥或疏漏之处，恳请广大读者批评指正。

编　者

2020年6月6日

目录

第1章　变　压　器

1.1　基本知识

1.1.1　变压器原理及分类

变压器是一种静止的电气设备，它是一种通过改变电压而传输交流电能的静止感应电器。如图1－1所示，它有一个共用的铁心和与其交链的几个绕组，并且绕组之间的空间位置不变。当某一个绕组从电源接受交流电能时，通过电磁感应原理改变电压（电流），在其余绕组上以同一频率、不同电压传输出交流电能。

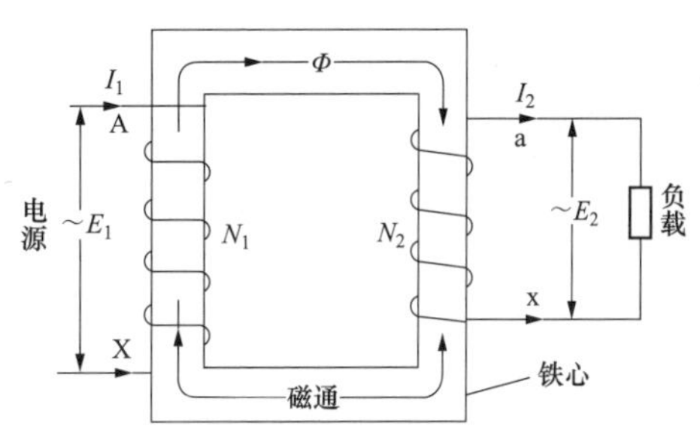

图1－1　变压器组成

变压器可以按结构、相数、绕组数、冷却方式等特征分类。按结构可分为心式变压器和壳式变压器；按相数可分为单相变压器和三相变压器；按绕组形式不同可分为双绕组变压器、三绕组变压器和自耦变压器；按调压方式不同可分为有载调压、无励磁调压和无调压变压器；按冷却方式不同可分为油浸自冷、油浸风冷、强油风冷、强油导向风冷变压器等。

通常变压器型号采用汉语拼音大写字母或其他合适字母来表示产品的主要特征，用阿拉伯数字表示产品性能水平代号、设计序号或规格代号等，如图1－2和表1－1所示。

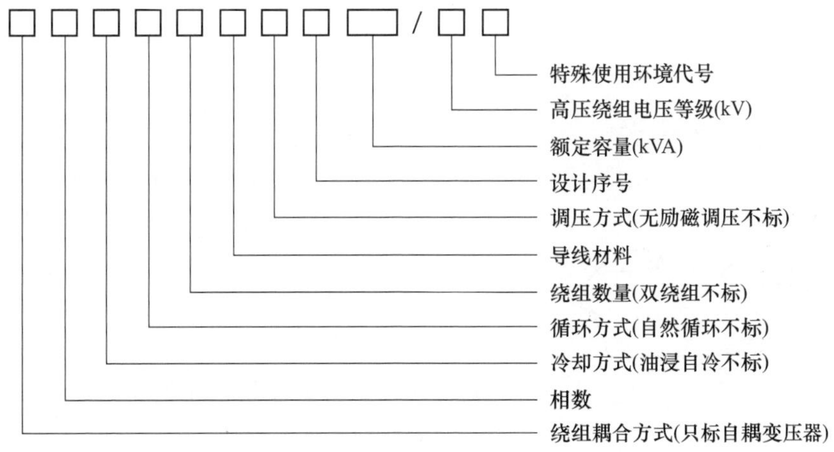

图1－2　变压器型号组成

表 1-1　　变压器产品型号字母排列顺序及含义

分　类	类　别	代表符号
绕组耦合方式	独立 自耦	— O
相数	单相 三相	D S
冷却方式	自然循环冷却 风冷 水冷	— F S
油循环方式	自然循环 强迫油循环	— P
绕组数	双绕组 三绕组 分裂绕组	— S F
导线材质	铜 铜箔 铝 铝箔	— B L LB
调压方式	无励磁调压 有载调压	— Z

例如：OSFPSZ-150000/200 表示自耦三相强迫油循环风冷三绕组铜导线有载调压、额定容量为 150MVA、高压额定电压等级为 200kV 的电力变压器。

1.1.2　变压器功能单元

1.1.2.1　铁心

变压器是根据电磁感应原理制造的，磁路是电能转换的媒介。铁心就是变压器的磁路部分，主要作用是导磁，由磁导率很高的硅钢片制成。它把一次电路的电能转变为磁能，又将磁能转变为二次电路的电能。同时，铁心是变压器的内部骨架，铁心的夹紧装置不仅使磁导体成为一个机械上完整的结构，而且在其上面套有带绝缘的线圈，支持着引线，并几乎安装了变压器内部的所有部件。铁心有壳式和心式两种基本结构，如图 1-3、图 1-4 所示。

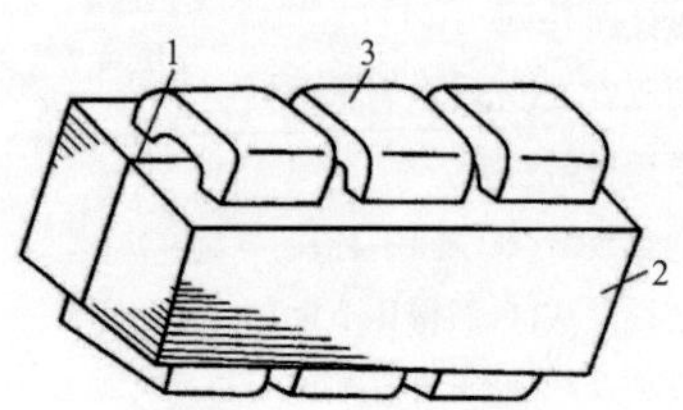

图 1-3　壳式铁心

1—铁心柱；2—铁轭；3—绕组

1.1.2.2 绕组

绕组是变压器输入和输出电能的电气回路。变压器绕组通常采用铜线绕制，绕组按电压等级可分为高压绕组和低压绕组，有的三绕组变压器还有中压绕组，高、中、低压绕组同心套在铁心柱上。绕组主要作用是：一次绕组将系统的电能引进变压器中，而二次绕组将电能传输出去，因此绕组是传输和转换电能的主要部件。为便于配置绝缘，一般低压绕组绕在内侧，高压绕组绕在低压绕组外侧，低压绕组与铁心柱之间以及高、低压绕组之间都必须留有一定的绝缘间隙和散热通道，并用绝缘纸筒隔开，如图1-5所示。

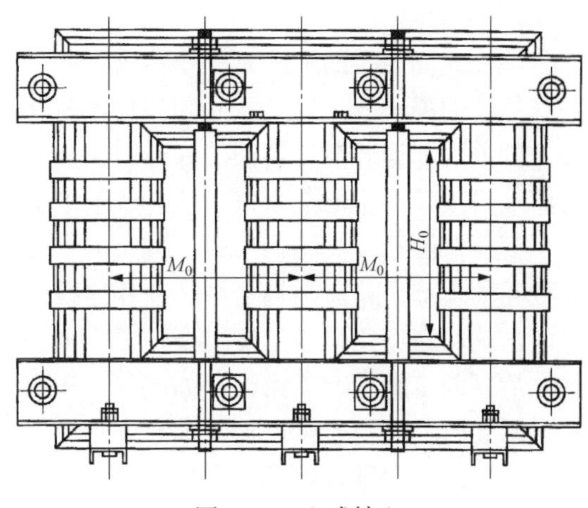

图1-4 心式铁心

1.1.2.3 绝缘

变压器的绝缘分为外绝缘和内绝缘两种，外绝缘指的是变压器同相或异相套管之间以及套管对地部分之间的绝缘；内绝缘指的是油箱内的绝缘，主要是绕组绝缘、引线和分接开关的绝缘，如图1-6所示。内绝缘又分为主绝缘和纵绝缘。主绝缘是指线圈（或引线）对地、对异相或同相的其他线圈（或引线）之间的绝缘；纵绝缘指的是绕组的匝间、层间或者它和相应引线之间的绝缘。

图1-5 绕组

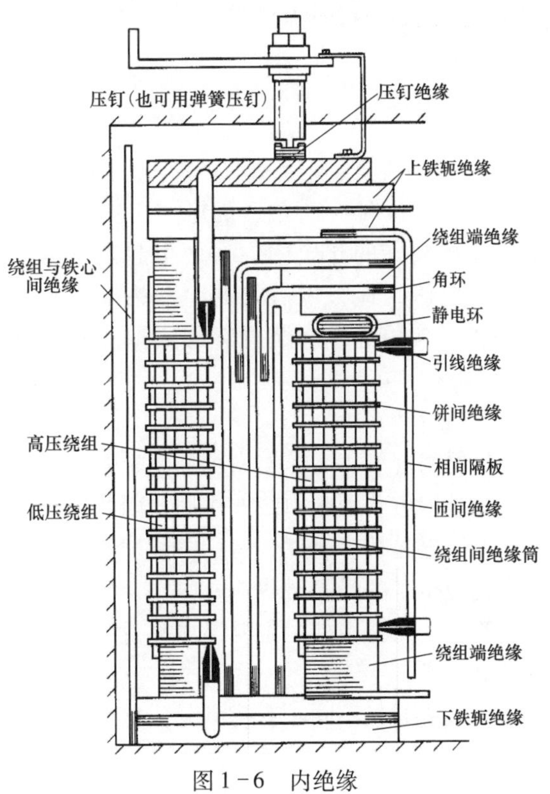

图1-6 内绝缘

1.1.2.4 油箱

油浸式变压器的油箱是变压器器身的外壳，具有容纳器身、充注变压器油及散热冷却的作用。油浸式变压器的铁心和绕组器身装在充满变压器油的箱体内。油箱是保护变压器器身的外壳和盛装变压器油的容器，又是变压器外部结构件的装配骨架，同时通过变压器油将器身损耗产生的热量以对流和辐射的方式散至大气中。

变压器油箱按其结构形式不同一般可分为桶式和钟罩式。桶式油箱的特点是箱沿设置在油箱的顶部，箱盖与箱沿用螺栓相连接。箱盖一般为一平板，与铁轭上夹件固定连接在一起。油箱箱壁用钢板弯折成型，截面多为椭圆形或长方形，箱沿和箱盖之间放置密封胶垫然后用固定螺栓加以密封，如图 1-7 所示。钟罩式油箱的特点是当变压器容量增大到一定限度时，器身质量增加，不易进行吊心检修，钟罩式油箱可以进行吊罩，对器身进行检修，如图 1-8 所示。

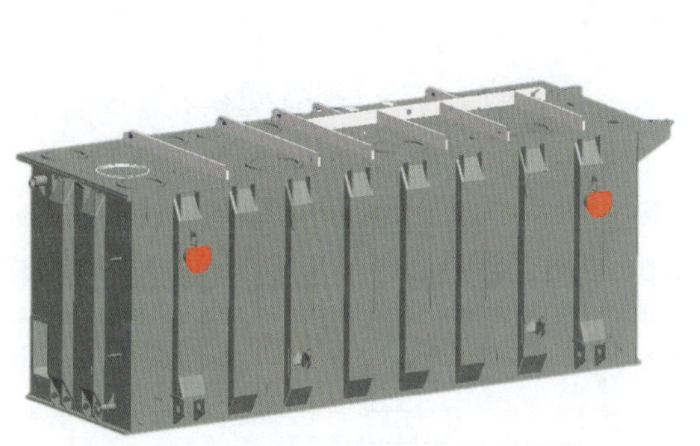

图 1-7　桶式油箱

图 1-8　钟罩式油箱

1.1.2.5 冷却装置

变压器运行时，铁心、绕组、引线和钢结构件中均产生损耗。这些损耗将转变成热量发散于周围的介质中，从而引起变压器发热和温度升高。为使变压器各部分温升不超过规定值，应采取有效的冷却措施。不同的变压器冷却方式有着不同的冷却系统结构形式。常用的冷却装置有片式散热器、管式散热器和强迫油循环风冷却器、强油水冷却器。

1.1.2.6 套管

变压器的套管将变压器内部的高、低压引线引到油箱的外部，它不但作为引线对地的绝缘，而且担负着固定引线的作用，因此应具有足够的电气强度和机械强度。同时套管中间的导电体也是载流元件，运行中长期通过负载电流，因此必须具有良好的热稳定性，还需能承受短路时的瞬间过热。

套管是变压器箱外的主要绝缘装置，高压套管外绝缘大多采用瓷质绝缘套管，内部多采用油纸绝缘。

根据载流方式不同，套管可分为穿缆式、导杆式、拉杆式和底部接线式等四种类型，如图 1-9 所示。

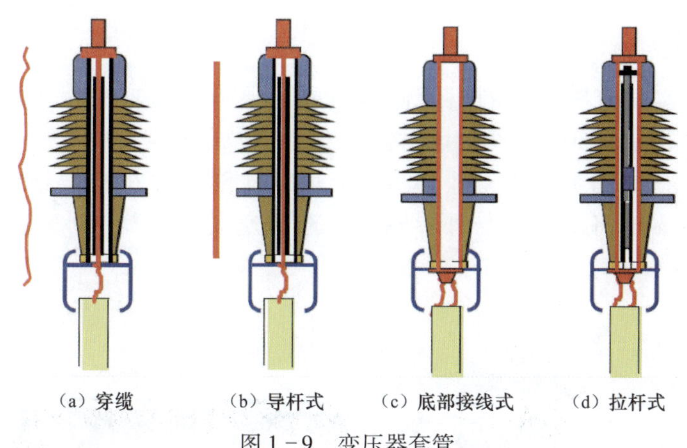

图1-9　变压器套管

1.1.2.7　分接开关

分接开关是用来切换变压器的高压或低压绕组的分接头，以满足因电网电压变化需调整输出电压的要求。

1. 无励磁分接开关

无励磁分接开关又称无载分接开关，是在变压器一、二次侧均与电网断开情况下，用以变换一次或二次绕组的分接，改变其有效匝数，进行分级调压。为使体形小巧，无励磁分接开关一般都装在高压侧，如图1-10所示。

2. 有载调压开关

有载调压是指变压器在带负载运行中，可手动或电动变换一次分接头，以改变绕组匝数，进行分级调压。其调压范围可以达到额定电压的±15%，甚至更多。有载调压变压器所使用的开关就是有载分接开关，如图1-11所示。

图1-10　无励磁分接开关

图1-11　有载调压开关

1.1.2.8 组部件

1. 储油柜

储油柜可以实现变压器油的温度伸缩效应，保障变压器安全可靠运行。目前大型变压器的储油柜主要采用全密封结构，依据补偿元件的不同可分为胶囊式、隔膜式和金属波纹式，如图1－12～图1－14所示。补偿元件在补偿绝缘油体积变化的同时，必须能可靠地将绝缘油与外界隔绝，避免空气中的氧和水分对绝缘油的油质产生影响。

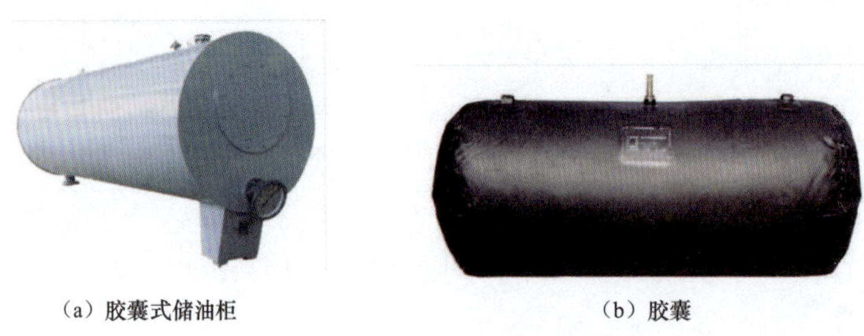

（a）胶囊式储油柜　（b）胶囊

图1－12　胶囊式储油柜和胶囊

2. 吸湿器

吸湿器用于容量大于50kVA以上的变压器和解除真空干燥空气的专用装置，作用是保证储油柜内的空气干燥，吸附由于变压器温度变化而进入变压器储油柜空气中的粉尘和潮气。当变压器运行中油面产生变化时，使进入储油柜的空气经吸湿器净化，滤除空气中的粉尘和水分，以保持变压器油的绝缘强度和气囊内部、隔膜上部空气干燥。吸湿器如图1－15所示。

图1－13　隔膜式储油柜

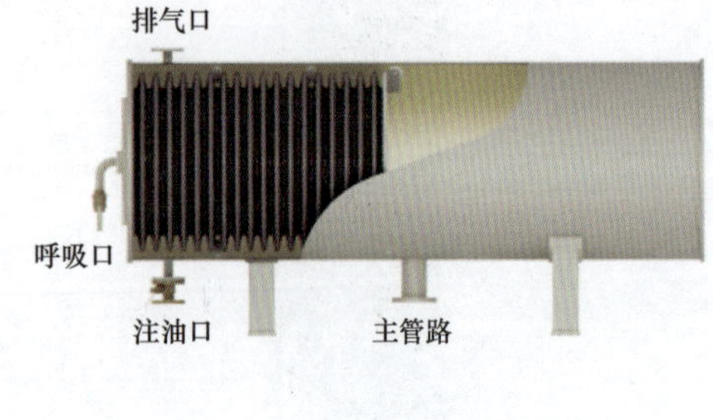

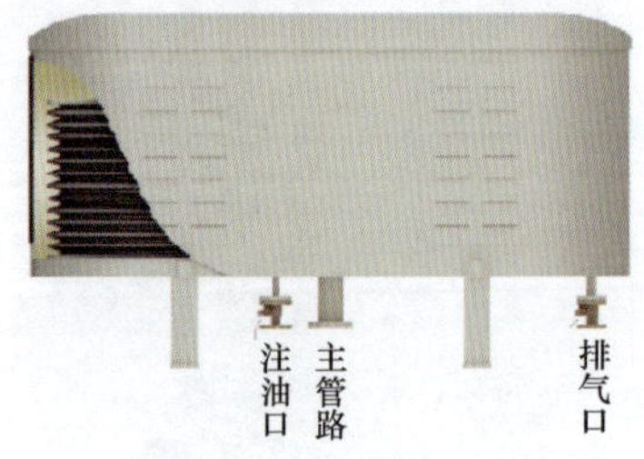

（a）外油金属波纹式储油柜　（b）内油金属波纹式储油柜

图1－14　波纹式储油柜

3. 气体继电器

气体继电器是油浸式变压器的一种主要保护装置，安装在油箱与储油柜相连的连管上，如图1－16所示。一般情况下，当变压器内部发生故障时，故障处绝缘材料或变压器油受热分解产生气体，引起油流涌动，使气体继电器发出轻瓦斯报警信号或重瓦斯跳闸信号，重瓦斯保护动作切断变压器，避免故障进一步扩大。

图1－15 吸湿器

4. 压力释压阀

压力释放阀是用来保护油浸式变压器等电气设备过压力保护的安全装置，可以避免油箱变形或爆裂。当油浸式变压器内部发生事故时，油箱内的油被气化，产生大量气体，使油箱内部压力急剧升高。此压力如不及时释放，将造成油箱变形或爆裂。安装压力释放阀就是当油箱内压力升高到压力释放阀的开启压力时，压力释放阀在2ms内迅速开启，使油箱内的压力很快降低。压力释放阀如图1－17所示。

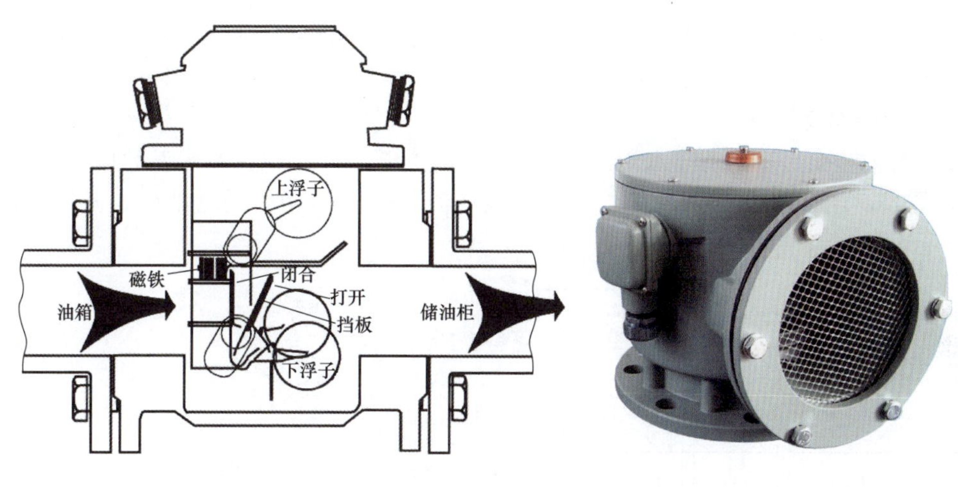

图1－16 气体继电器

图1－17 压力释压阀

5. 测温装置

温度计用来测量变压器内上层油温。变电站中常见的温度计为油面温度计、绕组温度计，它们在50～100℃的测温范围内读数误差不超过±2℃，信号误差不超过±3℃。

油面温度计主要由弹性元件（波纹管）、毛细管和温包组成。这三部分构成的密封系统内充满感温液体，当被测温度变化时，温包内感温液体的体积随之变化。这个体积增量通过毛细管传递到仪表内弹性元件（波纹管），使之产生一个相对应的位移。这个位移经机构放大后便可以指示被测温度，并驱动微动开关，输出信号以驱动冷却系统，达到控制变压器温升的目的。为保证大型变压器运行的可靠性、安全性，信号温度计温包内嵌装有Pt100铂电阻，通过表内的接线端子，可以将温度信号远传到数百米外的数字温度显示仪表，如图1－18所示。

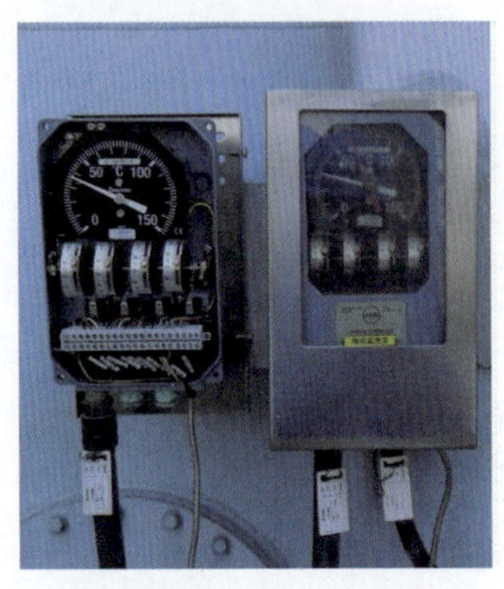

图 1－18　油面温度计

绕组温度计主要是在一个油温表的基础上，配备一台电流匹配器和一个电热元件，由变压器电流互感器取出的与负荷成正比的电流经变流器调整后，通过嵌装在弹性元件内的电热元件，电热元件产生热量，使弹性元件的位移量增大。因此，在变压器带负荷后，弹性元件的位移量是由变压器顶层油温和变压器负荷电流两者所共同决定的，变压器绕组温度计指示的温度是变压器顶层油温与线圈对油的温升之和。变压器绕组温度计工作原理如图 1－19 所示。

1.2　标准体系介绍

电力变压器（油浸式电抗器）相关国家标准、行业标准、企业标准共计 93 项，其中主标准 8 项，从标准 12 项，支撑标准 28 项。

1.2.1　主标准体系

变压器主标准是设备的技术规范、技术条件类标准，包括设备额定参数值、设计与结构、型式试验/出厂试验项目及要求等内容。变压器主标准共 8 项，标准清单如表 1－2 所示。

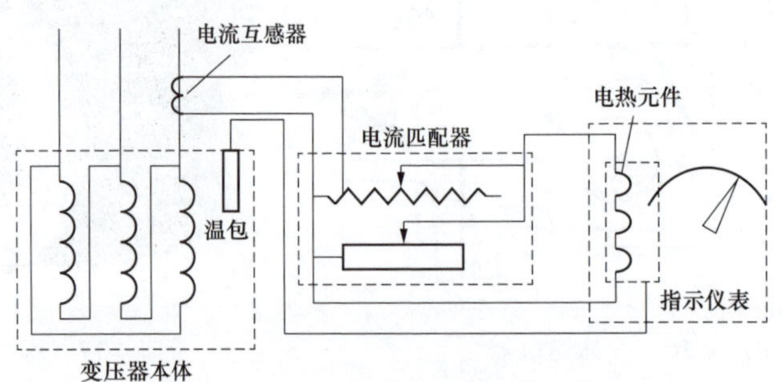

图 1－19　变压器绕组温度计工作原理图

表 1－2　变压器（油浸式电抗器）设备主标准清单

序号	标准号	标准名称
1	GB/T 1094.1—2013	电力变压器　第 1 部分：总则
2	GB/T 1094.2—2013	电力变压器　第 2 部分：液浸式变压器的温升
3	GB/T 1094.3—2017	电力变压器　第 3 部分：绝缘水平、绝缘试验和外绝缘空气间隙
4	GB/T 1094.4—2005	电力变压器　第 4 部分：电力变压器和电抗器的雷电冲击和操作冲击试验导则
5	GB/T 1094.5—2008	电力变压器　第 5 部分：承受短路的能力
6	GB/T 1094.7—2008	电力变压器　第 7 部分：油浸式电力变压器负载导则
7	GB/T 1094.10—2003	电力变压器　第 10 部分：声级测定
8	GB/T 6451—2015	油浸式电力变压器技术参数和要求

1.2.1.1 GB/T 1094.1—2013《电力变压器 第1部分：总则》

本标准适用于三相及单相变压器（包括自耦变压器），但不包括某些小型和特殊变压器。当某些类型的变压器（尤其是所有绕组电压均不高于1000V的工业用特种变压器）没有相应的标准时，本标准可以整体或部分适用。

1.2.1.2 GB/T 1094.2—2013《电力变压器 第2部分：液浸式变压器的温升》

本标准规定了变压器冷却方式的标志、变压器温升限值及温升试验方法，适用于油浸式变压器。

1.2.1.3 GB/T 1094.3—2017《电力变压器 第3部分：绝缘水平、绝缘试验和外绝缘空气间隙》

本标准详述了所采用的有关绝缘试验和套管带电部分之间及它们对地的最小空气绝缘间隙，适用于（GB/T 1094.1—2013）所规定的单相和三相油浸式电力变压器（包括自耦变压器）。对于某些有各自标准的电力变压器和电抗器类产品，本标准只有在被这些产品标准明确引用时才适用。

1.2.1.4 GB/T 1094.4—2005《电力变压器 第4部分：电力变压器和电抗器的雷电冲击和操作冲击试验导则》

本标准对电力变压器的雷电冲击和操作冲击试验的现行方法提供一个准则，并做一些说明，以作为GB/T 1094.3的补充。本标准包括波形、连同试验接线在内的试验回路、试验时接地的实施、故障探测方法、试验程序、测量技术以及试验结果的判断等方面。

1.2.1.5 GB/T 1094.5—2008《电力变压器 第5部分：承受短路的能力》

本标准规定了电力变压器在由外部短路引起的过电流作用下应无损伤的要求。本标准叙述了表征电力变压器承受这种过电流的耐热能力的计算程序和承受相应的动稳定能力的特殊试验和理论评估方法。本标准适用于GB/T 1094.1所规定范围内的变压器。

1.2.1.6 GB/T 1094.7—2008《电力变压器 第7部分：油浸式电力变压器负载导则》

本标准阐述了变压器在不同环境温度和负载条件下的运行对其寿命的影响，从运行温度和热老化观点提供了电力变压器的规范和负载导则。适用于油浸式变压器。

1.2.1.7 GB/T 1094.10—2003《电力变压器 第10部分：声级测定》

本标准规定了声压和声强的测量方法，并以此来确定变压器、电抗器及其所安装的冷却设备的声功率级。

1.2.1.8 GB/T 6451—2015《油浸式电力变压器技术参数和要求》

本标准规定了油浸式电力变压器的性能参数、技术要求、检测规则及方法、标志、起吊、包装、运输和贮存。适用于额定容量为30kVA及以上，额定频率为50Hz，电压等级为6kV、10kV、35kV、66kV、110kV、220kV、330kV和500kV的三相油浸式电力变压器和电压等级为500kV的单相油浸式电力变压器。

1.2.2 从标准体系

变压器从标准是指设备在部件元件类、原材料类、技术监督等方面应执行的技术标准，共计12项，标准清单如表1-3所示。

表 1-3　　变压器（油浸式电抗器）设备从标准清单

标准分类	序号	标准号	标准名称
部件元件类	1	GB/T 4109—2008	交流电压高于1000V的绝缘套管
	2	GB/T 10230.1—2007	分接开关　第1部分：性能要求和试验方法
	3	GB/T 10230.2—2007	分接开关　第2部分：应用导则
	4	JB/T 5347—2013	变压器用片式散热器
	5	JB/T 8315—2007	变压器用强迫油循环风冷却器
	6	JB/T 8316—2007	变压器用强迫油循环水冷却器
	7	JB/T 6484—2016	变压器用储油柜
原材料类	8	GB 2536—2011	电工流体变压器油和开关用的未使用过的矿物绝缘油
	9	DL/T 1388—2014	电力变压器用电工钢带选用导则
	10	DL/T 1387—2014	电力变压器用绕组线选用导则
	11	JB/T 8318—2007	变压器用成型绝缘件技术条件
技术监督类	12	Q/GDW 11085—2013	油浸式电力变压器（电抗器）技术监督导则

1.2.3　支撑标准体系

变压器（油浸式电抗器）支撑标准是支撑上述主、从标准中相关条款的国家标准、行业标准、企业标准等相关标准。变压器（油浸式电抗器）支撑标准共27项，其中主标准的支撑标准8项，从标准的支撑标准20项。变压器（油浸式电抗器）支撑标准清单如表1-4所示。

表 1-4　　变压器（油浸式电抗器）设备支撑标准清单

序号	标准号	标准名称	标准分类
1	GB/T 1094.101—2008	电力变压器　第10.1部分：声级测定应用导则	主标准支撑
2	Q/GDW 11306—2014	110（66）kV～1000kV油浸式电力变压器技术条件	主标准支撑
3	DL/T 272—2012	220kV～750kV油浸式电力变压器使用技术条件	主标准支撑
4	Q/GDW 1794—2013	气体绝缘变压器技术条件	主标准支撑
5	GB/T 23755—2009	三相组合式电力变压器	主标准支撑
6	JB/T 9643—2014	防腐蚀型油浸式电力变压器	主标准支撑
7	GB/Z 34935—2017	油浸式智能化电力变压器技术规范	主标准支撑
8	GB/T 17468—2008	电力变压器选用导则	主标准支撑
9	DL/T 1539—2016	电力变压器（电抗器）用高压套管选用导则	部件元件
10	JB/T 9642—2013	变压器用风扇	部件元件
11	JB/T 10112—2013	变压器用油泵	部件元件
12	JB/T 7065—2015	变压器用压力释放阀	部件元件
13	JB/T 9647—2014	变压器用气体继电器	部件元件
14	JB/T 8317—2007	变压器冷却器用油流继电器	部件元件
15	JB/T 10430—2015	变压器用速动油压继电器	部件元件
16	JB/T 6302—2016	变压器用油面温控器	部件元件
17	JB/T 8450—2016	变压器用绕组温控器	部件元件

续表

序号	标准号	标准名称	标准分类
18	JB/T 5345—2016	变压器用蝶阀	部件元件
19	JB/T 11493—2013	变压器用闸阀	部件元件
20	JB/T 10319—2014	变压器用波纹油箱	部件元件
21	Q/GDW 736.1—2012	智能电力变压器技术条件　第1部分：通用技术条件	部件元件
22	Q/GDW 736.3—2012	智能电力变压器技术条件　第3部分：有载分接开关控制IED技术条件	部件元件
23	Q/GDW 736.4—2012	智能电力变压器技术条件　第4部分：冷却装置控制IED技术条件	部件元件
24	Q/GDW 736.9—2012	智能电力变压器技术条件　第9部分：非电量保护IED技术条件	部件元件
25	Q/GDW 11071.1—2013	110（66）kV～750kV智能变电站通用一次设备技术要求及接口规范　第1部分：变压器	部件元件
26	DL/T 1094—2018	电力变压器用绝缘油选用指南	原材料
27	Q/GDW 11651.1—2017	变电站设备验收规范　第1部分：油浸式变压器（电抗器）	技术监督

1.2.4 标准执行说明

1.2.4.1 主标准执行说明

三相及单相电力变压器（包括自耦变压器）的使用条件、额定值、联结组标号、铭牌、试验等应执行GB/T 1094.1—2013《电力变压器　第1部分：总则》。

油浸式变压器冷却方式的标志、变压器温升限值及温升试验方法应执行GB/T 1094.2—2013《电力变压器　第2部分：液浸式变压器的温升》。

电力变压器所采用的有关绝缘试验和套管带电部分之间及它们对地的最小空气绝缘间隙应执行GB/T 1094.3—2017。

电力变压器的雷电冲击和操作冲击试验的波形、连同试验接线在内的试验回路、试验时接地的实施、故障探测方法、试验程序、测量技术以及试验结果的判断等应执行GB/T 1094.4—2005。

电力变压器承受外部短路过电流的耐热能力的计算程序和承受相应的动稳定能力的特殊试验和理论评估方法应执行GB/T 1094.5—2008。

油浸式变压器热点温度要求及超铭牌额定容量的负载推荐值应执行GB/T 1094.7—2008。

变压器及其所安装的冷却设备的声功率级应执行GB/T 1094.10—2003；在拟订变压器或电抗器相关技术条件时，供需双方需要协商确定的因素可参考支撑标准GB/T 1094.101—2008，当对工厂测量或现场测量结果不确定时同样可参考该标准进行分析。

66kV、220kV、500kV油浸式电力变压器的性能参数、技术要求、检测规则及方法、标志、起吊、包装、运输和贮存等内容应执行GB/T 6451—2015。

对于额定容量为63000kVA及以上、电压等级为66kV、220kV和500kV的三相组合式变压器的环境条件、性能参数、结构要求、标志、运输等可参考支撑标准 GB/T 23755—2009。

对于66kV、220kV三相及220kV组合三相气体绝缘变压器的性能参数、技术要求、测试项目等可参考支撑标准 Q/GDW 1794—2013。

对于66kV、220kV、500kV油浸式智能化电力变压器的智能组件及传感器的相关要求可参考支撑标准 GB/Z 34935—2017。

1.2.4.2 主标准差异化执行意见

（1）对于防腐蚀型油浸式并联电抗器，除需满足 GB/T 1094.1 与 GB/T 6451 的要求外，还需满足支撑标准 JB/T 9643—2014 的以下要求：

6 技术要求

6.1 各类型防腐变压器应符合如下使用环境条件等级：

——W 型产品的环境条件等级为：4K11）/4Zh2/4Za4/4Zw7/4B1/4C2/4S2；

——WF1 型产品的环境条件等级为：4K11）/4Zh2/4Za4/4Zw7/4B12）/4C3/4S3。

各种使用环境条件等级的环境参数按 JB/T 4375 相应表中的内容选取。

6.2 WF1 型产品，其高、低压套管应采用密封保护装置加以防护，并便于高压电缆进线和低压母线槽的安装，防护等级应符合 IP54。

6.3 储油柜及吸湿器应采取措施，阻止外部有害气体对变压器油的腐蚀。

6.4 所有外露紧固件、高压及低压导电杆、标牌等均应满足防腐要求。

6.5 外壳涂漆漆膜应均匀、附着力强，不允许有脱皮、气泡、斑点、流痕等缺陷。

6.6 防腐变压器应符合 GB/T 1094.1、GB/T 1094.2、GB/T 1094.3、GB/T 1094.5、GB/T 1094.7、GB/T 6451 和 GB/T 25446 的有关规定

7.2.2 型式试验

防腐变压器的型式试验项目除按照 GB/T 1094.1 和 GB/T 6451 的规定外，还应进行下列型式试验：

密封保护装置防护等级为 IP54 的试验：

——防尘试验；

——防水试验。

人工模拟试验环境

1.2.4.3 从标准执行说明

（1）部件元件类。部件元件类主要包含组成设备本体的部件、元件及附属设施（如在线监测装置、智能组部件等）的技术要求。

变压器套管的技术要求应执行 GB/T 4109—2008。

变压器分接开关的技术要求应执行 GB/T 10230.1—2007 及 GB/T 10230.2—2007，真空有载分接开关性能、保护装置、试验项目、试验方法等应执行支撑标准 DL/T 1538—2016。

变压器片式散热器、强迫油循环风冷却器、强迫油循环水冷却器的技术要求应分别执行 JB/T 5347、JB/T 8315、JB/T 8316。变压器用风扇、油泵、油流继电器可参考支撑标准

JB/T 9642、JB/T 10112、JB/T 8317。变压器储油柜结构及技术要求应执行 JB/T 6484—2016。

（2）原材料类。变压器原材料主要包括绝缘油、电工钢带、绕组线、绝缘件等。

变压器新油的技术要求应执行 GB 2536—2011。

电力变压器用电工钢带的选用原则、技术要求、试验项目、标志等应执行 DL/T 1388—2014。

电力变压器用绕组线的技术要求、检验项目及要求等应执行 DL/T 1387—2014。

油浸式变压器用绝缘纸类成型绝缘件的技术要求、试验分类及项目等应执行 JB/T 8318—2007。

（3）技术监督类。油浸式变压器的厂内验收工作内容及要求应执行支撑标准 Q/GDW 11651.1—2017。

1.2.4.4 从标准差异化执行意见

GB 2536—2011 表 1 中对油的介质损耗因数（90℃）要求为不大于 0.005。

建议执行：支撑标准 DL/T 1094—2018 第 4.3.3 条规定：验收合格的新油经脱气和过滤净化处理后的介质损耗因数应不大于 0.002。

原因分析：根据现场使用经验，未经使用过的新油经滤油处理后介质损耗因数均不超过 0.002，如果不能满足要求就存在以次充好的可能。

1.3 检测方法及评判标准

1.3.1 绕组直流电阻试验

1.3.1.1 试验目的

目的是检查线圈内部导线、引线与线圈的焊接质量，线圈所用导线的规格是否符合设计以及分接开关、套管等载流部分的接触是否良好。负载试验、温升试验的计算也需要测量直流电阻。绕组电阻测量时必须准确记录绕组温度。

1.3.1.2 一般规定

（1）检查仪器，根据仪器使用说明书和绕组电阻大小选择直流电阻测试仪的测试电流。

（2）各绕组引出端子必须全部处于开路状态。

（3）测量时一定要等待绕组自感效应影响降至最小程度（即读数稳定），再读取数据。

（4）每次测量完毕，必须对测量回路充分放电并后，才可进行下一步操作。

1.3.1.3 试验接线

绕组直流电阻试验原理接线如图 1-20 所示。

1.3.1.4 试验步骤

（1）确认被试品及试验设备接线正确。

（2）按选定的接线方式进行直流电阻测量，记录试验数据。

（3）结束测试，断开试验电源，对被试设备充分放电并短路接地，拆除试验接线。

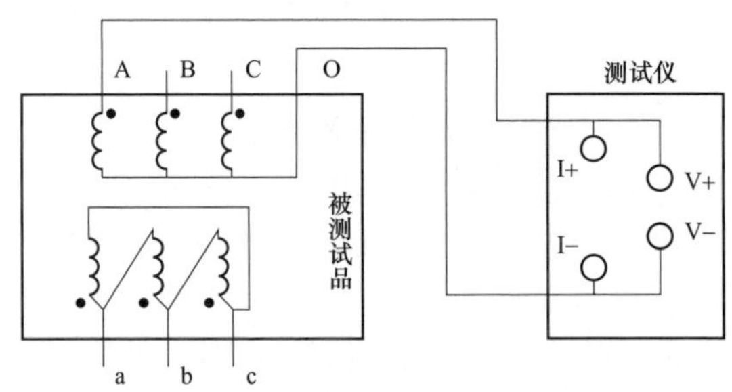

图 1-20　绕组直流电阻试验原理接线图

1.3.1.5　注意事项

影响直流电阻测量结果的因素主要有引线、温度、接触情况和稳定时间等。

（1）变压器各绕组的电阻应分别在各绕组的线端上测量；三相变压器绕组为 Y 联结无中性点引出时应测量其线电阻，例如 AB、BC、CA，有中性点引出时应测量其相电阻，例如 AO、BO、CO；绕组为三角形联结时，首末端均引出的应测量其相电阻，封闭三角形的试品应测定其线电阻。

（2）连接导线应有足够的截面积，且接触必须良好。

（3）绕组电阻测定时，应记录绕组温度。

1.3.1.6　评判标准

依据合同技术协议、试验方案、GB/T 1094。

（1）1.6MVA 以上变压器，各相绕组电阻相间的差别，不大于三相平均值的 2%；无中性点引出的绕组，线间差别不应大于三相平均值的 1%。

（2）1.6MVA 及以下变压器，相间差别一般不大于三相平均值的 4%，线间差别一般不大于三相平均值的 2%。

1.3.2　电压比试验

1.3.2.1　试验目的

验证变压器能否达到预期的电压变换效果，检查变压器分接开关内部所处位置与外部指示器是否一致及线段标志是否正确，检查各绕组的匝数比，判断变压器是否存在匝间或层间短路。

1.3.2.2　一般规定

（1）测量应分别在各分接上进行。

（2）三绕组变压器至少在包括第一对绕组在内的两对绕组上分别进行电压比测量。

1.3.2.3　试验接线

（1）单相变压器试验原理接线如图 1-21 所示。

（2）三相变压器试验原理接线如图 1-22 所示。

1.3.2.4　试验步骤

（1）按试验要求将被试变压器与试验仪器连接。

（2）按照变压器参数选择测试仪相应选项，进行测试。

（3）拆除测试线，对被试变压器充分放电。

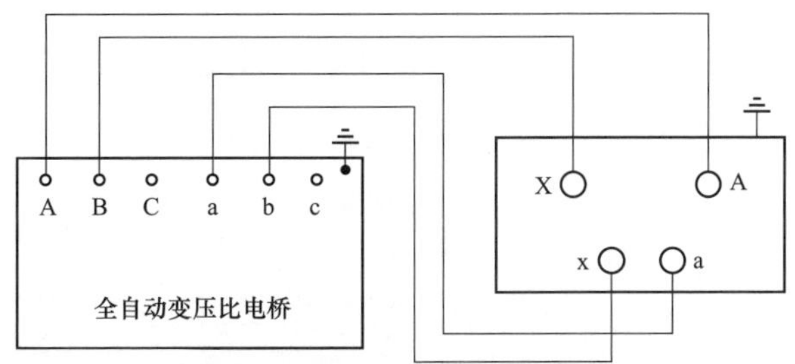

图1－21 单相变压器试验原理接线图

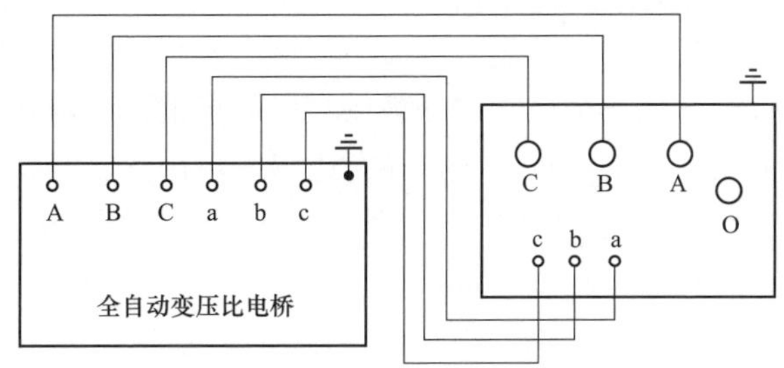

图1－22 三相变压器试验原理接线图

1.3.2.5 注意事项

（1）测试前应正确输入被测设备的相关参数。

（2）测试线应正确连接，防止高、低压接反。

（3）变比试验应在直流电阻试验前进行，当具备试验条件时，还应对变压器进行消磁，以保证测试结果的准确。

1.3.2.6 评判标准

符合合同技术协议、设计文件、试验方案及 GB/T 1094。

在额定分接位置，电压比误差不得超过 ±0.5%，在其他分接位置，电压比应在变压器阻抗电压值（%）的1/10以内，但不得超过 ±1%。

1.3.3 绕组绝缘电阻试验

1.3.3.1 试验目的

在变压器制造过程中，绝缘特性测量用来确定绝缘的质量状态，发现生产中可能出现的局部或整体缺陷，并作为产品是否可以进行绝缘强度试验的一个辅助判断手段。同时向用户提供出厂前的绝缘特性试验数据，用户对此可以对比和判断运输、安装、运行中由于吸潮、老化及其他原因引起的绝缘劣化程度。

1.3.3.2 一般规定

（1）变压器外壳接地，铁心和夹件的引出套管接地，以上接地必须良好。

（2）记录环境温度、顶层油温。

（3）应将被试绕组自身的端子短接，非被试绕组亦应短接并与外壳连接后接地。

1.3.3.3 试验接线

测量时，绝缘电阻表的接线端子 L 接于被试设备的高压导体上，接地端子 E 接于被试设备的外壳或接地点上，屏蔽端子 G 接于设备的屏蔽环上，以消除表面泄漏电流的影响。

被试品上的屏蔽环应按图 1－23 所示接在接近加压的高压端而远离接地部分，减少屏蔽对地的表面泄漏，以免造成绝缘电阻表过负荷。屏蔽环可以用熔丝或软铜线紧绕几圈而成。

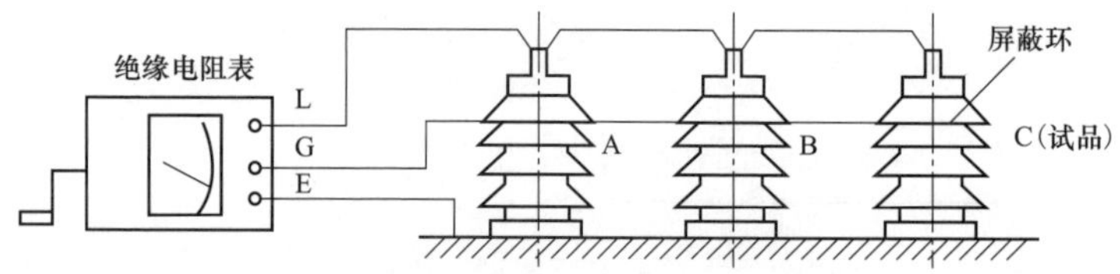

图 1－23　屏蔽环的安装位置图

1.3.3.4　试验步骤

（1）检查绝缘电阻表是否正常，并选择被试设备相应的测量电压挡位。

（2）按不同的测试项目要求进行接线，注意由绝缘电阻表到被试品的连线应尽量短。

（3）需要测量吸收比和极化指数时，分别在 15s、60s、10min 读取绝缘电阻值 R_{15s}、R_{60s}、R_{10min}并做好记录，用下列公式进行计算

$$吸收比 = R_{60s}/R_{15s}$$

$$极化指数 = R_{10min}/R_{60s}$$

（4）测量结束时，被试品还应对地进行充分放电，对电容量较大的被试品，应先经过电阻放电再直接放电，其放电时间应不少于 5min。

1.3.3.5　注意事项

（1）当第一次试验后需要进行第二次复测时，必须充分放电，对大容量的设备，至少放电 5min 以上，以保证测量数据准确，减少残余电荷的影响。

（2）吸收比读数时，应避免记录时间带来的误差。

（3）绝缘电阻表的 L 和 E 端子不能对调，与被试品间的连线不能铰接或拖地。

（4）测量时应使用高压屏蔽线。测试线不要与地线缠绕，尽量悬空。

（5）绝缘电阻大于 10000MΩ 时，吸收比和极化指数可仅作为参考。

1.3.3.6　评判标准

符合合同技术协议、设计文件、试验方案及 GB/T 1094。

试验结果应符合下列标准：绕组绝缘电阻的吸收比≥1.3 或极化指数≥1.5 或绝缘电阻≥10000MΩ。

1.3.4　介质损耗因数、电容试验

1.3.4.1　试验目的

介质损耗角正切值又称介质损耗因数或简称介损。测量介质损耗因数是一项灵敏度很高的试验项目，它可以发现电力设备绝缘整体受潮、劣化变质以及小体积被试设备贯通和未贯通的局部缺陷。

1.3.4.2　一般规定

（1）被试品连同油浸绕组的测量温度以上层油温为准，应尽量使每次测量的温度相近，且应在变压器上层油温低于 50℃时测量，不同温度下的 $\tan\delta$ 值应换算到同一温度下进行。

（2）尽量缩短测量引线以减小误差。

（3）变压器进行电容量和介质损耗因数试验时，与被试部位相连的所有绕组端子连在一起加压，其余绕组端子均接地。

1.3.4.3 试验接线

（1）绕组对地电容测量原理接线（反接法）如图1－24所示。

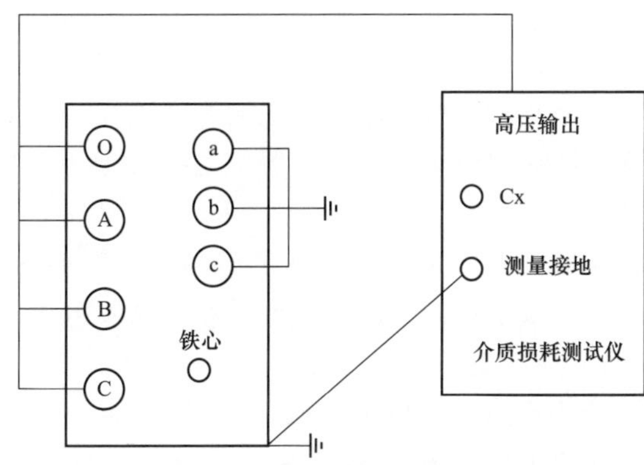

图1－24 绕组对地电容测量原理接线图（反接法）

（2）绕组间电容测量原理接线（正接法）如图1－25所示。

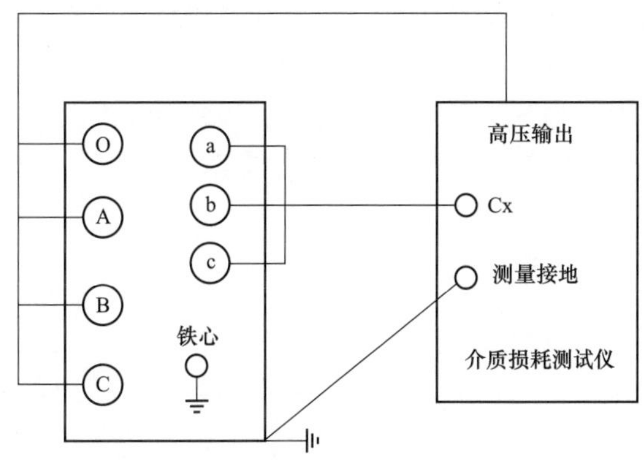

图1－25 绕组间电容测量原理接线图（正接法）

1.3.4.4 试验步骤

（1）根据被试品类型及内部结构选择相应的接线方式，并检查确认接线正确。

（2）设置试验仪器参数（试验电压值、接线方式），升压至试验电压后读取电容值和介质损耗值。

（3）降压至零，然后断开电源，充分放电后拆除接线。

1.3.4.5 注意事项

（1）测试完成切断高压电源并对被试品充分放电。

（2）测试过程中测试设备和被试品外壳必须良好接地。

（3）测量温度以变压器上层油温为主，不同温度下的 $\tan\delta$ 值应换算到同一温度下进行。

（4）被试品油箱及测量仪器接地端必须牢固接地，如有铁心和夹件单独引出时也必须将其引出端子可靠接地。

1.3.4.6 评判标准

符合合同技术协议、设计文件、试验方案及 GB/T 1094。

20℃时的介质损耗因数：330kV 及以上≤0.005；220kV≤0.008。

1.3.5 空载试验

1.3.5.1 试验目的

变压器空载试验的目的是测量铁心中的空载电流和空载损耗，发现磁路中的局部或整体缺陷，同时也能发现变压器在感应耐压试验后绕组是否有匝间短路。

1.3.5.2 一般规定

（1）空载电流和空载损耗测量一般是在低压侧施加正弦波形的额定频率的额定电压，其他绕组开路的情况下进行。试验电源可用三相或单相，试验电压可用额定电压或较低电压值。

（2）如果施加电压的绕组有分接，则应在额定分接位置。

（3）所使用互感器的极性必须正确连接，一、二次极性相对应。

（4）试验中所有接入系统的一次设备都要按要求试验合格，设备外壳和二次回路应可靠接地。

（5）试验结果应考虑排除仪器仪表损耗以及线路损耗的影响。

（6）升压必须从零（或接近于零）开始，不可冲击合闸。升压速度在 75% 试验电压以前可以是任意的，自 75% 电压开始应均匀升压，以每秒 2% 试验电压的速率升压。试验后，迅速均匀降压到零（或接近于零），然后切断电源。

1.3.5.3 试验接线

变压器空载试验采用三瓦特表法，接线如图 1-26 所示。

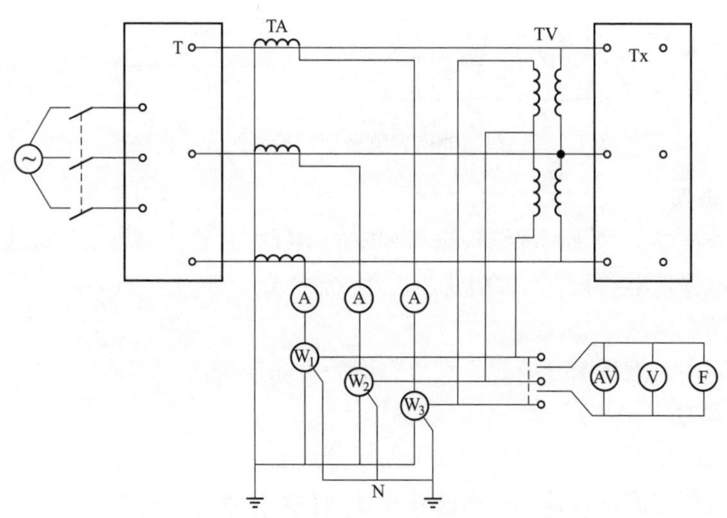

图 1-26 典型的三相变压器三瓦特表法接线图

1.3.5.4 试验方法

（1）将额定频率下的额定电压（主分接）或相应分接电压（其他分接）施加于选定的绕组上，其余绕组开路，但开口三角形连接的绕组（如果有）应闭合，测量还应在90%及110%额定（或相应的分接）电压下进行。

（2）试验电压应以平均值电压表为准，使平均值电压表的读数记为 U'，方均根值电压表与平均值电压表并联，其读数记为 U。

（3）如果 U' 与 U 之差不超过3%，则此试验电压波形满足要求。

（4）实测空载损耗为 P_m，校正后的空载损耗为：

$$P_0 = P_m (1 + d) \tag{1-1}$$

其中 $d = (U' - U) / U'$

（5）试验时一般在低压侧施加电压（这主要取决于试验系统的配置），采用高精度的电压互感器、电流互感器及功率分析仪（或低功率因数瓦特表）进行测量，或采用功率损耗测量系统进行测量。

1.3.5.5 注意事项

（1）试验变压器一般应在规定的额定电压范围内使用，避免使用在铁心的饱和部分，并可在试验变压器低压侧加装滤波装置。

（2）可在测量仪器输入端并联适当电压的放电管或氧化锌压敏电阻器、浪涌吸收器等，以保护测量仪表。

（3）试验回路中应具备过电压、过电流保护，可在升压控制柜中配置过电压、过电流保护的测量、速断保护装置。

（4）在更换试验接线时，应在被试品上悬挂接地放电棒。在再次升压前，先取下放电棒，防止带接地放电棒升压。

（5）试验接线时应确保功率表极性接线正确，电流回路应连接牢固，防止试验过程中断开。

（6）试验过程中如认为待试设备存在剩磁，则须退磁，以消除剩磁对试验结果的影响。

（7）为了测量准确，连接导线应有足够的截面，电流线不小于2.5mm^3，电压线不小于1.5mm^3，且接触良好。

1.3.5.6 评判标准

符合招标文件、设计文件、试验方案及GB/T 1094。

对单相变压器相间或三相变压器两个边相，空载电流差异不超过10%。

1.3.6 短路阻抗和负载损耗试验

1.3.6.1 试验目的

短路阻抗和负载损耗试验的目的是发现绕组设计与制造及载流回路和结构的缺陷。

1.3.6.2 一般规定

（1）试验前准确测量或计算绕组平均温度。试验测量应迅速进行，试验时绕组所产生的温升应不引起明显的误差。

（2）对三绕组变压器，短路阻抗应在成对的绕组间进行测量，如在绕组1与绕组2

间，在绕组 2 与绕组 3 间，在绕组 3 与绕组 1 间。多于三绕组的变压器，绕组应成对选取，其原则与三绕组相同。试验时，非被试绕组开路。

（3）对于分接范围超过 ±5% 的变压器，应对主分接、极限正/负分接进行短路阻抗测量。

（4）不同容量的绕组间测量时，施加电流应以较小容量的额定电流为基准，短路阻抗应折算到大容量一侧。

1.3.6.3 试验接线

YN 接和 Y（或 D）接变压器三相法测试原理接线如图 1－27、图 1－28 所示。

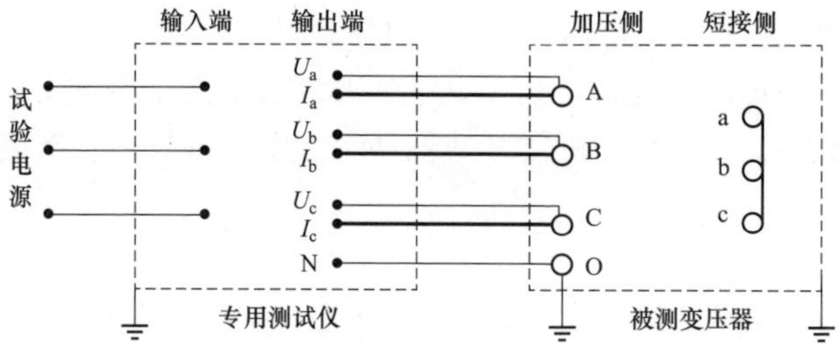

图 1－27 YN 接变压器三相法测试原理接线图

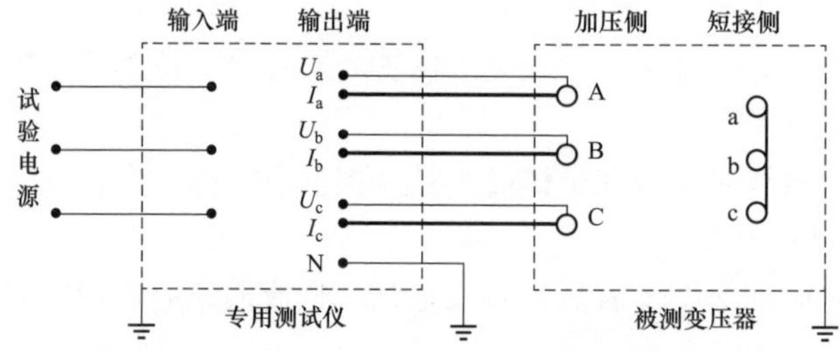

图 1－28 Y（或 D）接变压器三相法测试原理接线图

1.3.6.4 注意事项

（1）在短路试验前，应将变压器本体的电流互感器二次短路接地。

（2）测试时，被加压绕组和被短接绕组均应置于最高分接位置。

（3）测试时，先将非加压侧的所有接线端全部短接，短接线及其接触电阻的总阻抗不得大于被测绕组对短路侧等值阻抗的 0.1%。

（4）对加压侧绕组为 D 接线的三相变压器，用单相法测试时，应做好相应的短接。

（5）对加压侧绕组为 YN 接线的三相变压器，用三相法测试时，变压器被加压绕组的中性点（N）、测试系统的中性点和测试电源的中性点应良好连接。

1.3.6.5 评判标准

符合招标文件、设计文件、出厂试验方案及 GB/T 1094。

（1）容量 100MVA 以上或电压等级 220kV 以上的变压器，初值差不超过 ±1.6%。

（2）容量 100MVA 以上或电压等级 220kV 以上的变压器三相之间的最大相对互差不应大于 2%。

1.3.7 操作冲击试验（SI）

1.3.7.1 试验目的

操作冲击试验目的是检验变压器线端对地及三相变压器线端之间的操作冲击耐受能力，考核变压器耐受操作电压的绝缘性能。

1.3.7.2 一般规定

（1）在操作冲击试验期间，变压器各个绕组两端产生的电压大约与它们的匝数成正比。

（2）操作冲击试验电压由具有最高 U_m 值的绕组来确定。

（3）在一台三相变压器中，试验时线端之间产生的电压应近似为线端与中性点端子之间电压的 1.5 倍。

（4）三相变压器应逐相进行试验。

（5）中性点引出的星接绕组，其中性点端子应直接接地或通过电流测量分流器等低阻抗接地。

1.3.7.3 试验接线

操作冲击试验原理接线如图 1-29 所示。

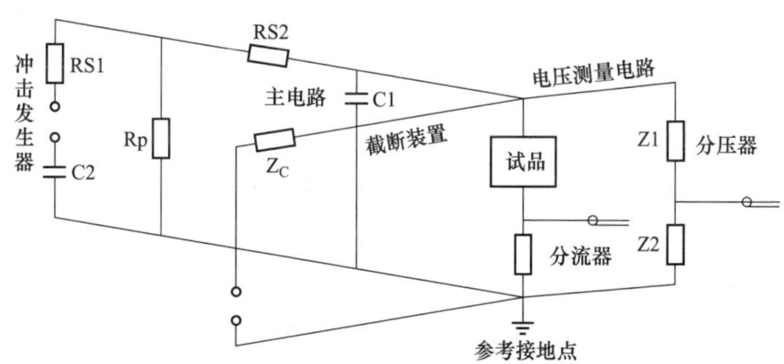

图 1-29 典型操作冲击试验原理接线图

1.3.7.4 试验方法

（1）一次降低试验电压水平（50%～75%）的负极性冲击。

（2）施加合适的正极性操作冲击或正极性直流电压以产生剩磁。

（3）三次额定冲击电压的负极性冲击，每次冲击前应先施加幅值约 50% 的正极性冲击以产生反极性剩磁。

1.3.7.5 注意事项

试验电压通常为负极性，应将被试相的电压限制为约 50% 被试端子电压。

1.3.7.6 评判标准

符合合同技术协议、试验方案及 GB/T 1094。

变压器无异常声响，示波图中电压没有突降，电流也无中断或突变，电压波形过零时间与中性点电流最大值时间基本对应，则试验通过。

1.3.8 线端雷电全波、截波冲击试验（LI）

1.3.8.1 试验目的

线端雷电全波、截波冲击试验的目的是考核变压器主、纵绝缘的冲击强度是否符合标准规定。

1.3.8.2　一般规定

（1）全波：波前时间一般为 1.2×(1+30%) μs，半峰时间 50(1±20%) μs，电压峰值允许偏差 ±3%。

（2）截波：截断时间应在 2～6μs 间，跌落时间一般不应大于 0.7μs，波的反极性峰值不应大于截波冲击峰值的 30%。

（3）试验电压值的偏差为 ±3%。

1.3.8.3　试验方法

（1）不带非线性元件变压器的试验应包括一次 50%～70% 全电压下的全波冲击；一次 100% 全电压下的全波冲击；一次 50%～70% 全电压下的截波冲击；二次 100% 全电压下的截波冲击；二次 100% 全电压下的全波冲击。

（2）带非线性元件变压器的试验应包括一次 50%～60% 全电压全波；一次 60%～75% 全电压下的全波冲击；一次 75%～90% 全电压下的全波冲击；一次 100% 全电压下的全波冲击；一次 50%～70% 全电压下的截波冲击；二次 100% 全电压下的截波冲击；二次 100% 全电压下的全波冲击；一次 75%～90% 全电压下的全波冲击；一次 60%～75% 全电压下的全波冲击；一次 50%～60% 全电压下的全波冲击。

1.3.8.4　评判标准

符合合同技术协议、试验方案及 GB/T 1094。

对不带非线性元件变压器，如果在降低电压下所记录的电压和电流瞬变波形图与在全电压下所记录的相应的瞬变波形图（包括直到截断时刻的部分）无明显差异，则试验合格。

对带非线性元件变压器，如果在降低电压下所记录的电压和电流瞬变波形图与在全电压下所记录的相应的瞬变波形图（包括直到截断时刻的部分）无明显差异，则试验合格。

1.3.9　中性点雷电全波冲击试验（LIN）

1.3.9.1　试验目的

中性点雷电全波冲击试验的目的是检验变压器绝缘强度是否符合标准规定。

1.3.9.2　一般规定

所有其他端子接地，在中性点端子直接施加规定的雷电冲击全波电压。

1.3.9.3　试验方法

（1）不带非线性元件变压器的试验应包括一次 50%～70% 全电压下的全波冲击；一次 100% 全电压下的全波冲击；一次 50%～70% 全电压下的截波冲击；二次 100% 全电压下的截波冲击；二次 100% 全电压下的全波冲击。

（2）带非线性元件变压器的试验应包括一次 50%～60% 全电压全波；一次 60%～75% 全电压全波；一次 75%～90% 全电压全波；一次 100% 全电压下的全波冲击；一次 50%～70% 全电压下的截波冲击；二次 100% 全电压下的截波冲击；二次 100% 全电压下的全波冲击；一次 75%～90% 全电压全波冲击；一次 60%～75% 全电压全波冲击；一次 50%～60% 全电压全波冲击。

1.3.9.4　评判标准

符合合同技术协议、试验方案及 GB/T 1094。

变压器无异常声响，在降低试验电压下冲击与全试验电压下冲击的示波图上电压和电流的波形无明显差异，则试验通过。

1.3.10 外施工频耐压试验

1.3.10.1 试验目的

外施工频耐压试验的目的是检验变压器的主绝缘强度，考核变压器线端和中性点端子及它们所连接绕组对地及其他绕组的外施耐受强度。

1.3.10.2 一般规定

（1）被试品进行外施交流耐压试验时，应将被试绕组自身的所有端子短接，非被试绕组亦应短接并与外壳连接后接地。

（2）升压必须从零（或接近于零）开始，切不可冲击合闸。升压速度在75%试验电压以前可以是任意的，自75%电压开始应均匀升压，以每秒2%试验电压的速率升压。耐压试验后，迅速均匀降压到零（或接近于零），然后切断电源。

1.3.10.3 试验接线

工频耐压试验原理接线如图1-30所示。

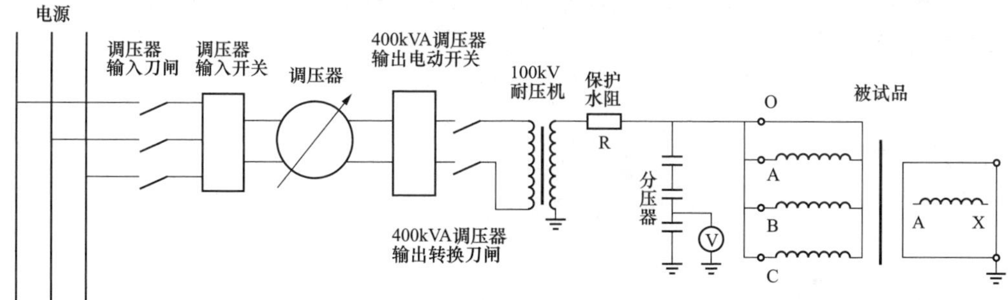

图1-30 工频耐压试验原理接线图

1.3.10.4 试验步骤

（1）被试品在耐压试验前，应先进行其他常规试验，合格后再进行耐压试验。被试品试验接线应正确。

（2）接通试验电源，开始升压进行试验，升压过程中应密切监视高压回路，监听被试品有无异响。

（3）升至试验电压，开始计时并读取试验电压。

（4）计时结束，降压然后断开电源，并将被试设备放电并短路接地。

1.3.10.5 注意事项

（1）试验用调压器避免采用移圈式调压器。

（2）试验回路中应具备过电压、过电流保护，可在升压控制柜中配置过电压、过电流保护的测量、速断保护装置。

（3）试验变压器一般应在规定的额定电压范围内使用，避免使用在铁心的饱和部分，并可在试验变压器低压侧加滤波装置。

1.3.10.6 评判标准

符合合同技术协议、试验方案及GB/T 1094。

试验中如无破坏性放电发生，且耐压前后的绝缘电阻无明显变化，则认为耐压试验通过。

1.3.11 带有局部放电测量的感应耐压试验（IVPD）

1.3.11.1 试验目的

带有局部放电测量的感应耐压试验的目的是验证在标准规定的试验电压和时间内变压器的局部放电量是否符合标准和技术协议的要求；当变压器局部放电量超过标准和技术协议的要求时，通过对局部放电产生的原因进行分析和超声定位，经过处理后加以排除。试验时测量局部放电可以显示绝缘在发生击穿之前的缺陷，是验证产品制造工艺的试验。

1.3.11.2 一般规定

（1）被试品在局部放电试验前，应先进行其他常规试验，合格后再进行局部放电试验。

（2）放电量的读取以相对稳定的最高重复脉冲为准，偶尔发生的较高脉冲可以忽略，但应做好记录备查。

（3）试验回路相关设备局部放电水平应低于规定的视在放电量的50%。

1.3.11.3 试验接线

局部放电试验的基本原理接线如图1－31所示。

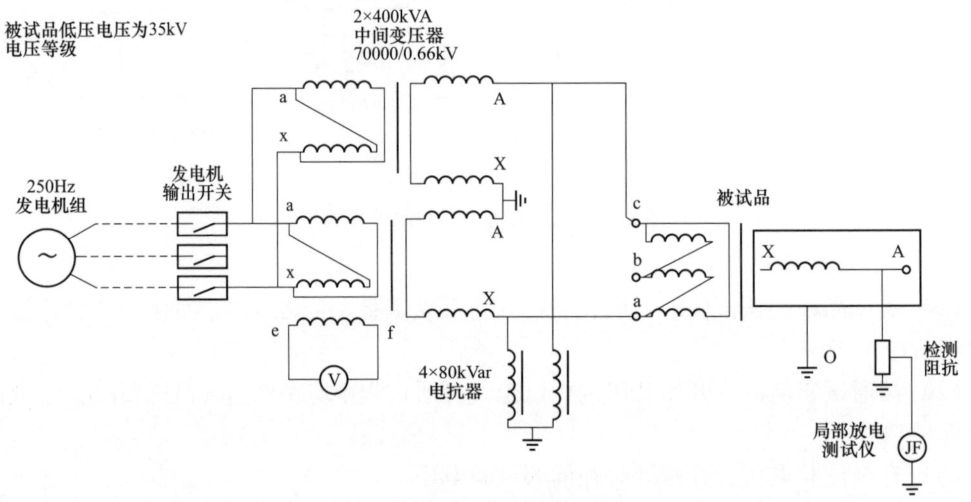

图1－31 局部放电试验的基本原理接线

1.3.11.4 试验步骤

（1）试验持续时间和频率：当试验频率超过2倍额定频率时，如 $U_m \leqslant 800$ kV，加强电压时间为120×额定频率/试验频率，但不小于15s。

（2）试验顺序：如图1－32所示。

1.3.11.5 注意事项

（1）试验回路采用一点接地，降低接地干扰。

（2）在高压端部采用防晕措施（如防晕环等），高压引线采用无晕的导电圆管，以及

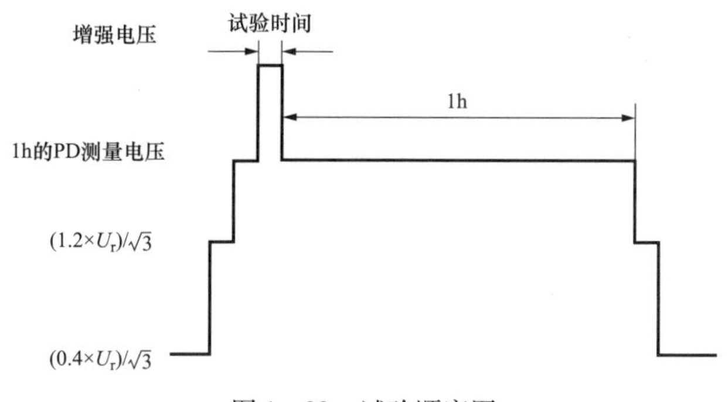

图 1－32 试验顺序图

保证各连接部位的良好接触等措施消除电晕放电和各连接处接触放电的干扰。

（3）使用的试验变压器和耦合电容器的局部放电水平应控制在一定的允许量以下，降低其内部放电干扰。建议采用无局部放电变压器。

1.3.11.6 评判标准

符合合同技术协议、试验方案及 GB/T 1094。

试验电压不产生突然下降，在 $1.5U_m/\sqrt{3}$ 试验电压、长期试验期间，局部放电量的连续水平不大于 100pC 或合同规定要求的量值，局部放电不呈现持续增加的趋势；在 $1.1U_m/\sqrt{3}$ 电压下，视在放电量的连续水平不大于 100pC 或合同规定要求的量值，则试验通过。

1.3.12 绝缘油试验

1.3.12.1 试验目的

绝缘油试验的目的是测定其击穿电压、介质损耗因数和含水量。

（1）击穿电压：变压器油的击穿电压是衡量变压器油被水和悬浮杂质污染程度的重要指标，油的击穿电压越低，变压器的整体性能越差，直接影响变压器的安全运行。

（2）介质损耗因数：变压器油的介质损耗因数是衡量变压器本身绝缘性能和被污染程度的重要参数，油的损耗因数越大，变压器的整体介质损耗因数也就越大，绝缘性能降低，油纸绝缘的寿命也会缩短。因此必须严格测试，以便将油的介质损耗因数控制在较低范围内。

（3）含水量测定：水分影响油纸绝缘性能，加快油纸绝缘老化速度，为了将含水量控制到较低范围，必须在注油前后对油中含水量进行测定。

1.3.12.2 一般规定

在变压器按工艺要求安装完成后，静放 48h 后进行绝缘试验。应在外施耐压试验后、感应耐压试验后、操作波冲击试验后、雷电冲击试验后、局部放电试验后取油样进行色谱分析。

1.3.12.3 试验步骤

（1）油击穿电压试验：将需试验的绝缘油缓慢注入杯中，放入搅拌棒，盖上盖子。将油杯放回绝缘油介电强度测试仪中，盖上并锁定保护罩。通过功能键选择所需的测试标准，然后按下开始键。

（2）油介质损耗因数试验：缓慢而连续地对试验杯冲注变压器油，至观察孔的液面高度约为1cm。按下放液阀按键，试验杯被放空或冲洗。用变压器油冲注和冲洗试验杯三次。对试验杯冲注变压器油，至观察孔的液面高度约为1cm，关上并锁定保护盖，按下开始键，变压器油加热到试验温度，此时温度灯被点亮。

（3）油含水量试验：按进样键，试油通过进样口注入电解池。此时仪器自动电解至终点，数值在屏幕上显示并能听到声音。重复操作三次，取平均值。

1.3.12.4　注意事项

（1）电解液应放在阴凉、干燥、阴暗处保存，温度不宜高于20℃。

（2）当注入的油样达到一定数量后，电解液会呈现浑浊状态，如还要继续进样，应用标样标定，符合规定后方可继续使用，否则应更换电解液。

（3）测定油中水分时，应注意电解液和试样密封性，在测试过程中不要让大气中的潮气侵入试样中。

（4）当阴极室出现黑色沉淀后，应将电极取出，用相关溶剂清洗后使用。

（5）电解池进样口应密封良好，定期检查并更换硅胶。油样保存应不超过7天。

（6）标定时不得将注射器针尖插入液面下方，防止将针尖内部的水分也带入电解液中，造成较大偏差。

（7）在温度达到试验温度的±1℃时，应在10min内开始测量损耗因数。

（8）电极工作面的光洁度应达到Δ9，如发现表面呈暗色时，必须重新抛光。

（9）各电极应保持同心，各间隙的距离要均匀。

（10）注入电极杯内的试油应无气泡及其他杂质。

（11）当电极杯不用时，应用清洁的绝缘油充满试验池后保存起来。

（12）不经常使用电极杯时，则应将其清洗、干燥并装配好，存放在干燥无尘的容器里。

（13）测量电极与保护电极间的绝缘电阻，阻值应为测量设备绝缘电阻的100倍以上，各芯线与屏蔽间的绝缘电阻，一般应大于50～100MΩ。

（14）不要用手直接接触电极或绝缘表面，并将装配好的电极杯放到比规定的试验温度高5～10℃的加热箱里。

（15）电极间距离应为2.5mm±0.05mm，要用标准规校准。

（16）油中有水分及其他杂质时对击穿电压有明显影响，试样一定要摇荡均匀后注入油杯。

（17）油杯不用时应装满合格的绝缘油，加盖，保存在干燥的地方，防止受潮。

（18）将试样杯放入测量仪上，如使用搅拌，应打开搅拌器，测量并记录试样温度。

1.3.12.5　判断标准

（1）油击穿电压试验：500kV级绝缘油击穿电压应≥60kV；220kV级绝缘油击穿电压应≥40kV。

（2）油介质损耗因数试验：介质损耗因数 $\tan\delta$（90℃）≤0.005。

（3）油含水量试验：500kV级绝缘油含水量应≤10mg/L；220kV级绝缘油含水量应≤15mg/L。

1.3.13 油中含气体分析

1.3.13.1 试验目的

油中含气体分析试验的目的是检验变压器绝缘性能。变压器油溶解空气的能力很强，当空气含量过高时，在油中容易形成气泡，导致局部放电，即使溶解的空气不产生气泡，其中的氧气也会加速油纸绝缘的老化，影响电抗器的绝缘性能。

1.3.13.2 一般规定

油中溶解气体气相色谱分析取样顺序为：①试验开始前；②绝缘试验后；③温升试验前；④试验中每4h；⑤温升试验后；⑥全部试验后。

1.3.13.3 试验步骤

（1）用机械振荡法从油中脱出溶解气体。

（2）分别观察热导及氢焰的基线，待基线走直后即可进样分析。

（3）在油色谱分析仪的“油样分析”菜单下准确抽取1mL脱出气体快速打入进样口，按下开始键进入油样实时采样。采样结束自动切换到主画面，同时显示本次分析的结果以及超标或三比值信息。

1.3.13.4 判断标准

（1）$H_2<10\mu L/L$（330kV以上）；

（2）$H_2<30\mu L/L$（220kV以下）；

（3）$C_2H_2=0.1\mu L/L$；

（4）总烃$<10\mu L/L$（330kV以上）；

（5）总烃$<20\mu L/L$（220kV以上）。

1.3.14 有载分接开关试验

1.3.14.1 试验目的

有载分接开关是一种为变压器在负载变化时提供恒定电压的开关装置，用于在不中断负载电流的情况下实现变压器绕组中分接头之间的切换，从而改变绕组的匝数，即变压器的电压比，达到调压的目的。为保证变压器分接开关的可靠性，要求检查有载分接开关的动作顺序，测量切换时间、过渡电阻等。

1.3.14.2 试验步骤

（1）变压器不励磁，完成8个完全操作循环。

（2）变压器不励磁，且操作电压降到85%额定值时，完成一个操作循环。

（3）变压器在额定频率和额定电压下，空载励磁时，完成一个操作循环。

（4）将一个绕组短路，并尽可能使该分接绕组中的电流达到额定值，完成10次分接变换操作。

1.3.14.3 注意事项

三角形连接绕组需先完成AC、BC的测试（高压侧A、B、C分别接仪器A、B、0），再完成AB、BC的测试（高压侧A、B、C分别接仪器A、0、C）。

1.3.14.4 判断标准

符合招标文件、出厂试验方案及GB/T 1094。

切换开关油室应能经受0.1MPa压力的油压试验，历时12h无渗漏。油箱绝缘油耐压、油中水分值与本体油一致。分接开关的动作顺序，测量切换时间、过渡电阻应符合要求。

1.3.15 套管电流互感器试验

1.3.15.1 试验目的

套管电流互感器试验的目的是检查套管电流互感器变比、误差和极性、直流电阻、绝缘、耐压是否符合技术协议书和设计标准规定。

1.3.15.2 一般规定

制造厂提供的检验报告已完全满足订货技术协议书的要求，变压器出厂试验对套管电流互感器可只进行变比、饱和曲线、极性、直流电阻和绝缘试验测试，结果满足投标技术规范书要求。

1.3.15.3 注意事项

在互感器装入升高座并接好引出线后进行试验。

1.3.15.4 判断标准

符合招投标文件、试验方案及 GB/T 1094。

1.3.16 温升试验

1.3.16.1 试验目的

变压器的温升试验可验证变压器在额定运行状态下温升是否满足标准或技术规范要求，可判断变压器内部是否存在过热等缺陷，可验证变压器结构及工艺是否合理，保证变压器可靠运行。验证试品在额定工作状态下，主体所产生的总损耗与散热装置热平衡的温度是否符合有关标准的规定，并验证产品结构的合理性，发现油箱和结构件上的局部过热及过热程度。

1.3.16.2 一般规定

测定稳态温升的标准方法是采用短路接线的等效试验法，应在额定容量、最大电流分接下进行（对于分接范围不超过 ±5%，且额定容量不超过 2500kVA 的变压器，负载损耗和温升的保证值仅指主分接的，温升试验在主分接上进行）。

温升试验施加的总损耗为空载损耗 + 最大的负载损耗，当最大电流分接为最大负载损耗分接时，试验在最大电流分接进行；当最大电流分接不是最大负载损耗分接时，如果总损耗下的试验电流不超过最大电流分接的电流允许值，则试验仍在最大电流分接进行。

1.3.16.3 试验接线

温升试验接线如图 1－33 所示。

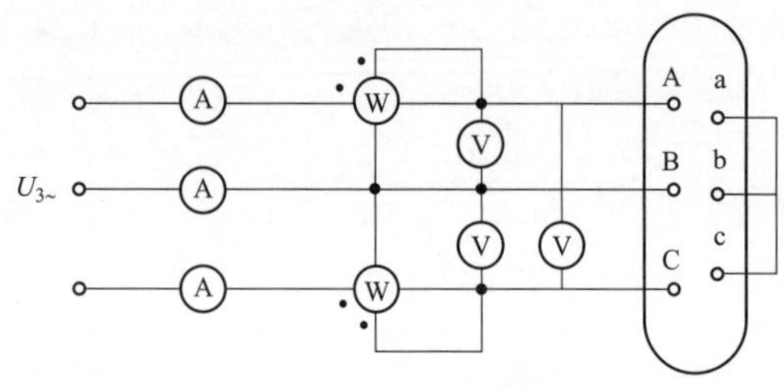

图 1－33 温升试验接线图

1.3.16.4 试验步骤

试验分两个阶段进行：

（1）第一阶段：施加总损耗，测量顶层油温升和油平均温升。当顶层油温升的变化率小于每小时 1K，并维持 3h，油面温升达到稳定。

（2）第二阶段：施加试验分接额定电流 1h，测量绕组的平均温度和线油温差。

1.3.16.5 注意事项

（1）在温升试验过程中，用红外扫描仪测量变压器油箱热点温升。

（2）记录油面、冷却器和环境温度，并记录油面温升。

（3）在温升试验过程中每4h进行一次色谱分析。

1.3.16.6 判断标准

符合订货技术协议书、出厂试验方案及GB/T 1094。

（1）油箱各部是不应有局部过热点。

（2）绕组铜、油温差应合理（符合设计要求）。

（3）冷却器进出油温差应合理（符合设计要求）。

（4）温升试验前后油色谱分析应正常。

1.3.17 声级测量

1.3.17.1 试验目的

由于变压器的容量越来越大，电压越来越高，变压器噪声的声级和声功率级也越来越大。随着城乡用电量激增，变压器安装地点越来越靠近居民密集区域，为了保护环境不受噪声污染，必须对变压器的噪声进行控制，因此要测量变压器在额定运行时的声级和声级功率。

1.3.17.2 一般规定

（1）加压到额定运行电压进行测量。

（2）变压器选择在最高运行电压及额定频率下进行测量。

1.3.17.3 试验接线

声级测量原理接线如图1-34所示。

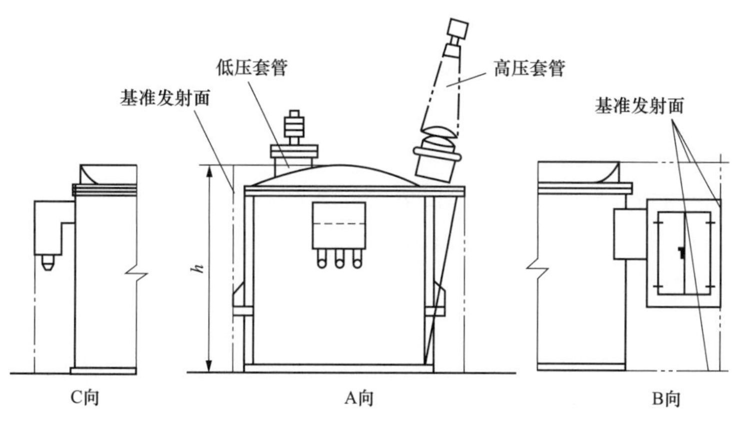

图1-34 声级测量原理接线图

1.3.17.4 试验步骤

（1）基准发射面：基准发射面是指由一条围绕变压器的弦线轮廓线，从箱盖顶部（不包括高于箱盖的套管、升高座及其他附件）垂直移动到箱底所形成的表面。基准发射面应将距变压器距离小于3m的冷却设备、箱壁加强铁及诸如分接开关等辅助设备包括在内，而距变压器油箱距离为3m及以上的冷却设备则不包括在内。

（2）距变压器基准发射面3m及以上的分体安装的冷却设备的基准发射面的规定方法同上。

（3）规定轮廓线：风冷却设备进行声级测量时，规定的轮廓线应距基准发射面0.3m。在风冷却设备运行条件下进行声级测量时，规定的轮廓线应距基准发射面2m。对于油箱高度小于2.5m的变压器，规定轮廓线应位于油箱高度1/2处的水平面上；对于油箱高度为2.5m及以上的变压器，应有两个轮廓线，分别位于油箱高度1/3处和2/3处的水平面上。在仅有冷却设备工作条件下进行声级测量时，若冷却设备总高度（不包括储油柜、管路等）小于4m，则规定轮廓线应位于冷却设备总高度1/2处的水平面上；若冷却设备总高度（不包括储油柜、管路等）为4m及以上，应有两个轮廓线，分别位于冷却设备总高度1/3处和2/3处的水平面上。

（4）背景噪声测量：测量应在规定的轮廓线上进行。当测量点总数超过10个时，允许只在试品周围呈均匀分布的10个测量点上测量背景噪声。如果背景噪声的声级明显低于试品和背景噪声的合成声级（即差值大于10dB），则可仅在一个测量点上进行背景噪声测量。如果试验前后背景的平均声压级之差大于3dB，且较高者与未修正的A计权平均声压级之差小于8dB，则该次测量无效，应重新进行试验。

1.3.17.5 注意事项

（1）对设备噪声的测量值应根据与背景噪声值的差值大小进行修正。

（2）噪声测量值与背景噪声值相差大于10dB（A）时，噪声测量值可不做修正。

（3）噪声测量值与背景噪声值相差在3dB（A）~10dB（A）之间时，噪声测量值与背景噪声值的差值取整后，应按表1-5进行修正。

表1-5　　测量结果修正表　　dB（A）

差值	3	4~5	6~10
修正值	-3	-2	-1

（4）噪声测量值与背景噪声值相差小于3dB（A）时，应采取措施降低背景噪声后进行修正。

1.3.17.6 评判标准

符合合同技术协议、试验方案及GB/T 1094。

当设备处于稳定功率状态下，记录检测数据。

1.3.18 线端交流耐压试验（LTAC）

1.3.18.1 试验目的

本试验是验证变压器每个线端对地及对其他绕组的耐受电压强度，同时也考核被试绕组纵绝缘的耐受电压强度。对于分级绝缘变压器，本试验是对每个线端对地进行耐压试验，不是以验证相间绝缘为目的。

1.3.18.2 试验接线

三相两绕组变压器线端耐压试验有自支撑和非被试相支撑两种接线，如图1-35、图1-36所示。

1.3.18.3 试验步骤

（1）试验时，应使线端与地之间出现规定的试验电压。试验采用单相加压，被试绕组

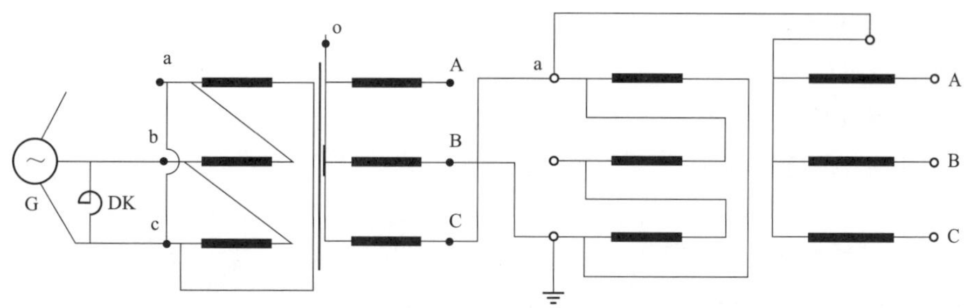

图 1-35 三相两绕组变压器线端耐压试验自支撑方式接线

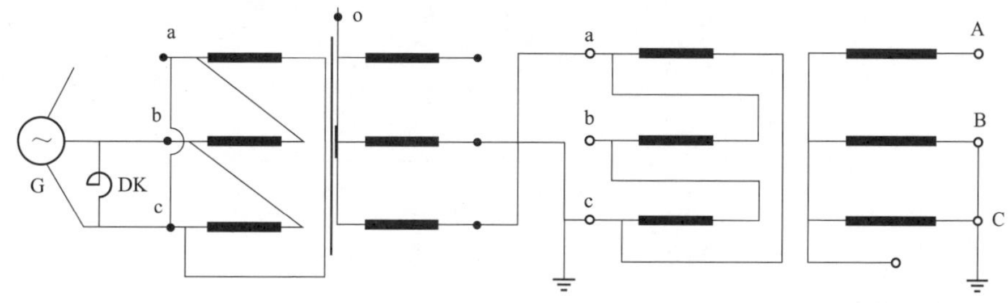

图 1-36 三相两绕组变压器线端耐压试验非被试相支撑方式接线

各相端子依次进行试验。对于带分接且具有较低电压绕组为分级绝缘的变压器，应选择合适的分接，以最高电压绕组产生所有要求的电压，较低电压绕组端子出现的电压应尽可能接近于所要求的试验电压值。对于带分接且具有较低电压绕组为全绝缘（需要进行外施耐压试验）的变压器，分接位置由制造方确定。

为方便试验布置，降低匝间电压，通常采用对中性点进行支撑的单相试验。其他非被试绕组端子可根据试验需求进行连接。试验电压可由任何绕组感应产生，也可通过特殊绕组或调节分接而感应产生。试验电压波形应尽可能接近正弦波，取峰值除以 $\sqrt{2}$ 后的值与方均根值两者间的较小值作为试验电压值。试验电压峰值除以 $\sqrt{2}$ 与波形的方均根值的差不超过 5%。

（2）为了防止试验时被试品的励磁电流过大，试验时的频率应适当地比额定频率高。除非另有规定，试验电压频率等于或小于 2 倍额定频率时，其全电压下的试验时间应为 60s；当试验频率超过 2 倍额定频率时，试验时间应为 120 × 额定频率/试验频率（s），但不少于 15s。试验应在不大于规定试验电压的 1/3 电压下接通电源，并应与测量配合尽快升至试验电压值。施加电压达到规定的时间后，应将电压迅速降至试验电压的 1/3 以下，然后切断电源。试验时间内，电压波动范围为 ±1%。

1.3.18.4 判断标准

符合招标文件、出厂试验方案及 GB/T 1094。

1.3.19 长时过电流试验

1.3.19.1 试验目的

长时过电流试验的目的是验证变压器在额定运行状态下温升是否满足标准或技术规范要求，判断变压器内部是否存在过热等缺陷，验证变压器结构及工艺是否合理，保证变压器可靠运行。

1.3.19.2　一般规定

通常施加 $1.1I_r$，持续 4h。

1.3.19.3　试验接线

长时过电流试验接线如图 1－37 所示。

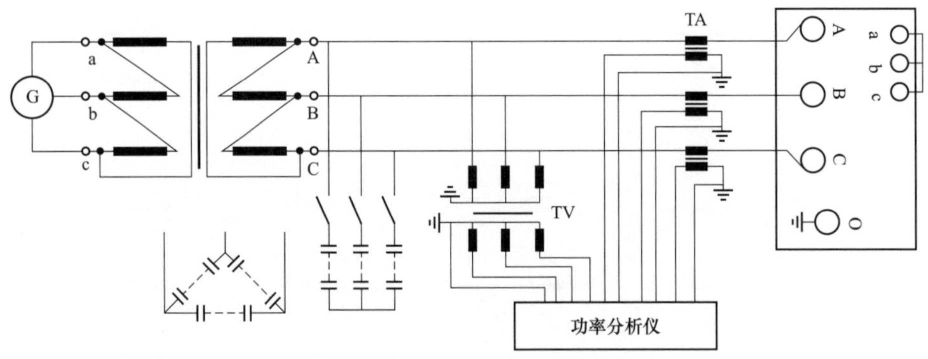

图 1－37　长时过电流试验接线图

1.3.19.4　判断标准

符合招标文件、出厂试验方案及 GB/T 1094。

试验前后油样色谱应无明显变化。

1.3.20　绕组频率响应特性测量

1.3.20.1　试验目的

变压器绕组频率响应特性试验是验证变压器在安装时受到机械力撞击后，检查其绕组是否变形最直接的方法，也是为今后在运行中检验变压器受到短路电流冲击是否损伤而建立的基准。

1.3.20.2　一般规定

（1）待试设备绕组变形检测应在所有直流试验项目之前或者在待试设备绕组充分放电以后进行，应根据接线要求和接线方式，逐一对待试设备的各个绕组进行检测，分别记录幅频响应特性曲线。

（2）两个信号检测端的接地线均应可靠连接在待试设备外壳上的明显接地端（待试设备顶部的铁心接地端），接地线应尽可能短且不应缠绕。

1.3.20.3　试验接线

绕组频率响应特性测量试验接线如图 1－38 所示，图中，L、C_K及 C 分别代表绕组单位长度的分布电感、分布电容及对地分布电容，U_1、U_2分别为等效网络的激励电压和响应电压，U_S为正弦波激励信号源电压，R_s为信号源输出阻抗，R 为匹配电阻。

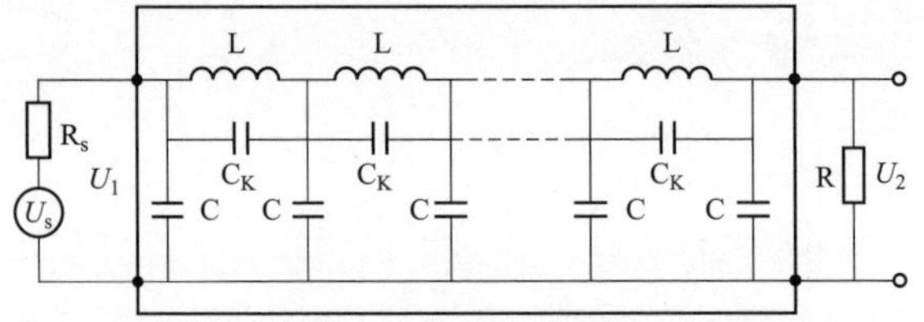

图 1－38　绕组频率响应特性测量试验接线图

测得的幅频响应曲线常用对数形式表示，即对电压幅值之比进行如下处理

$$H(f) = 20\log[U_2(f)/U_1(f)] \tag{1-2}$$

式中：$H(f)$ 为频率为 f 时传递函数的模 $|H(j\omega)|$；$U_2(f)$、$U_1(f)$ 为频率为 f 时响应端和激励端电压的峰值或有效值 $|U_2(j\omega)|$ 和 $|U_1(j\omega)|$。

可按照图 1-39 所示的方式选定信号的激励（输入）端和响应（检测）端，以便对检测结果进行标准化管理。

1.3.20.4　试验步骤

（1）待试设备试验接线并检查确认接线正确；正确记录分接开关的位置、激励端/输出端。

（2）按选定接线方式分别测量并记录待试设备不同测端的幅频响应特性曲线。

（3）比较相同电压等级的三相绕组的幅频响应特性，若三相频响曲线较为一致，则可认为测试数据正确无误。若存在明显差异，则首先应检查测试接线方式是否符合规定的要求，测试电缆是否处于完好状态，检查接地是否良好，确认无误后再重测。

（4）记录试验数据、接线方式，断开试验电源，放电后拆除试验接线。

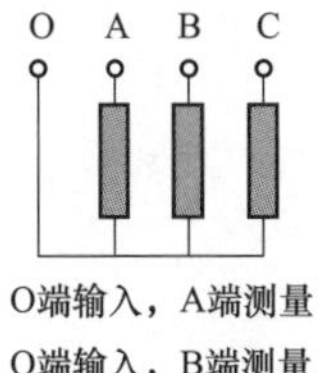

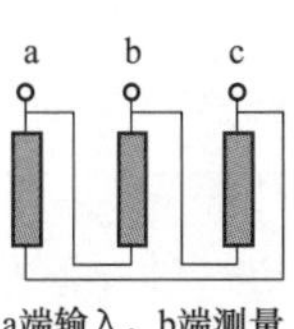

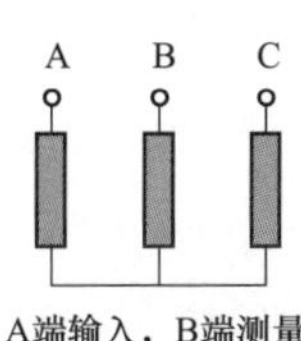

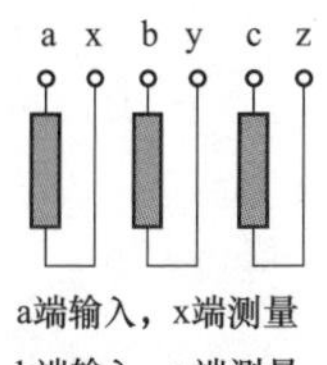

图 1-39　常用变压器的几种测量接线方式

1.3.20.5　注意事项

（1）待试设备铁心、夹件必须与外壳可靠接地，测试仪器必须与待试设备外壳可靠接地。测试仪器输入单元和检测单元的接地线应共同连接在待试设备铁心接地处。无铁心外引接地的变压器则应将测试接地线可靠接地。

（2）应保证测量阻抗的接线钳与套管线夹紧密接触。

1.3.20.6　评判标准

符合合同技术协议、出厂试验方案及 GB/T 1094。

保存每个绕组的波形图。三相绕组频响数据曲线无明显变形即为试验通过。

1.3.21　无励磁分接开关试验（适用于电动操动机构）

1.3.21.1　试验目的

检测无励磁分接开关操作是否灵活，位置是否正确。

1.3.21.2　一般规定

用额定操作电压电动操作 2 个循环，然后将操作电压降到其额定值的 85%，操作一个循环；切换过程无异常，电气及其机械限位动作应正确。

1.3.21.3　试验步骤

变压器不励磁进行开关切换。

1.3.21.4　判断标准

符合招标文件、出厂试验方案及 GB 10230。

开关切换灵活，各分接电阻合格，同变压器一起进行绝缘试验时通过。辅助线路应能

承受 2kV，1min 对地外施耐压试验。

1.3.22　油浸式变压器压力密封试验

1.3.22.1　试验目的

检测变压器油箱和充油组部件本体及装配部位的密封性能，防止运行时渗漏油的发生，以及防止变压器主体在运输时的漏气、漏油或因进水而引起的变压器受潮。

1.3.22.2　一般规定

试漏压力及持续时间应符合 GB/T 6451《油浸式电力变压器技术参数和要求》或 GB/T 16274《油浸式电力变压器技术参数和要求 500kV 级》的规定或用户要求，但最后一次补漏后的试漏时间不得少于试漏规定的总时间的 1/3。应注意油箱底部所受压力一般不要超过油箱所能承受的压力值。

1.3.22.3　试验步骤

储油柜油面施加 30kPa 的气压或者油箱底部施加 0.1MPa 的油压持续 24h。

1.3.22.4　注意事项

此项试验应装好全部附件后进行。

1.3.22.5　评判标准

符合合同技术协议和工艺文件。

油箱不得有损伤和不允许的永久变形。试验过程中要随时检查压力表的压力是否下降，油箱及其充油组部件表面是否渗漏油，重点检查焊缝和密封面的渗漏油情况。

1.3.23　套管试验

1.3.23.1　试验目的

验证套管经过运输后的质量状况及作为运行的比较基准。

1.3.23.2　一般规定

安装到变压器上后测量套管的电容值和介质损耗值以及绝缘电阻值。

1.3.23.3　试验接线

测量前记录被试品实时温度及空气相对湿度。

使用介质损耗测量仪进行测量，其他非被试绕组应接地，试验接线如图 1－40 和图 1－41所示。

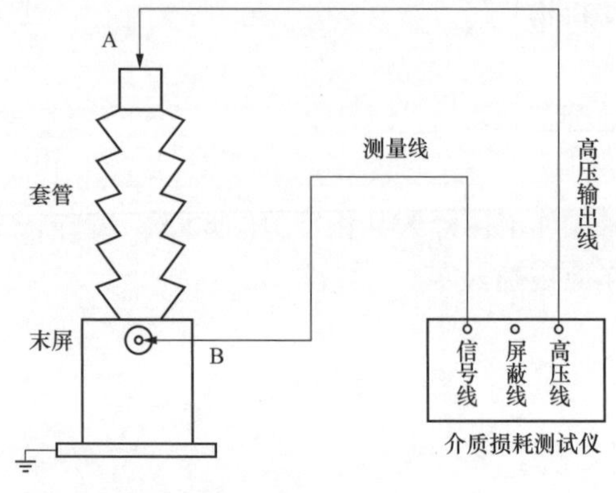

图 1－40　介质损耗测量接线图

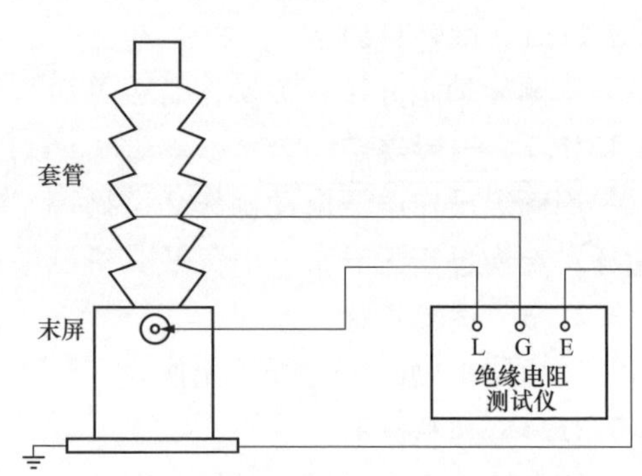

图 1－41　末屏绝缘电阻测量接线图

1.3.23.4 试验步骤

（1）测量10kV电压下介质损耗因数及电容量。

（2）对套管末屏进行绝缘电阻测量。

1.3.23.5 注意事项

套管要安装到变压器上以后再进行测量。测量电压通常为10kV。

1.3.23.6 评判标准

符合招投标文件和试验方案。

10kV电压下介质损耗因数测量结果应符合：500kV电压及以上 $\tan\delta \leqslant 0.5\%$，500kV以下 $\tan\delta \leqslant 0.7\%$；末屏绝缘电阻符合设计标准。

1.3.24 铁心夹件试验

1.3.24.1 试验目的

铁心夹件试验的目的是检查铁心或夹件是否存在多点接地。若多点接地，则在接地间就会形成闭合回路，感应电动势，形成环流，产生局部过热，严重时会烧损铁心。

1.3.24.2 一般规定

测量铁心对地、夹件对地的绝缘电阻。

1.3.24.3 试验接线

测量铁心对地夹件对地绝缘电阻的接线如图1-42、图1-43所示。

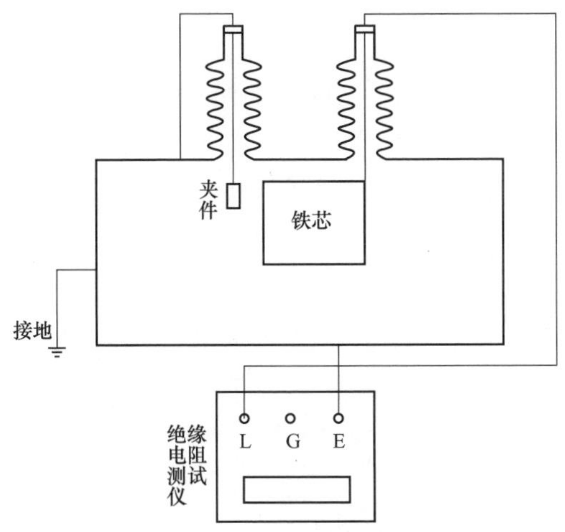

图1-42 测量铁心对地绝缘电阻接线图

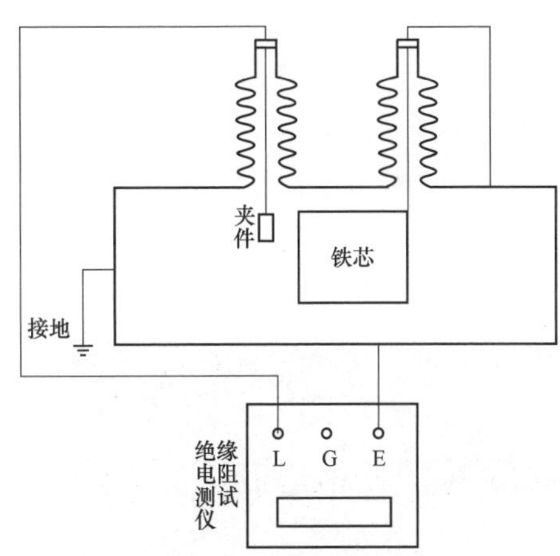

图1-43 测量夹件对地绝缘电阻接线图

1.3.24.4 试验步骤

使用2500V绝缘电阻表分别测量铁心对地、夹件对地的绝缘电阻。

1.3.24.5 注意事项

测量时应使用2500V绝缘电阻表。

1.3.24.6 评判标准

符合订货技术协议书、试验方案及GB/T 1094。

铁心对地、夹件对地绝缘电阻不应小于1000MΩ。

1.4 《指导书》重点条款解析

本节表格中的内容为引用《运检专业技术监督设备监造指导书》（简称《指导书》）的内容，表中序号相应保留，“监督要点解析”中的编号也与之对应。

1.4.1 油浸式变压器油箱监造

1.4.1.1 焊装质量

（1）监督内容、权重及要点见表1－6。

表1－6 油浸式变压器油箱焊接质量监督内容、权重及要点

《指导书》对应序号	监督内容	权重	监督要点
1.1.2	1）焊接质量	Ⅱ	①焊缝饱满、无缝无孔、无焊瘤、无夹渣
		Ⅱ	②密封焊缝满足设计图纸和工艺文件要求
	2）箱沿、升高座法兰、联管法兰等法兰连接处密封面	Ⅱ	密封面平整度应符合设计图纸和工艺文件要求
	3）屏蔽质量	Ⅲ	磁屏蔽应安装规整，电屏蔽应焊接良好
	4）外部质量	Ⅱ	气割端面应打磨光滑

（2）监督要点解析。

1）焊接质量是设备监造技术监督重要的监督项目。①、②焊缝质量中焊缝渗油是变压器存在的普遍质量问题。变压器油箱密封焊缝渗漏主要集中在小管径钢管与法兰的位置、结构上狭窄不易施焊的位置、无磁钢材料的位置、焊缝接头的起始位置、拼接焊缝的位置等。检查这些位置的焊缝质量，确保焊缝无气孔、夹渣等焊接缺陷。

现场实物如图1－44所示。

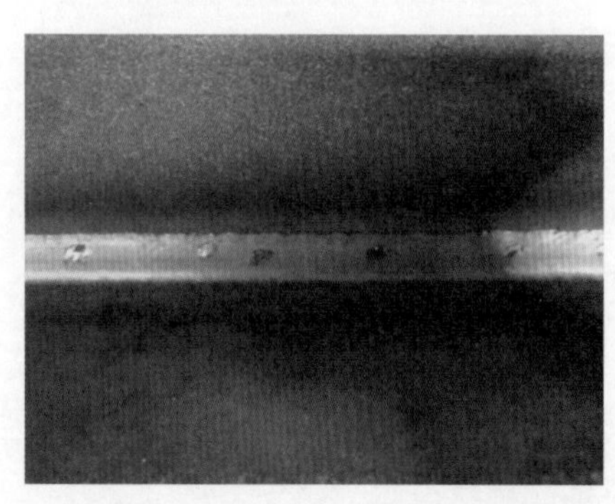

图1－44 焊缝

2）箱沿、升高座法兰、联管法兰等法兰连接处密封面平整度是设备监造技术监督重要的监督项目。密封面平整度不符合要求影响变压器密封质量，导致变压器运行中存在渗漏油的现象。

现场实物如图1－45所示。

3）屏蔽质量是设备监造技术监督重要的监督项目。变压器内部屏蔽措施有磁屏蔽与电屏蔽两种。磁屏蔽用导磁材料，一般就是叠成一定厚度的硅钢片；电屏蔽用隔磁材料，一般为铜板。变压器运行时，绕组通过电流后将产生磁场，由于绕组中的变压器铁心是良磁导体，所以大部分磁通都在铁心中。但是也有一些磁通通过空气隙或变压器油传导到变压器外壳上，在外壳中感应涡流从而发热，不仅增加了变压器发热量，也增加了变压器损耗。变压器油箱壁上的屏蔽可以阻断从绕组至外壳的磁通道，大大减少外壳的涡流损耗。

现场实物如图1－46、图1－47所示。

图 1-45　箱沿密封面

图 1-46　电屏蔽

图 1-47　磁屏蔽

4）外部质量是设备监造技术监督重要的监督项目。钢板端面的棱角在涂漆前必须进行倒角处理，设计图纸没有标注的一律按工艺倒角，倒角不应小于工艺和设计要求，否则影响涂漆质量，导致变压器表面发生锈蚀。

现场实物如图 1-48 所示。

图 1-48　端面倒角

（3）监督要求。

1）开展焊缝质量监督主要通过对照设计图纸和工艺文件要求，观察实际焊接操作，查看探伤报告，查看投标文件（按技术协议），现场查看。

2）开展密封面平整度监督主要通过对照设计图纸和工艺文件要求，查看现场实测值。

3）开展屏蔽质量监督主要通过对照工艺文件要求，现场查看。

4）开展外部质量监督主要通过对照工艺文件要求，现场查看。

1.4.1.2　油箱整体要求

（1）监督内容、权重及要点见表 1-7。

表 1－7　　油箱整体监督内容、权重及要点

《指导书》对应序号	监督内容	权重	监督要点
1.1.3	1）油箱内部清洁度	Ⅱ	②彻底清除油箱内部焊渣等金属和非金属异物，特别是喷丸处理过程中可能存留的钢砂
	2）箱顶导油管沿气体继电器气流方向	Ⅲ	箱顶导油管沿气体继电器气流方向应有 1%～1.5%的升高坡度
	3）法兰密封面连接	Ⅱ	法兰密封面连接应正确配合，无渗漏

（2）监督要点解析。

1）油箱内部清洁度是设备监造技术监督重要的监督项目。应对油箱清洁度进行检查，保证油箱内部没有金属异物及非金属异物。变压器油箱内部的清洁度直接影响变压器油的绝缘性能，也影响到变压器的工作状态。一旦绝缘油内部出现金属杂质和非金属异物等，运行中易导致变压器内部发生局部放电。当杂质沉积在油箱的底部，以桥接的方式实现多点接地，会影响变压器的性能。检查时用磁力棒进行检查。

图 1－49　油箱内部

现场实物如图 1－49 所示。

2）箱顶导油管沿气体继电器气流方向是设备监造技术监督比较重要的监督项目。气体继电器安装在变压器油箱和储油柜之间的连接管道中。气体继电器时导油管安装在变压器顶盖的最高部位。变压器顶导油管沿气体继电器方向与水平应具有 1%～1.5%的升高坡度，保证气体能顺利地进入气体继电器和储油柜，防止气体停留在顶盖下部或导油管中。箱顶导油管如图1－50所示。

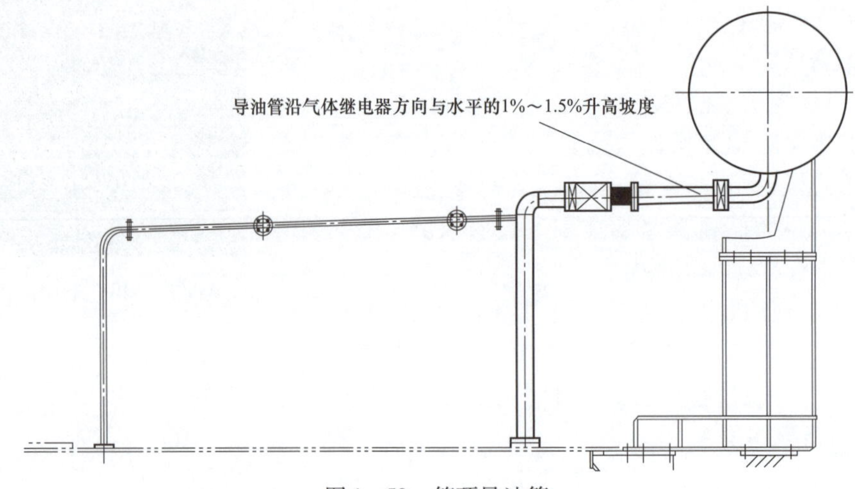

图 1－50　箱顶导油管

3）法兰密封面连接是设备监造技术监督重要的监督项目。变压器法兰密封连接不正确配合，存在偏差，会导致变压器密封不良，变压器油渗漏。应按工艺要求保证法兰密封部位加工精度，确保法兰密封连接正确配合。

现场实物如图1－51所示。

图1－51　法兰密封面

（3）监督要求。

1）开展油箱内部清洁度监督主要通过对照工艺文件要求，现场查看。

2）开展箱顶导油管沿气体继电器气流方向监督主要通过对照设计图纸和工艺文件要求，查看现场实测值。

3）开展法兰密封面连接监督主要通过对照设计图纸和工艺文件要求，现场查看。

1.4.1.3　油箱试验

（1）监督内容、权重及要点见表1－8。

表1－8　油箱试验监督内容、权重及要点

《指导书》对应序号	监督内容	权重	监督要点
1.1.4	1）油箱机械强度试验	Ⅲ	66kV、220kV及500kV的变压器油箱应具有能承受住真空度为133Pa和0.1MPa机械强度能力
	2）油箱气压试漏试验	Ⅲ	焊接完成后应按工艺文件要求进行正压气压试漏试验，保证油箱密封焊缝良好

（2）监督要点解析。

1）油箱机械强度试验是设备监造技术监督比较重要的监督项目。油箱是大型电力变压器的重要组成部分，是变压器整体装配的壳体。油箱应有可靠的强度，保证变压器整体装配质量要求。当油箱强度不足产生变形时，其密封性和安装精度都会受到影响。

2）油箱气压试漏试验是设备监造技术监督比较重要的监督项目。油箱应有严格的密封性，满足变压器注油后无渗漏要求。油箱焊接完成后应进行气压试漏试验，检查油箱密封焊缝的焊接质量。密封焊缝的质量是保证油箱内部变压器油不渗漏，保证变压器顺利运行的重要条件。

（3）监督要求。

1）开展油箱机械强度监督主要通过对照工艺文件要求，查看试验报告，查看投标文件（技术协议），现场查看。

2）开展油箱气压试漏监督主要通过对照工艺文件要求，查看试验报告，现场查看。

1.4.1.4　喷漆质量

（1）监督内容、权重及要点见表1－9。

表 1－9　　喷漆质量监督内容、权重及要点

《指导书》对应序号	监督内容	权重	监督要点
1.1.5	1）漆膜厚度	Ⅱ	油箱漆膜颜色和厚度应符合设计图纸和工艺文件要求

（2）监督要点解析。漆膜厚度是设备监造技术监督重要的监督项目。漆膜厚度是指待漆膜表面干后，用漆膜测厚仪检测干膜厚度，涂层最薄的漆膜厚度不得低于运行环境所规定的标准，对厚度低于标准的部位适当补喷油漆，并保证附着力和外观色泽的均匀。

（3）监督要求。开展该项目监督主要通过对照设计图纸和工艺文件要求，查看现场实测值。

1.4.2　油浸式变压器铁心制作监造

1.4.2.1　铁心制作

（1）监督内容、权重及要点见表 1－10。

表 1－10　　铁心制作监督内容、权重及要点

《指导书》对应序号	监督内容	权重	监 督 要 点
1.2.1	硅钢片	Ⅰ	型号和厂家应与技术协议（投标文件）相符，断面、表面要求无缺损、锈蚀、毛边和异物

（2）监督要点解析。硅钢片是设备监造技术监督的监督项目之一。硅钢片表面如有缺损、毛边、异物，影响铁心叠装质量，增大空载损耗，在运行过程中易产生局部放电。

现场实物如图 1－52 所示。

图 1－52　硅钢片

（3）监督要求。开展该项目监督主要通过查看技术协议（投标文件），查验原厂出厂文件，查验入厂检验报告，查看实物。

1.4.2.2　铁心片剪切

（1）监督内容、权重及要点见表 1－11。

表 1－11 铁心片剪切监督内容、权重及要点

《指导书》对应序号	监督内容	权重	监督要点
1.2.2	横向剪切、纵向剪切	Ⅱ	波浪度（浪高、浪距、波浪数量）、剪切毛刺、铁心片厚度偏差、斜边长度偏差、铁心长度偏差应符合工艺文件要求

（2）监督要点解析。铁心片裁剪是设备监造技术监督重要的监督项目。要求剪裁的硅钢片平整、厚度符合要求。用下列各项指标考察硅钢片是否符合要求：①波浪度指硅钢片表面不平整，有波浪凸起；②浪距指单个硅钢片两个波峰最高点间距离；③波浪数量指单个硅钢片每米内波浪数量。铁心厚度、铁心长度、斜边长度偏差符合照制造厂工艺要求。如果斜边长度偏差过大，会增加铁心叠片接缝的距离，增大变压器空载损耗。

现场实物如图 1－53 所示。

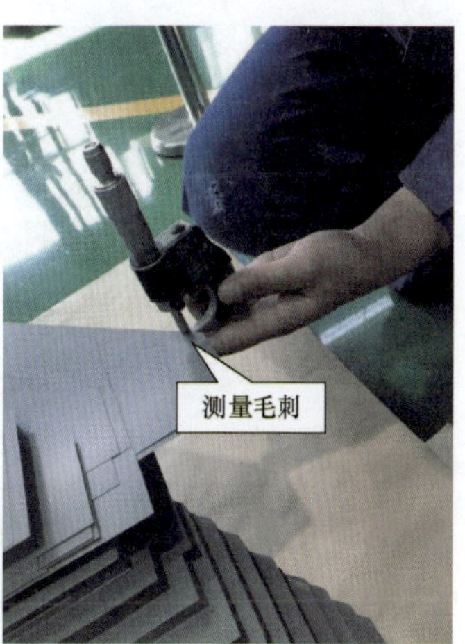

图 1－53 铁心片毛刺测量

（3）监督要求。开展该项目监督主要通过查看工艺文件要求，查看现场实测值。

1.4.2.3 铁心叠片

（1）监督内容、权重及要点见表 1－12。

表 1－12 铁心叠片监督内容、权重及要点

《指导书》对应序号	监督内容	权重	监督要点
1.2.3	窗宽测量	Ⅰ	铁心窗宽间距偏差应符合设计图纸和工艺要求

（2）监督要点解析。窗宽测量是设备监造技术监督的监督项目之一。窗宽为变压器器身两旁轭之间的距离，如果窗宽不符合要求，会影响上轭的安装。铁心窗宽如图 1－54 所示。

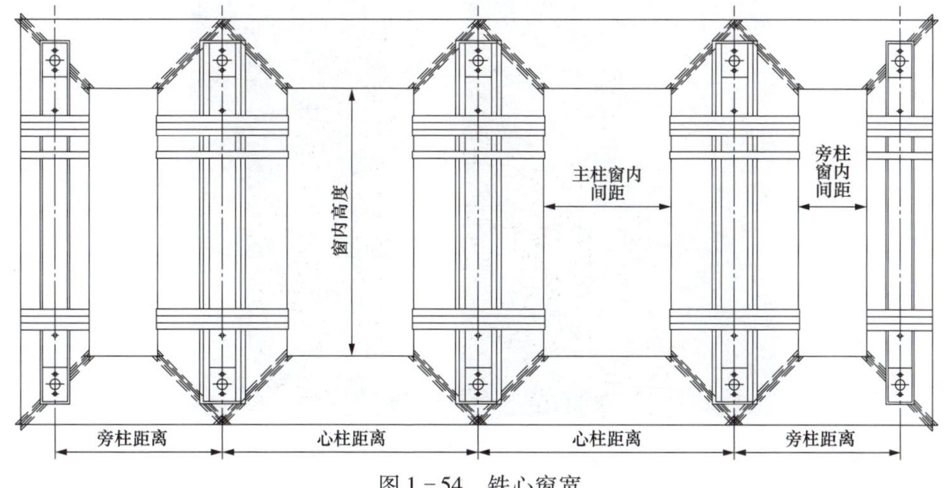

图 1－54 铁心窗宽

（3）监督要求。开展该项目监督主要通过查看设计图纸和工艺文件要求，查看现场实测值。

1.4.2.4 铁心叠装

（1）监督内容、权重及要点见表1－13。

表1－13　铁心叠装监督内容、权重及要点

《指导书》对应序号	监督内容	权重	监督要点
1.2.4	1）屏蔽帽装配	Ⅱ	应按设计图纸位置装配，确认螺栓紧固、屏蔽帽装配完好
	2）铁心垂直度	Ⅱ	垂直度应符合设计图纸和工艺文件要求
	3）铁心端面涂绝缘清漆	Ⅰ	漆膜应完整、无露底、漏涂和漆瘤等现象
	4）各级厚度	Ⅱ	铁心每级厚度及总厚度测量尺寸应符合设计图纸和工艺文件要求，主级不能出现负公差
	5）油道间绝缘电阻	Ⅲ	打开各连接片逐个油道检查，无通路现象

图1－55　屏蔽帽

（2）监督要点解析。

1）屏蔽帽装配是设备监造技术监督重要的监督项目。屏蔽帽覆盖在高电压侧引线出头附近的螺栓上，使其电场更均匀，避免尖端放电。现场实物如图1－55所示。

2）铁心垂直度是设备监造技术监督重要的监督项目。使用激光水平仪或铅垂配合钢板尺测量铁心起立后端面从上到下的垂直度（有油道结构的在油道位置测量），保证铁心下箱后到油箱侧壁的距离。现场测量如图1－56所示。

（a）用铅锤测量

（b）用激光尺测量

图1－56　铁心垂直度测量

3）铁心端面涂绝缘清漆是设备监造技术监督的监督项目之一。铁心端面涂抹绝缘清漆是为了防止铁心端面受潮、生锈。现场实物如图1－57所示。

4）铁心各级厚度是设备监造技术监督重要的监督项目。心式铁心柱截面常采用多级阶梯形结构，测量各级厚度尺寸应符合设计和工艺文件要求并达到设计要求的铁心柱有效几何截面积，保证铁心柱的圆整度，使内部线圈受力支撑均匀，同时有效截面积也会影响到空载损耗和空载电流的实际测量数值。

铁心各级示意图如图1－58所示，实物如图1－59所示。

图1－57　铁心端面涂漆

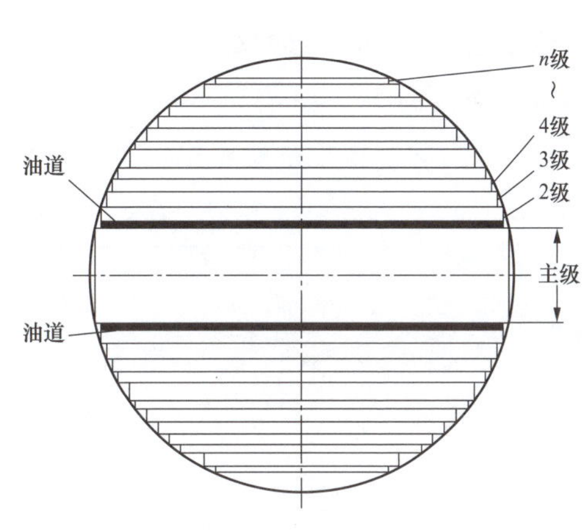

图1－58　铁心各级

5）油道间及叠片组间绝缘。铁心本体由导磁性能良好的硅钢片和铁心油道构成。在变压器运行时，铁心所散发出的热量应保证铁心温升不超过规定的温升。在铁心中建立油流通道，增大铁心的散热面积，从而带动铁心内部的热量。现场实物如图1－60所示。

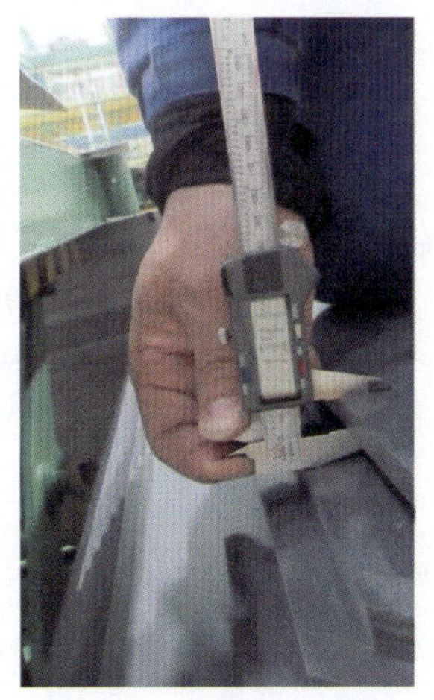
图1－59　测量铁心各级厚度

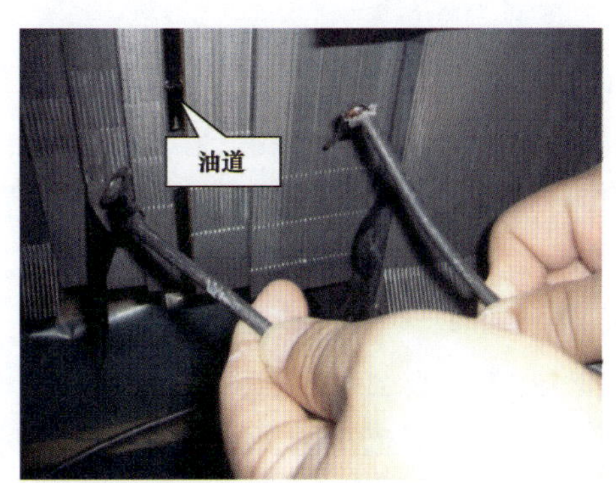

图1－60　油道间及叠片组间绝缘

（3）监督要求。

1）开展屏蔽帽装配监督主要通过对照设计图纸和工艺文件要求，现场查看。

2）开展铁心垂直度监督主要通过对照设计图纸和工艺文件要求，查看现场实测值。

3）开展铁心端面涂漆监督主要通过对照工艺文件要求，现场查看。

4）开展铁心各级厚度监督主要通过对照设计图纸和工艺文件要求，查看现场实测值。

5）开展油道间及叠片组间绝缘监督主要通过对照工艺文件要求，查看试验报告，查看现场实测值。

1.4.3 油浸式变压器线圈制作监造

1.4.3.1 线圈绕制

（1）监督内容、权重及要点见表 1－14。

表 1－14　线圈绕制监督内容、权重及要点

《指导书》对应序号	监督内容	权重	监督要点
1.3.2	1）幅向尺寸	Ⅱ	线圈辐向尺寸偏差应符合设计图纸和工艺文件要求
	2）导线换位处理	Ⅲ	S 弯换位平整、导线无损伤，无剪刀位，导线换位部分的绝缘处理良好，换位 S 弯两端不应进入垫块
	3）静电板放置	Ⅱ	覆盖线段尺寸偏差应符合设计图纸和工艺文件要求
	4）导油板放置	Ⅱ	导油板放置应符合设计图纸和工艺文件要求
	5）导线焊接	Ⅲ	①导线焊接牢固，焊料填充饱满，表面处理光滑，无尖角毛刺，无错边

（2）监督要点解析。

1）辐向尺寸及紧密度是设备监造技术监督重要的监督项目。线圈辐向尺寸为线圈外半径减内半径。线圈幅向尺寸偏差超出设计值会导致变压器阻抗实测值出现偏差。辐向尺寸正公差会导致线圈外撑条不能贴合油隙垫块槽口，辐向负公差会导致线圈外撑条不能贴合线圈外表面。

现场测量如图 1－61 所示。

2）导线换位处理是设备监造技术监督重要的监督项目。导线换位降低了由于漏磁引起的环流附加损耗和涡流损耗，如果换位 S 弯两端进入换位弯前后的垫块或出现剪刀位，在线圈加压整形过程中易导致线圈匝绝缘损坏，造成线圈短路。现场实物如图 1－62 所示。

图1-61　幅向尺寸测量

图1-62　导线换位

3）导油板检查是设备监造技术监督重要的监督项目。变压器线圈内部设置若干导油板，导油板交替固定于线圈的内径侧和外径侧上，使油流按其设定好的方向前进，如图1-63（a）所示。导油板增大了变压器油流与线圈的接触面积，使散热更均匀。

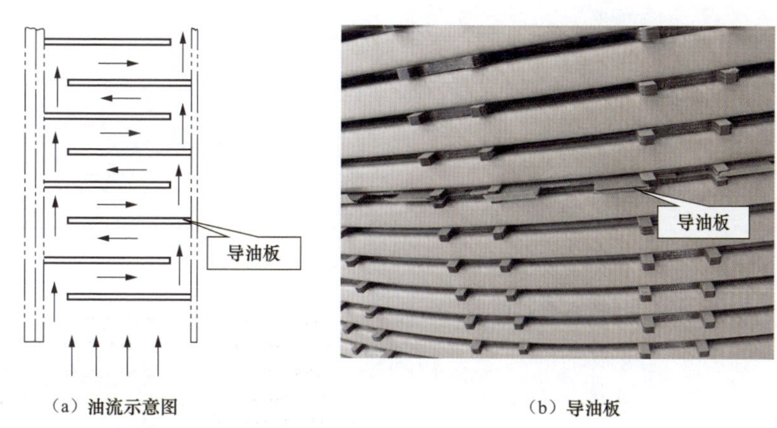

（a）油流示意图　　（b）导油板

图1-63　导油板示意图及实物图

4）静电板放置是设备监造技术监督重要的监督项目。静电板通常放置在线圈端部，可以改善与其相邻诸线段的雷电冲击电压分布，还可以使绕组端部电场均匀。如果静电板覆盖不符合要求，将会影响端部电场分布。

5）导线焊接是设备监造技术监督重要的监督项目。焊接质量要求：①锉后的焊接头不准有尖角毛刺和较深的锉刀纹；②用砂纸砂光后，手感平整光滑，并要露出金属光泽；③焊料必须充满焊缝、无假焊、错边现象。

现场实物如图1-64所示。

（3）监督要求。

1）开展辐向尺寸及紧密度监督主要通过对照设计图纸和工艺文件要求，查看现场实测值。

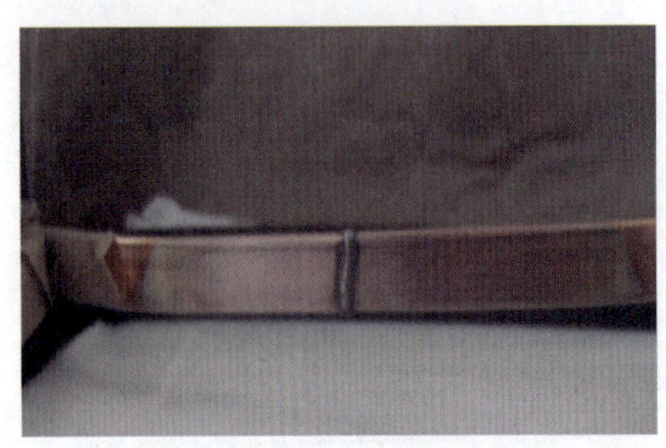

图 1-64　导线焊接

2）开展导线换位监督主要通过对照设计图纸和工艺文件要求，现场查看。

3）开展导油板监督主要通过对照设计图纸和工艺文件要求，查看现场实测值。

4）开展静电板放置监督主要通过对照设计图纸和工艺文件要求，现场查看。

5）开展导线焊接监督主要通过对照工艺文件要求，现场查看。

1.4.3.2　线圈组装

（1）监督内容、权重及要点见表 1-15。

表 1-15　　线圈组装监督内容、权重及要点

《指导书》对应序号	监督内容	权重	监 督 要 点
1.3.3	1）垫块间距	Ⅱ	油道垫块间距偏差应符合设计图纸和工艺文件要求
	2）撑条垂直度	Ⅱ	撑条垂直度偏差应符合设计图纸和工艺文件要求
	3）端圈放置	Ⅱ	放置平整，不偏心，端圈绝缘垫块应上下对正，放置偏差应符合设计图纸和工艺文件要求
	4）线圈套装	Ⅱ	套装后紧实，不得松动，油隙撑条、端圈垫块应与线圈垫块对齐

（2）监督要点解析。

1）垫块间距是设备监造技术监督重要的监督项目。垫块用来分割线圈轴向油道，起到绝缘和散热作用。每组油道垫块间隙应当均匀，从而使油道均匀。垫块间距偏差为最大垫块间距减最小垫块间距，垫块间距偏差超过设计值将影响线圈的机械强度。

现场实物如图 1-65 所示。

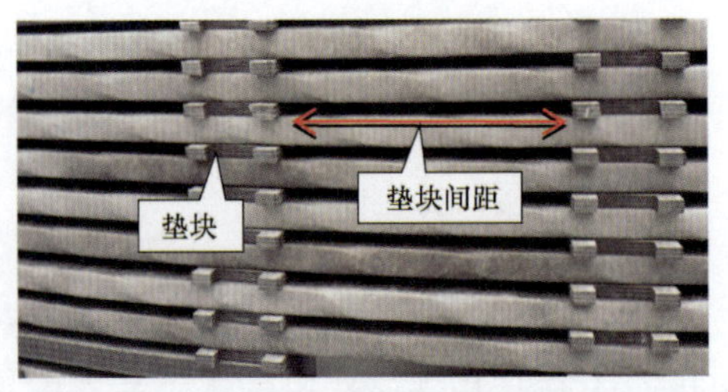

图 1-65　油道、油道垫块

2）撑条垂直度是设备监造技术监督重要的监督项目。撑条起到线圈支撑和绝缘作用，并构成线圈纵向油道。撑条垂直度偏差不符合工艺文件要求，会导致油流不均匀，并影响线圈散热和机械强度。撑条垂直度一般用激光尺测量。

现场实物如图 1-66 所示。

3）端圈放置是设备监造技术监督重要的监督项目。端圈通常放置在线圈端部，保证线圈端部绝缘距离。端圈放置不平整，在线圈加压时压力不均衡，会降低线圈机械强度。

现场实物如图 1-67 所示。

图1－66 撑条垂直度

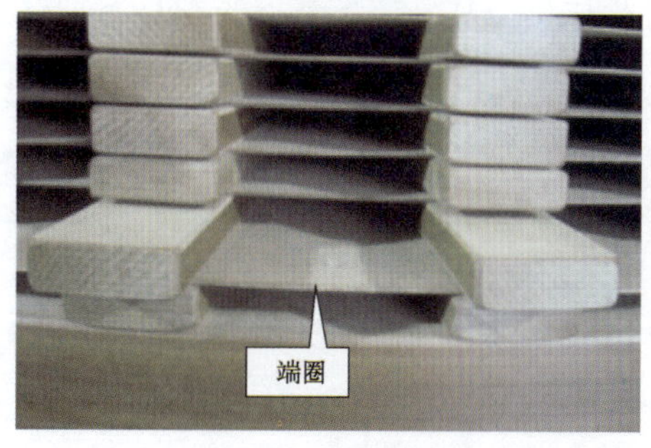

图1－67 端圈

4）线圈套装是设备监造技术监督重要的监督项目。线圈套装是指将高、中、低压线圈按设计图纸要求进行套装。套装后线圈间紧实，不得松动，油隙撑条、端圈垫块与线圈垫块对齐，以防线圈加压时受力不均而损坏。套装松动将影响线圈机械强度。

现场实物如图1－68所示。

图1－68 线圈套装成品

（3）监督要求。

1）开展垫块间距监督主要通过对照设计图纸和工艺文件要求，查看现场实测值。

2）开展撑条垂直度监督主要通过对照设计图纸和工艺文件要求，查看现场实测值。

3）开展端圈放置监督主要通过对照设计图纸和工艺文件要求，现场查看。

4）开展线圈套装监督主要通过对照设计图纸和工艺文件要求，现场查看。

1.4.4 油浸式变压器器身装配监造

1.4.4.1 绝缘套装

（1）监督内容、权重及要点见表1－16。

表1－16 绝缘套装监督内容、权重及要点

《指导书》对应序号	监督内容	权重	监 督 要 点
1.4.2	铁轭绝缘、纸板、端圈等绝缘件	Ⅱ	表观质量应良好，层压件无开裂、起层现象

（2）监督要点解析。铁轭绝缘、纸板、端圈等绝缘件是设备监造技术监督重要的监督

项目。绝缘如果放置不平整、不稳固，与夹板接触不紧密、有间隙，会导致线圈受力不均匀，长期运行后会导致线圈变形，长期的电压作用下会导致绝缘损坏，危及安全运行。

（3）监督要求。开展该项目监督主要通过对照设计图纸和工艺文件要求，现场查看。

1.4.4.2 上铁轭装配

（1）监督内容、权重及要点见表1－17。

表1－17 上铁轭装配监督内容、权重及要点

《指导书》对应序号	监督内容	权重	监督要点
1.4.3	1）插上铁轭铁心片	Ⅱ	插接紧实，插片不应有搭接
	2）铁心级次垫块的顶级情况	Ⅱ	所有铁心级次垫块顶级应达到100%顶级

（2）监督要点解析。

1）插上铁轭铁心片是设备监造技术监督比较重要的监督项目。一般顺序是从高压绕组上端开始，插角环，放绝缘端圈，然后安装中、高压上端绝缘，最后装低、中、高压共同的上端绝缘（具体应根据上端绝缘结构而定），再放好绕组上部压板，特大型变压器的压板一般都采用非金属绝缘材料制造。插接不紧实会影响产品实测噪声，如果上铁轭片间有搭接会产生局部环流，增加局部损耗，进而影响实测空载损耗。

（3）监督要求。

1）开展插上铁轭铁心片监督主要通过对照工艺文件要求，现场查看。

2）开展监督主要通过对照工艺文件要求，现场查看。

1.4.4.3 铁心级次垫块

（1）监督内容、权重及要点见表1－18。

表1－18 铁心级次垫块监督内容、权重及要点

《指导书》对应序号	监督内容	权重	监督要点
1.4.4	铁心级次垫块的顶级情况	Ⅱ	所有铁心级次垫块顶级应达到100%顶级

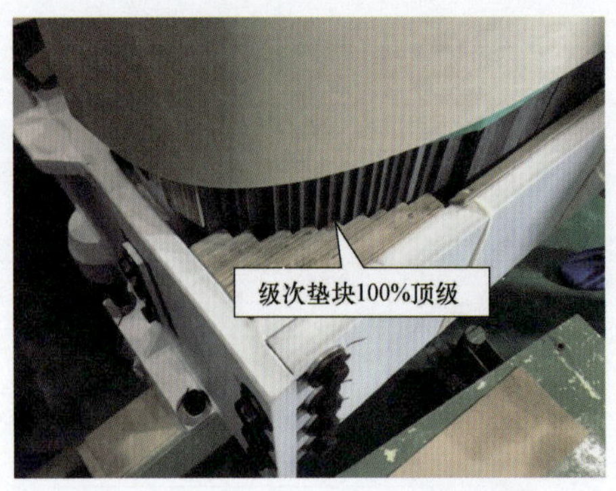

图1－69 级次垫块的顶级情况

（2）监督要点解析。铁心级次垫块的顶级情况是设备监造技术监督重要的监督项目。用铁心级次垫块来顶紧铁心级次，如果顶不紧会导致硅钢片松动，变压器运行中硅钢片会产生振动，从而增加噪声，所以所有铁心级次垫块必须达到100%顶级。

现场实物如图1－69所示。

（3）监督要求。开展该项目监督主要通过对照工艺文件要求，现场观察。

1.4.4.4 铁心绝缘电阻测量

（1）监督内容、权重及要点见表1－19。

表1－19　铁心绝缘电阻测量监督内容、权重及要点

《指导书》对应序号	监督内容	权重	监督要点
1.4.5	1）铁心对夹件绝缘电阻	Ⅲ	用500V或1000V绝缘电阻表，绝缘电阻值应大于0.5MΩ
	2）拉带对铁心、夹件绝缘电阻	Ⅲ	用500V或1000V绝缘电阻表，绝缘电阻值应大于0.5MΩ

（2）监督要点解析。铁心绝缘电阻测量是设备监造技术监督重要的监督项目。测量铁心对夹件，拉带对铁心、夹件绝缘电阻是为防止铁心与夹件产生多点接地，当发生多点接地时会产生环流而导致局部过热。现场测量如图1－70和图1－71所示。

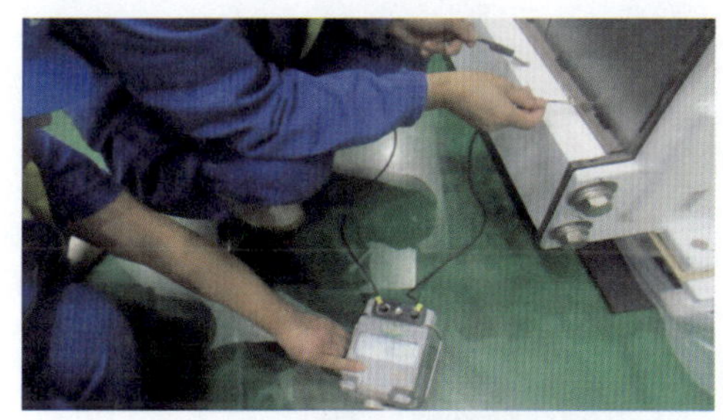

图1－70　测量铁心对夹件绝缘电阻

图1－71　测量拉带对铁心、夹件绝缘电阻

（3）监督要求。

1）开展铁心对夹件绝缘电阻监督主要通过对照设计图纸和工艺文件要求，查看试验报告，查看现场实测值。

2）开展拉带对铁心、夹件绝缘电阻监督主要通过对照设计图纸和工艺文件要求，查看试验报告，查看现场实测值。

1.4.4.5 接地系统装配

（1）监督内容、权重及要点见表1－20。

表1－20　接地系统装配监督内容、权重及要点

《指导书》对应序号	监督内容	权重	监督要点
1.4.7	接地系统装配	Ⅲ	按图纸要求装配接地线（上轭接地片、心柱地屏接地、旁轭地屏接地、下部压板型磁屏蔽接地、侧梁接地、上横梁接地、拉带接地、上夹件接地）

（2）监督要点解析。接地系统装配是设备监造技术监督非常重要的监督项目。心柱地屏、下部压板型磁屏蔽、侧梁、上横梁、上夹件所处的场强位置不同，它们之间会形成悬浮电位，接地可有效避免悬浮放电。现场实物如图1－72和图1－73所示。

图 1－72　上横梁接地

图 1－73　夹件、铁心接地

（3）监督要求。开展该项目监督主要通过查看设计图纸和工艺文件要求，观察实际焊接操作，现场观察。

1.4.4.6　线圈套装

（1）监督内容、权重及要点见表 1－21。

表 1－21　　**线圈套装监督内容、权重及要点**

《指导书》对应序号	监督内容	权重	监督要点
1.4.8	线圈套装	Ⅱ	①线圈套入屏蔽后的心柱要松紧适度
		Ⅱ	②下铁轭垫块及下铁轭绝缘平整、稳固，与夹件肢板接触紧密
		Ⅱ	③相绕组各出头位置应符合设计图纸和工艺文件要求
		Ⅲ	④多个线圈共用绝缘压板压紧时，应确保每个线圈均被压实
		Ⅱ	⑤主变压器高压、低压线圈套装时，应确保各散热油道通畅

（2）监督要点解析。②下铁轭绝缘平整、稳固是设备监造技术监督重要的监督项目。大型变压器的托板一般都用层压木板、胶木板或层压纸板制成，安装托板时要先调节其水平。然后在托板上面安装下铁轭平衡垫块，当平衡垫块总厚度较大时，应考虑其干燥后的收缩，留有一定的余量。一般平衡垫块略高于铁轭上端平面2～3mm，凡超出这一范围时，应调整垫块的厚度，不足时应加添垫块，超出应将多出部分剥掉。这种调整是设计所允许的，因为它不影响绕组的对地绝缘距离，只是要保证绕组整个圆周能够垫平，使绕组压紧后各档垫块受力均匀。线圈受力不均匀，长期运行后会导致线圈变形，绝缘损坏，危机安全运行。

④线圈紧实是设备监造技术监督比较重要的监督项目。如果线圈压紧不实，线圈高度会反弹。线圈高度反弹过高，线圈上下会产生松动，影响电气性能，所以多个线圈共用绝缘压板压紧时，要确保每个线圈均被压实。

⑤油道通常是设备监造技术监督重要的监督项目。油道如果不通畅，会影响线圈内部油流分布，造成内部局部过热，影响温升指标。同时线圈温度过高会导致导线匝绝缘老化加速，影响产品绝缘性能，易发生局部放电现象或局部导线击穿。因此主变压器高压、中压、低压线圈套装时，要确保各散热油道通畅。

现场线圈套装如图1－74所示。

图1－74　线圈套装

（3）监督要求。开展该项目监督主要通过对照工艺文件要求，现场查看。

1.4.4.7　开关连接

（1）监督内容、权重及要点见表1－22。

表1－22　　有载开关组装监督内容、权重及要点

《指导书》对应序号	监督内容	权重	监督要点
1.4.9	有载开关组装	Ⅱ	①分接开关各部件无损坏和变形，绝缘件无开裂，触头接触良好，连线正确牢固，铜编织线无断股，过渡电阻无断裂松脱
		Ⅰ	②分接引线长度适宜，分接开关不受牵拉力
		Ⅱ	③分接引线绝缘包扎良好，与器身其他部位绝缘距离应符合设计图纸和工艺文件要求

（2）监督要点解析。①有载开关连线是设备监造技术监督重要的监督项目。分接开关触头接触不良会造成试验直阻超标，过渡电阻连接片接触不良会造成连接片烧损。

③分接引线绝缘是设备监造技术监督重要的监督项目。绝缘包扎必须满足绝缘厚度，如果不满足绝缘厚度会导致电缆与器身其他部位绝缘距离不符合要求，油中的绝缘不满足于整体电气性能，造成局部放电现象。

（3）监督要求。

1）开展有载开关连线监督主要通过现场查看。

2）开展分接引线绝缘监督主要通过查看设计图纸和工艺文件要求，观察实际焊接操作，现场观察。

1.4.4.8 引线装配、连接

（1）监督内容、权重及要点见表1-23。

表1-23　　引线装配、连接监督内容、权重及要点

《指导书》对应序号	监督内容	权重	监督要点
1.4.10	引线装配	Ⅲ	①操作冷压应符合工艺文件要求，所用压接管规格应与设计图纸要求一致，冷压时压接管内应填充密实
		Ⅲ	②银（磷）铜焊接有一定的搭接面积，严格按照工艺要求执行，焊面饱满、无氧化皮、无毛刺
		Ⅱ	③引线及电缆进入套筒长度应符合工艺文件要求
		Ⅱ	④绝缘包扎要紧实，包厚符合设计图纸和工艺文件要求

（2）监督要点解析。

①、②引线冷压、焊接是设备监造技术监督比较重要的监督项目。引线焊接指绕组出头与引线之间的焊接或绕组出线之间的焊接。当架线安装完后，整理绕组出线、清除导线漆膜（这部分工作可以在架线安装之前，在预计的位置上进行），弯形、剪断，然后进行焊接、清理去毛刺。搭接面积不够，会导致载流电阻过小，搭接点产生过热。表面尖角、毛刺不打磨，会影响电气绝缘性能。

现场冷压如图1-75所示。

④引线绝缘是设备监造技术监督比较重要的监督项目。绝缘包扎时，开关各部位的引线绝缘厚度应一致，接线处的绝缘必须可靠。绝缘包扎如图1-76所示。

图1-75　冷压

图1-76　绝缘包扎

（3）监督要求。开展该项目监督主要通过对照设计图纸和工艺文件要求，现场查看。

1.4.5 油浸式变压器总装配监造

1.4.5.1 油箱准备

（1）监督内容、权重及要点见表1－24。

表1－24 油箱准备监督内容、权重及要点

《指导书》对应序号	监督内容	权重	监督要点
1.5.2	油箱磁屏蔽接地片与接地板	Ⅱ	①接地片与接地板接触面清洁、平整，紧固螺栓牢固、可靠，磁屏蔽接地线接地可靠
		Ⅱ	②防止磁屏蔽多点接地，需打开磁屏蔽接地线，单独测量磁屏蔽对油箱的绝缘电阻

（2）监督要点解析。

①接地片与接地板接触面是设备监造技术监督重要的监督项目。磁屏蔽接地不良在磁屏蔽与油箱壁之间产生电位差，与油箱之间发生间隙发电现象。

③磁屏蔽多点接地是设备监造技术监督重要的监督项目。磁屏蔽多点接地会在接地点之间产生环流，造成接地点过热。

（3）监督要求。开展该项目监督主要通过对照工艺文件要求，现场查看。

1.4.5.2 真空干燥后的器身整理

（1）监督内容、权重及要点见表1－25。

表1－25 真空干燥后的器身整理监督内容、权重及要点

《指导书》对应序号	监督内容	权重	监督要点
1.5.3	器身紧固	Ⅱ	器身轴向加压压力应符合制造厂设计图纸和工艺文件要求

（2）监督要点解析。器身紧固是设备监造技术监督重要的监督项目。压紧力不足、填充垫块不充分、螺栓不紧固在变压器发生短路故障及其他振动情况下，会导致线圈形变、松动。

（3）监督要求。开展该项目监督主要通过对照设计图纸和工艺文件要求，现场查看。

1.4.5.3 器身下箱

（1）监督内容、权重及要点见表1－26。

表 1-26　器身下箱监督内容、权重及要点

《指导书》对应序号	监督内容	权重	监督要点
1.5.4	1）器身定位	Ⅱ	①器身定位钉应与定位碗相匹配
		Ⅱ	②浇注高度应符合工艺文件要求，无溢出现象
	2）油箱壁纸板安装	Ⅱ	箱壁及箱底纸板在使用前应干燥，在器身下箱前适时安装，应控制暴露在空气中的时间，时间以制造厂为准

（2）监督要点解析。

1）器身定位。①定位钉与定位碗匹配是设备监造技术监督重要的监督项目。定位碗焊在箱底，定位钉焊在器身下部，在器身下箱时将定位钉落在定位碗内，实现器身定位。

现场实物如图 1-77 和图 1-78 所示。

图 1-77　油箱定位碗

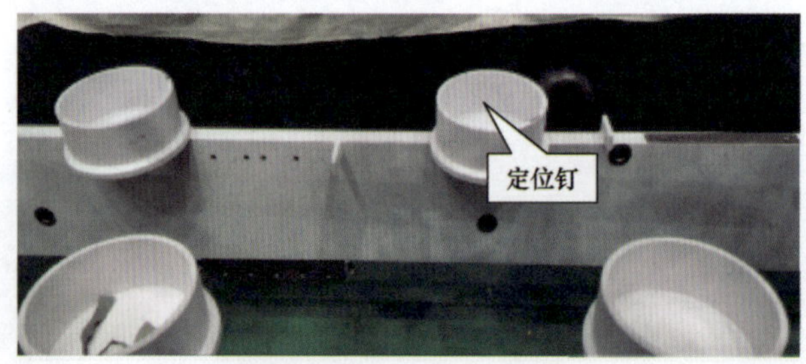

图 1-78　油箱定位钉

2）油箱壁纸板安装是设备监造技术监督重要的监督项目。箱壁及箱底纸板在使用前应干燥，在器身下箱前适时安装，应控制其暴露在空气中的时间。器身下箱前未按规定时间安装油箱壁纸板，易导致油箱纸板受潮，影响绝缘的电气强度。

（3）监督要求。

1）开展定位钉与定位碗匹配监督主要通过对照设计图纸和工艺文件，现场查看。

2）开展油箱壁纸板安装监督主要通过对照设计图纸和工艺文件要求，现场查看。

1.4.5.4　变压器附件装配

（1）监督内容、权重及要点见表 1-27。

表1-27 变压器附件装配监督内容、权重及要点

《指导书》对应序号	监督内容	权重	监督要点
1.5.5	1）套管、引线安装连接	Ⅱ	①引线、接线端子表面绝缘完好、无破损
		Ⅱ	②接线螺栓紧固紧实、无松动
		Ⅱ	③导杆头冷压或焊接应符合工艺文件要求，无尖角、毛刺
		Ⅲ	④套管安装后，套管尾部引线到油箱、夹件等绝缘距离应符合设计图纸和工艺文件要求
		Ⅲ	⑤均压球安装位置应符合设计图纸和工艺文件要求，均压球表面无破损
	4）储油柜装配	Ⅱ	①内部无金属异物和非金属异物，无浮灰，无漆膜脱落；外部无浮灰，表面无漆脱落，密封面良好
		Ⅱ	②胶囊式储油柜装配时，需对储油柜内壁进行检查清理，检查有无毛刺尖锐突起，胶囊装入后，需进行充气试漏
		Ⅲ	③波纹或隔膜储油柜密封性应符合设计图纸和工艺文件要求

（2）监督要点解析。

1）套管、引线安装连接。④套管尾部引线安装是设备监造技术监督比较重要的监督项目。套管安装后，套管尾部引线到油箱、夹件等绝缘距离须满足要求，如果不满足要求会导致放电或过热现象。

套管导杆头如图1-79所示。

⑤均压球安装位置是设备监造技术监督比较重要的监督项目。有均压球的，均压球安装位置应满足图纸要求，均压球表面无破损，套管尾部引线到油箱、夹件等绝缘距离满足要求。均压球安装位置如果不符合图纸要求，会导致均压球对其他位置的绝缘距离不足，产生放电现象。均压球表面如果存在破损，会造成均压球表面电场畸变，产生放电现象。

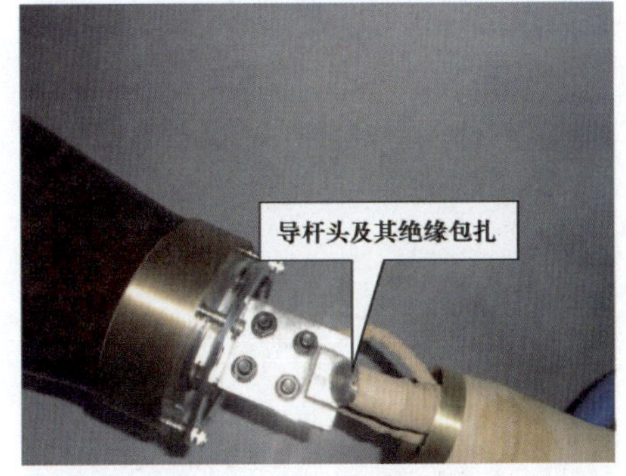

图1-79 套管导杆头

均压球如图1-80所示。

2）储油柜装配。①油箱内部清洁是设备监造技术监督比较重要的监督项目。油柜内部存在非金属异物、灰尘、漆膜脱落时会污染变压器油；储油柜内部存在金属异物，会导致金属异物进入本体油箱放电。

现场实物如图1-81所示。

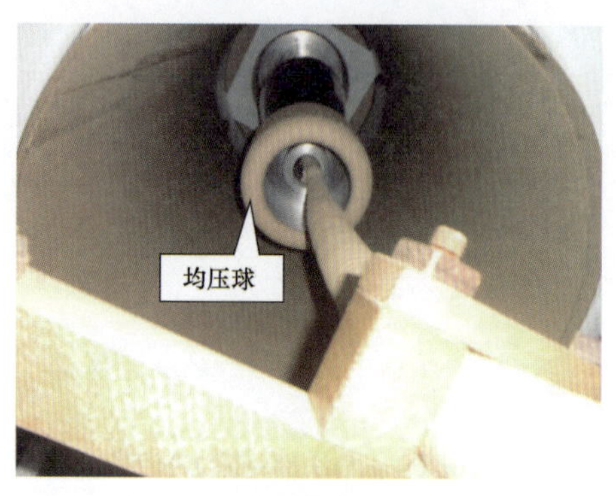

图 1-80　均压球

图 1-81　储油柜

（3）监督要求。

1）开展套管、引线安装连接监督主要通过对照设计图纸和工艺文件要求，现场查看。

2）开展储油柜装配监督主要通过对照工艺文件要求，现场查看。

1.4.6　油浸式变压器金属监督要点

1.4.6.1　波纹储油柜

（1）监督内容、权重及要点见表 1-28。

表 1-28　　波纹储油柜监督内容、权重及要点

《指导书》对应序号	监督内容	权重	监督要点
1.8.1	波纹储油柜不锈钢心体材质	Ⅳ	波纹油枕的不锈钢芯体材质应为奥氏体型不锈钢

（2）监督要点解析。波纹储油柜不锈钢芯体材质检测是非常重要的监督项目。金属波纹密封式储油柜是由可伸缩的金属波纹芯体构成的可变容器，它能使变压器油与空气完全隔离，从而防止变压器油受潮氧化，延缓老化过程。在彻底隔绝空气及湿气的条件下，当变压器内绝缘油随温度变化产生体积膨胀或收缩时，储油柜内的波纹芯体通过伸缩改变储油柜油腔大小，实现对变压器油的体积补偿。波纹储油柜不锈钢芯体作为主要金属部件之一，其材质若不符合相关标准要求，将导致部件的使用性能下降，影响设备安全稳定运行。DL/T 1424—2015《电网金属金属监督规程》第 6.1.1（c）条规定，波纹储油柜的不锈钢芯体材质为奥氏体型不锈钢。因材质不达标而导致波纹储油柜不锈钢芯体出现裂纹的不合格实物如图 1-82 所示。

图 1-82　波纹储油柜不锈钢芯体出现裂纹

（3）监督要求。开展本项目监督时，可采取现场抽检方式进行监督。每个工程所有变压器的波纹储油柜不锈钢芯体进行 100% 材质检测。建议采用 X 射线荧光光谱分析仪进行不锈钢材质检测，主要查看波纹储油柜不锈钢芯

体的材质是否为奥氏体型不锈钢。对不合格的波纹储油柜不锈钢芯体进行整批更换，对更换后的设备进行复测，合格后方可使用。

1.4.6.2 防雨罩

（1）监督内容、权重及要点见表1-29。

表1-29 防雨罩监督内容、权重及要点

《指导书》对应序号	监督内容	权重	监督要点
1.8.2	1）材质	Ⅳ	防雨罩材质应为06Cr19Ni10的奥氏体不锈钢或耐蚀铝合金
	2）厚度	Ⅳ	公称厚度不小于2mm；当防雨罩单个面积小于1500cm^2，公称厚度不应小于1mm

（2）监督要点解析。防雨罩材质及厚度测量是非常重要的监督项目。《国家电网有限公司十八项电网重大反事故措施（2018年修订版）及编制说明》要求，户外布置变压器的气体继电器、油流速动继电器、温度计、油位表应加装防雨罩，并加强与其相连的二次电缆结合部的防雨措施。二次电缆应采取防止雨水顺电缆倒灌的措施（如反水弯）。防雨罩质量判定依据Q/GDW 11717—2017《电网设备金属技术监督导则》中7.2.1e）条规定，不锈钢连接螺栓、油管连接波纹管、传动连杆及抱箍、本体油位计、压力释放阀、气体继电器、排油注氮继电器、油流速动继电器及压力突变继电器等外露附件的防雨罩和电缆槽盒等部件应选用06Cr19Ni10的奥氏体不锈钢；Q/GDW 11717—2017《电网设备金属技术监督导则》中16.3.3条要求防雨罩材质应为06Cr19Ni10的奥氏体不锈钢或耐蚀铝合金，其公称厚度不小于2mm；当防雨罩单个面积小于1500cm^2，公称厚度不应小于1mm。

（3）监督要求。开展本项目监督时，可采取现场抽检方式进行监督，每个工程抽检1~3件。建议采用X射线荧光光谱分析仪进行不锈钢材质检测，采用超声波测厚仪进行厚度测量。对不合格的防雨罩进行整批更换，对更换后的设备进行复测，合格后方可使用。

1.4.6.3 防腐涂层

（1）监督内容、权重及要点见表1-30。

表1-30 防腐涂层监督内容、权重及要点

《指导书》对应序号	监督内容	权重	监督要点
1.8.3	1）防腐涂层外观	Ⅲ	防腐涂层表面应平整、均匀一致，无漏涂、起泡、裂纹、气孔和返锈等现象，允许轻微橘皮和局部轻微流挂
	2）防腐涂层厚度	Ⅳ	油箱、储油柜、散热器等壳体的防腐涂层应满足腐蚀环境要求，其涂层厚度不应小于120μm
	3）防腐涂层材质	Ⅳ	重腐蚀环境散热片表面应采用锌铝合金镀层防腐

（2）监督要点解析。金属部件防腐是非常重要的监督项目。金属部件的防腐性能至关重要，如果部件外露部位不具有良好的防腐性能，将导致金属部件在自然环境中发生腐蚀现象，最终导致金属部件的损坏。油箱、储油柜、散热器等壳体的防腐涂层应满足腐蚀环境要求，其涂层厚度若小于120μm，附着力若小于5MPa，将导致壳体的防腐性能下降，不满足腐蚀环境的要求。DL/T 1424—2015《电网金属技术监督规程》第5.3.6（a）条规定防腐涂层表面应平整、均匀一致，无漏涂、起泡、裂纹、气孔和返锈等现象，允许轻微橘皮和局部轻微流挂；第6.1.1（b）规定油箱、储油柜、散热器等壳体的防腐涂层应满足腐蚀环境要求，其涂层厚度不应小于120μm，附着力不应小于5MPa，重腐蚀环境散热片表面宜采用锌铝合金镀层防腐。

（3）监督要求。开展本项目监督时，可采取现场抽检方式进行监督。每个工程抽检1～3处进行目视检测，涂层厚度测量时对变压器箱体每处检测5点，对重腐蚀环境下投用的散热片外围每处检测3点进行涂层材质检测。重点检查油箱、储油柜、散热器等壳体的防腐涂层外观、材质及厚度是否符合要求。对不合格的箱体涂层进行修复，对修复后的设备进行复测，合格后方可使用。

1.4.6.4 套管

（1）监督内容、权重及要点见表1－31。

表1－31　套管监督内容、权重及要点

《指导书》对应序号	监督内容	权重	监督要点
1.8.4	1）套管支撑板材质	Ⅳ	套管支撑板等有特殊要求的部位，应使用非导磁材料或采取可靠措施避免形成闭合磁路
	2）套管接线端子（抱箍线夹）材质	Ⅳ	套管接线端子（抱箍线夹）铜含量应不低于80%

（2）监督要点解析。

1）套管支撑板材质检测是非常重要的监督项目。电气类设备金属材料若发生磁滞、涡流发热效应，将导致套管支撑等特殊部位形成闭合磁路，使电气性能严重下降。DL/T 1424—2015《电网金属技术监督规程》第5.1.2条规定，套管支撑板等有特殊要求的部位，应使用非导磁材料或采取可靠措施避免形成闭合磁路。

现场实物如图1－83所示。

图1－83　套管支撑板现场照片

2）接线端子（抱箍线夹）成分检测是非常重要的监督项目。套管接线端子（抱箍线夹）通常采用黄铜，当黄铜中Zn含量超过20%，其具有应力腐蚀敏感性；Zn含量为40%时，应力腐蚀敏感性最强，不宜在存在氧气、水、氨等氧化剂的条件下使用。套管接线端子（抱箍线夹）的质量判定依据GB/T 2314—2008《电力金具通用技术条件》第5.5条，即以铜合金制造的金具，其铜含量应不低于80%。

（3）监督要求。开展本项目监督时，可采取现场抽检方式进行监督。每个工程抽检1~3件套管支撑板进行材质检测，抽检3~5件套管接线端子（抱箍线夹）进行材质检测。建议采用X射线荧光光谱分析仪进行不锈钢材质检测，重点查看有特殊要求的部位是否使用了非导磁性材料或采取了有效措施，同时检测套管接线端子（抱箍线夹）铜含量是否符合要求。对不合格的支撑板和接线端子（抱箍线夹）进行整批更换，对更换后的设备进行复测，合格后方可使用。

1.4.6.5 紧固件

（1）监督内容、权重及要点见表1-32。

表1-32 紧固件监督内容、权重及要点

《指导书》对应序号	监督内容	权重	监督要点
1.8.5	紧固件镀层	Ⅲ	导电回路应采用8.8级热镀锌螺栓（不含箱内），接线端子等导流部件用紧固热镀锌螺栓、螺母及垫片镀锌层平均厚度不应小于50μm，局部最低厚度不应小于40μm

（2）监督要点解析。紧固件镀层厚度测量是比较重要的监督项目。螺栓等紧固件是机械设备中最为常见的零部件，其作用至关重要，但紧固件在使用过程中腐蚀又是最为常见的现象。对于紧固件，腐蚀使螺纹很快开始生锈、金属氧化，从而表现出螺纹连接的强度降低，出现螺纹脱扣或者无法拆卸螺栓螺母，从而给维修维护造成很大的麻烦。Q/GDW 11717—2017《电网设备金属技术监督导则》4.5.2条规定热镀锌螺栓镀锌局部厚度不小于40μm，平均厚度不小于50μm。

（3）监督要求。开展本项目监督时，可采取现场抽检方式进行监督。每种规格的螺栓、螺母及垫片随机抽取1~3件进行检测。采用磁性镀层测厚仪对紧固件进行镀锌层厚度检测，重点检查紧固热镀锌螺栓、螺母及垫片镀锌层厚度是否满足要求。对不合格的紧固件进行整批更换，对更换后的设备进行复测，合格后方可使用。

1.4.6.6 控制箱和端子箱

（1）监督内容、权重及要点见表1-33。

表1-33 控制箱和端子箱监督内容、权重及要点

《指导书》对应序号	监督内容	权重	监督要点
1.8.6	1）控制箱和端子箱材质	Ⅳ	控制箱和端子箱材质应为06Cr19Ni10的奥氏体不锈钢或耐蚀铝合金，不能使用2系或7系铝合金
	2）控制箱和端子箱厚度	Ⅳ	公称厚度不应小于2mm，厚度偏差应符合GB/T 3280的规定，如采用双层设计，其单层厚度不得小于1mm

（2）监督要点解析。变压器控制箱和端子箱材质及厚度检测是非常重要的监督项目。开关控制箱又称自动控制器，是有载开关的远端自动电压调整的智能控制部分，集显示、控制、远程输出功能于一体，能有效监控变压器电压，体积小，显示直观，可安装在用户的控制屏上。变压器端子箱包括本体控制箱、冷控箱等，其中汇聚了变压器的非电量保护装置二次输出信号、冷控电源等，必须具备足够的防尘、防潮等级，防止误动作情况发生。

Q/GDW 11717—2017《电网设备金属技术监督导则》第 7.1.1 和第 16.3.1 条规定，变压器端子箱设计应合理，端子箱应能防晒、防雨、防潮，并有足够的空间。有载分接开关的驱动电机及其附件应装于耐候性好的控制箱内，控制箱和端子箱防护等级应满足 IP55，其材质应为 06Cr19Ni10 的奥氏体不锈钢或耐蚀铝合金，不能使用 2 系或 7 系铝合金，其公称厚度不应小于 2mm，厚度偏差应符合 GB/T 3280 的规定，如采用双层设计，其单层厚度不得小于 1mm。

（3）监督要求。开展本项目监督时，可采用现场抽检方式进行监督。每个工程抽取 1 件控制箱和端子箱进行检测，每件逐面进行检测。建议采用 X 射线荧光光谱分析仪进行材质检测，采用超声波测厚仪进行厚度测量。对不合格的箱体进行整批更换，对更换后的设备进行复测，合格后方可使用。

1.4.6.7 黄铜阀门

（1）监督内容、权重及要点见表 1-34。

表 1-34　　黄铜阀门监督内容、权重及要点

《指导书》对应序号	监督内容	权重	监督要点
1.8.7	黄铜阀门材质	Ⅳ	黄铜阀门铅含量不应超过 3%

（2）监督要点解析。变压器黄铜阀门材质检测是非常重要的监督项目。变压器油箱应装有下列阀门：①变压器主油箱、储油柜的排污阀；②取油样阀油箱的底部、中部和上部各 1 个，取油样阀应具有 8mm 以上的内螺纹并配有可取下的栓塞；③用于滤油、隔离、抽真空、注油及排油等的阀门；④油色谱在线监测取样阀（其他在线监测取样口由用户单位与制造厂协商确定）；⑤330kV 及以上变压器储油柜与气体继电器之间应设置断流阀。铅极少固溶于黄铜合金，在合金中以独立相存在，呈游离质点分布在晶界和晶内。游离铅相增多可加速黄铜脱锌现象。GB/T 12225—2018《通用阀门铜合金铸件技术条件》第 5.2 节、GB/T 29528—2013《阀门用铜合金锻造技术条件》第 3.4 节、JB/T 5300—2008《工业用阀门材料选用导则》第 3.1.1 和第 3.5 节规定，黄铜阀门铅含量不应超过 3%。

（3）监督要求。开展本项目监督时，可采取现场抽检方式进行监督。每个工程抽检 1～3件进行检测。建议采用 X 射线荧光光谱分析仪进行材质检测，重点检查黄铜阀门铅含量是否满足要求。对不合格的阀门进行整批更换，对更换后的设备进行复测，合格后方可使用。

1.4.6.8 铜（导）线

（1）监督内容、权重及要点见表1－35。

表1－35 铜（导）线监督内容、权重及要点

《指导书》对应序号	监督内容	权重	监督要点
1.8.8	铜（导）线材质	Ⅳ	变压器套管、升高座、带阀门的油管等法兰连接面跨接软铜线，铁心、夹件接地引下线，纸包铜扁线，换位导线及组合导线，以上部件铜含量不应低于99.9%

（2）监督要点解析。铜（导）线材质检测是非常重要的监督项目。铜（导）线铜含量的高低对其导电性能有重要的影响。铜材中杂质含量较高时，其电阻大、导电性能差，电能在线路上损耗大，电线发热严重，无法确保使用安全，因此要求采购的铜（导）线本身为优质材料，比一般结构材料具备更好的性能。Q/GDW 11717—2017《电网设备金属技术监督导则》第7.2.1条规定，变压器套管、升高座、带阀门的油管等法兰连接面跨接软铜线及铁心、夹件接地引下线、纸包铜扁线、换位导线及组合导线，铜含量不应低于99.9%。

（3）监督要求。开展本项目监督时，可采取现场抽检方式进行监督。每个工程抽检3～5件进行检测，建议采用X射线荧光光谱分析仪进行材质检测。重点检查变压器套管、升高座、带阀门的油管等法兰连接面跨接软铜线及铁心、夹件接地引下线、纸包铜扁线、换位导线及组合导线的铜含量是否满足要求。对不合格的产品进行整批更换，对更换后的设备进行复测，合格后方可使用。

第2章　油浸式并联电抗器

2.1　基本知识

2.1.1　油浸式并联电抗器的作用

并联电抗器主要用于补偿电容效应，调节无功功率和电压。超高压并联电抗器用于补偿线路的容性充电电流，限制系统电压升高。它可以降低系统的工频过电压和操作过电压，在高压输变电系统中充当着很重要的角色，其主要作用包括：

（1）减轻空载或轻负荷线路上的电容效应，以降低工频暂态过电压。

（2）改善长输电线路上的电压分布。

（3）使轻负荷时线路中的无功功率尽可能就地平衡，防止无功功率不合理流动，同时也减轻了线路上的功率损失。

（4）在大机组与系统并列时降低高压母线上工频稳态电压，便于发电机同期并列。

（5）防止发电机带长线路可能出现的自励磁谐振现象。

（6）当电抗器中性点采用经小电抗接地装置时，小电抗器还可补偿线路相间及相地电容，以加速潜供电流自动熄灭，提高线路自动重合闸的成功率。

2.1.2　油浸式并联电抗器型号含义

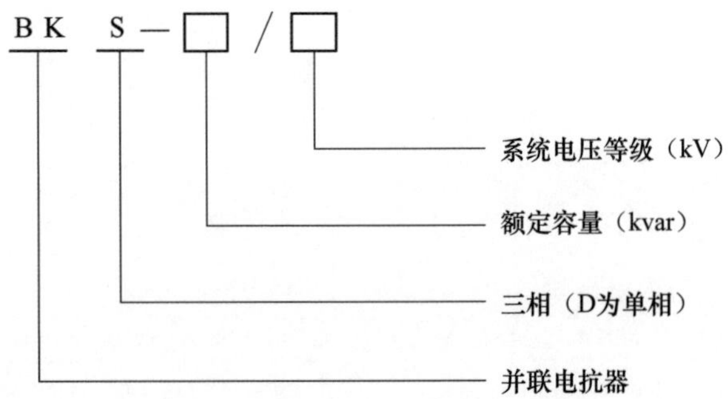

图2－1　油浸式并联电抗器型号解释

2.1.3　并联电抗器的分类及解释

并联电抗器的外形与变压器相似，但内部结构不同。变压器的绕组有一次绕组和二次绕组，铁心磁路中没有气隙，而电抗器只是一个磁路带气隙的电感线圈。由于系统运行的需要，要求电抗器的电抗值在一定范围内恒定，即电压和电流的关系是线性的，所以并联电抗器的磁路中带有气隙。并联电抗器按铁心结构分为壳式电抗器和心式电抗器；按外壳可分为钟罩式和平顶式。

1. 壳式电抗器

壳式电抗器线圈中的主磁通是空心的，不放置导磁介质，也就是线圈内无铁心，在线圈外部装有硅钢片叠成的框架（铁轭）以引导磁通。壳式电抗器没有主铁心，电磁力小，相应的噪声和振动比较小，而且加工方便，冷却条件好；由于铁轭屏蔽了线圈，外部漏磁通小，油箱和其他金属构件中的附加损耗小。但壳式结构线圈内无铁心，磁通密度低，要达到一定的电抗值要比心式匝数多，这样增加了铜的用量，铜、铁损耗也增加，有效材料也要增加。另外壳式电抗器的线圈通过磁通的辐向分量较大，所以线圈中的附加损耗往往达到线圈电阻损耗的75% ~100%，远大于心式电抗器。

2. 心式电抗器

心式电抗器具有带多个气隙的铁心，外套线圈。气隙一般由不导磁的大理石组成。由于其铁心磁通密度高，因此材料消耗少，结构紧凑，自振频率高，存在低频共振的可能性较少。心式结构通常在1.2~1.3倍额定电压才能出现饱和。其缺点是加工复杂，技术要求高，振动和噪声较大，目前我国制造的高电压大容量并联电抗器均采用心式结构。

3. 钟罩式电抗器

钟罩式电抗器的外壳与底部用螺栓连接，现场检修时只需拆除底部螺栓，吊起钟罩即可。

4. 平顶式电抗器

平顶式电抗器外壳多半采用全部焊成密封结构，密封性能较好，但现场检修时必须割开焊缝，施工较困难。

并联电抗器可按需要做成单相电抗器或三相电抗器。三相电抗器可以节省材料，附属设备简单，价格便宜，但三相三柱式电抗器的磁路结构有明显问题。由于三相电抗器的磁路连在一起，互相影响，当三相输电线路非全相运行时，有可能因相间耦合带来谐振和过电压等不良后果。另外采用单相重合闸时，在单相断开后另外两相产生的磁通将通过断开相的铁心，在断开相的绕组感应出电压，该电压将使故障相的潜供电流增大，不利于熄弧。500kV及以上电压等级的并联电抗器由于相间绝缘问题及热量较大，所以大多数采用单相结构，如图2-2所示。

图2-2　500kV并联电抗器

2.1.4 并联电抗器的功能单元

2.1.4.1 铁心

铁心由心柱和铁轭两部分组成，如图 2－3 所示，心柱（包括铁心饼和气隙）用来套装绕组，铁轭将心柱连接起来，使之形成闭合磁路。铁心饼为高磁导率、低电导率超薄晶粒取向冷轧硅钢板叠成，采用环氧树脂浇注而成，如图 2－4 所示。气隙垫块材料为高强度大理石或瓷柱，如图 2－5 所示，铁心饼及环氧树脂如图 2－6 所示。铁心的作用是提供磁路、支撑器身、保证电抗值的线性关系。

图 2－3 单相三柱铁心

图 2－4 扇形硅钢片叠成铁心饼

图 2－5 铁心饼垫块（大理石或瓷）

图 2－6 铁心饼及环氧树脂

2.1.4.2 绕组

参见第 1 章变压器 1.1.2.2 的内容。

2.1.4.3 绝缘

参见第 1 章变压器 1.1.2.3 的内容。

2.1.4.4 油箱

参见第 1 章变压器 1.1.2.4 的内容。

2.1.4.5 冷却系统

参见第 1 章变压器 1.1.2.5 的内容。

2.1.4.6 套管

参见第1章变压器1.1.2.6的内容。

2.1.4.7 组部件

参见第1章变压器1.1.2.8的内容。

2.2 标准体系介绍

油浸式电抗器相关国家标准、行业标准、企业标准共计46项，其中主标准8项，从标准11项，支撑标准27项。

2.2.1 主标准体系

变压器（油浸式电抗器）主标准是设备的技术规范、技术条件类标准，包括设备额定参数值、设计与结构、型式试验、出厂试验项目及要求等内容。变压器（油浸式电抗器）主标准共8项，标准清单见表2-1。

表2-1 油浸式电抗器设备主标准清单

序号	标准号	标准名称
1	GB/T 1094.2—2013	电力变压器 第2部分：液浸式变压器的温升
2	GB/T 1094.3—2017	电力变压器 第3部分：绝缘水平、绝缘试验和外绝缘空气间隙
3	GB/T 1094.4—2005	电力变压器 第4部分：电力变压器和电抗器的雷电冲击和操作冲击试验导则
4	GB/T 1094.5—2008	电力变压器 第5部分：承受短路的能力
5	GB/T 1094.10—2003	电力变压器 第10部分：声级测定
6	GB/T 6451—2015	油浸式电力变压器技术参数和要求
7	GB/T 1094.6—2011	电力变压器 第6部分：电抗器
8	DL/T 271—2012	330kV~750kV油浸式并联电抗器使用技术条件

2.2.1.1 GB/T 1094.2—2013《电力变压器 第2部分：液浸式变压器的温升》

本标准规定了变压器冷却方式的标准、变压器温升限值及温升试验方法，适用于油浸式变压器，500kV电抗器可参照执行。

2.2.1.2 GB/T 1094.3—2017《电力变压器 第3部分：绝缘水平、绝缘试验和外绝缘空气间隙》

本标准详述了所采用的有关绝缘试验和套管带电部分之间及它们对地的最小空气绝缘间隙，适用于GB/T 1094.1—2013《电力变压器 第1部分：总则》所规定的单相和三相油浸式电力变压器（包括自耦变压器）。对于某些有各自标准的电力变压器和电抗器类产品，本标准只有在被这些产品标准明确引用时才适用。

2.2.1.3 GB/T 1094.4—2005《电力变压器 第4部分：电力变压器和电抗器的雷电冲击和操作冲击试验导则》

本标准为变压器的雷电冲击和操作冲击试验的现行方法提供准则，并做具体说明，以作为GB/T 1094.3的补充。本标准包括波形、连同试验接线在内的试验回路、试验时接地的实施、故障探测方法、试验程序、测量技术及试验结果的判断等方面，500kV电抗器可参照执行。

2.2.1.4 GB/T 1094.5—2008《电力变压器 第5部分：承受短路的能力》

本标准规定了电力变压器在由外部短路引起的过电流作用下应无损伤的要求。本标准叙述了表征电力变压器承受这种过电流的耐热能力的计算程序和承受相应的动稳定能力的特殊试验和理论评估方法，500kV电抗器可参照执行。

2.2.1.5 GB/T 1094.10—2003《电力变压器 第10部分：声级测定》

本标准规定了声压和声强的测量方法，并以此来确定变压器、电抗器及其所安装的冷却设备的声功率级。

2.2.1.6 GB/T 6451—2015《油浸式电力变压器技术参数和要求》

本标准规定了油浸式电力变压器的性能参数、技术要求、检测规则及方法、标志、起吊、包装、运输和贮存的要求。适用于额定容量为30kVA及以上，额定频率为50Hz，电压等级为6、10、35、66、110、220、330、500kV的三相油浸式电力变压器和电压等级为500kV的单相油浸式电力变压器。

2.2.1.7 GB/T 1094.6—2011《电力变压器 第6部分：电抗器》

本标准对并联电抗器的额定参数、温升、绝缘水平、试验提出了具体要求。

2.2.1.8 DL/T 271—2012《330kV～750kV油浸式并联电抗器使用技术条件》

本标准规定了330～750kV油浸式并联电抗器及中性点电抗器的额定参数、设计与结构及试验等方面的要求。适用于330～750kV油浸式并联电抗器及中性点电抗器，330～750kV三相一体油浸式并联电抗器、220kV及以下电压等级油浸式并联电抗器可参照执行。

2.2.2 从标准体系

变压器（油浸式电抗器）从标准是指设备在部件元件类、原材料类、技术监督等方面应执行的技术标准，共计11项，标准清单见表2-2。

表2-2 变压器（油浸式电抗器）设备从标准清单

标准分类	序号	标准号	标准名称
部件元件类	1	GB/T 4109—2008	交流电压高于1000V的绝缘套管
	2	JB/T 5347—2013	变压器用片式散热器
	3	JB/T 8315—2007	变压器用强迫油循环风冷却器
	4	JB/T 8316—2007	变压器用强迫油循环水冷却器
	5	JB/T 6484—2016	变压器用储油柜
	6	DL/T 1498.2—2016	变电设备在线监测装置技术规范 第2部分：变压器油中溶解气体在线监测装置
原材料类	1	GB 2536—2011	电工流体变压器油和开关用的未使用过的矿物绝缘油
	2	DL/T 1388—2014	电力变压器用电工钢带选用导则
	3	DL/T 1387—2014	电力变压器用绕组线选用导则
	4	JB/T 8318—2007	变压器用成型绝缘件技术条件
技术监督类	1	Q/GDW 11085—2013	油浸式电力变压器（电抗器）技术监督导则

2.2.3 支撑标准体系

变压器（油浸式电抗器）支撑标准是支撑上述主、从标准中相关条款的国家标准、行业标准、企业标准等相关标准。变压器（油浸式电抗器）支撑标准共27项，变压器（油浸式电抗器）支撑标准清单见表2-3。

表2-3　　变压器（油浸式电抗器）支撑标准清单

序号	标准号	标准名称	标准分类
1	GB/T 1094.101—2008	电力变压器　第10.1部分：声级测定应用导则	主标准支撑
2	Q/GDW 11306—2014	110（66）kV~1000kV油浸式电力变压器技术条件	主标准支撑
3	DL/T 272—2012	220kV~750kV油浸式电力变压器使用技术条件	主标准支撑
4	JB/T 9643—2014	防腐蚀型油浸式电力变压器	主标准支撑
5	GB/Z 34935—2017	油浸式智能化电力变压器技术规范	主标准支撑
6	GB/T 17468—2008	电力变压器选用导则	主标准支撑
7	DL/T 1539—2016	电力变压器（电抗器）用高压套管选用导则	部件元件
8	JB/T 9642—2013	变压器用风扇	部件元件
9	JB/T 10112—2013	变压器用油泵	部件元件
10	JB/T 7065—2015	变压器用压力释放阀	部件元件
11	JB/T 9647—2014	变压器用气体继电器	部件元件
12	JB/T 8317—2007	变压器冷却器用油流继电器	部件元件
13	JB/T 10430—2015	变压器用速动油压继电器	部件元件
14	JB/T 6302—2016	变压器用油面温控器	部件元件
15	JB/T 8450—2016	变压器用绕组温控器	部件元件
16	JB/T 5345—2016	变压器用蝶阀	部件元件
17	JB/T 11493—2013	变压器用闸阀	部件元件
18	JB/T 10319—2014	变压器用波纹油箱	部件元件
19	Q/GDW 1894—2013	变压器铁心电流在线监测装置技术规范	部件元件
20	DL/T 1498.1—2016	变电设备在线监测装置技术规范　第1部分：通则	部件元件
21	Q/GDW 736.1—2012	智能电力变压器技术条件　第1部分：通用技术条件	部件元件
22	Q/GDW 736.4—2012	智能电力变压器技术条件　第4部分：冷却装置控制IED技术条件	部件元件
23	Q/GDW 736.9—2012	智能电力变压器技术条件　第9部分：非电量保护IED技术条件	部件元件
24	Q/GDW 11071.1—2013	110（66）kV~750kV智能变电站通用一次设备技术要求及接口规范　第1部分：变压器	部件元件
25	DL/T 1386—2014	电力变压器用吸湿器选用导则	部件元件
26	DL/T 1094—2018	电力变压器用绝缘油选用指南	原材料
27	Q/GDW 11651.1—2017	变电站设备验收规范　第1部分：油浸式变压器（电抗器）	技术监督

2.2.4 标准执行说明

2.2.4.1 主标准执行说明

油浸式电抗器冷却方式的标志、温升限值及温升试验方法应执行 GB/T 1094.2—2013《电力变压器 第2部分：液浸式变压器的温升》。

电力电抗器所采用的有关绝缘试验和套管带电部分之间及它们对地的最小空气绝缘间隙应执行 GB/T 1094.3—2017《电力变压器 第3部分：绝缘水平、绝缘试验和外绝缘空气间隙》。

电抗器的雷电冲击和操作冲击试验的波形、连同试验接线在内的试验回路、试验时接地的实施、故障探测方法、试验程序、测量技术及试验结果的判断等应执行 GB/T 1094.4—2005《电力变压器 第4部分：电力变压器和电抗器的雷电冲击和操作冲击试验导则》。

油浸式电抗器承受外部短路过电流的耐热能力的计算程序和承受相应的动稳定能力的特殊试验和理论评估方法应执行 GB/T 1094.5—2008《电力变压器 第5部分：承受短路的能力》。

电抗器及其所安装的冷却设备的声功率级应执行 GB/T 1094.10—2003《电力变压器 第10部分：声级测定》；在拟订变压器或电抗器相关技术条件时，供需双方需要协商确定的因素可参考支撑标准 GB/T 1094.101—2008《电力变压器 第10.1部分：声级测定应用导则》，当对工厂测量或现场测量结果不确定时同样可参考该标准进行分析。

35kV～500kV 油浸式电力电抗器的性能参数、技术要求、检测规则及方法、标志、起吊、包装、运输和贮存等内容应执行 GB/T 6451—2015《油浸式电力变压器技术参数和要求》。

对于 66kV～750kV 油浸式智能化电力电抗器的智能组件及传感器的相关要求可参考支撑标准 GB/Z 34935—2017《油浸式智能化电力变压器技术规范》。

35kV～220kV 油浸式并联电抗器技术参数、试验应执行 GB/T 1094.6—2011《电力变压器 第6部分：电抗器》。

330kV～750kV 油浸式并联电抗器及中性点电抗器的额定参数、设计与结构及试验应执行 DL/T 271—2012《330kV～750kV 油浸式并联电抗器使用技术条件》。

2.2.4.2 主标准差异化执行意见

（1）对于防腐蚀型油浸式并联电抗器，除需满足 GB/T 1094.1 与 GB/T 6451 的要求外，还需满足支撑标准 JB/T 9643—2014《防腐蚀型油浸式电力变压器》的以下要求：

6 技术要求

6.1 各类型防腐变压器应符合如下使用环境条件等级：

——W 型产品的环境条件等级为：4K1[1)]/4Zh2/4Za4/4Zw7/4B1/4C2/4S2；

——WF1 型产品的环境条件等级为：4K1[1)]/4Zh2/4Za4/4Zw7/4B1[2)]/4C3/4S3。

1）当使用部门提出低温为 −35℃ 的要求时，可用 4K2 代替 4K1，产品按特殊订货考虑。因电力变压器的正常使用地点不超过海拔 1000m，故其低气压值为 90kPa。当需要在其他海拔使用时，在订货中提出。

2）对 WF1 型产品的生物环境条件，只考虑动物条件的影响，对于霉菌、真菌等植物条件不作规定。

各种使用环境条件等级的环境参数按 JB/T 4375 相应表中的内容选取。

6.2 WF1 型产品，其高、低压套管应采用密封保护装置加以防护，并便于高压电缆进线和低压母线槽的安装，防护等级应符合 IP54。

6.3 储油柜及吸湿器应采取措施，阻止外部有害气体对变压器油的腐蚀。

6.4 所有外露紧固件、高压及低压导电杆、标牌等均应满足防腐要求。

6.5 外壳涂漆漆膜应均匀、附着力强，不允许有脱皮、气泡、斑点、流痕等缺陷。

6.6 防腐变压器应符合 GB/T 1094.1、GB/T 1094.2、GB/T 1094.3、GB/T 1094.5、GB/T 1094.7、GB/T 6451 和 GB/T 25446 的有关规定。

7.2.2 型式试验

防腐变压器的型式试验项目除按照 GB/T 1094.1 和 GB/T 6451 的规定外，还应进行下列型式试验：

a）密封保护装置防护等级为 IP54 的试验：

——防尘试验；

——防水试验。

b）人工模拟试验环境。

2.2.4.3 从标准执行说明

（1）部件元件类。部件元件类主要包含组成设备本体的部件、元件及附属设施（如在线监测装置、智能组部件等）的技术要求。

电抗器套管的技术要求应执行 GB/T 4109—2008。

电抗器片式散热器、强迫油循环风冷却器、强迫油循环水冷却器的技术要求应分别执行 JB/T 5347、JB/T 8315、JB/T 8316。电抗器用风扇、油泵、油流继电器可参考支撑标准 JB/T 9642、JB/T 10112、JB/T 8317。

电抗器储油柜结构及技术要求应执行 JB/T 6484—2016。

电抗器油色谱在线监测装置的技术要求应执行 DL/T 1498.2—2016。

（2）原材料类。电抗器原材料主要包括绝缘油、电工钢带、绕组线、绝缘件等。

电抗器新油的技术要求应执行 GB 2536—2011。

电抗器用电工钢带的选用原则、技术要求、试验项目、标志等应执行 DL/T 1388—2014。

电抗器用线圈线的技术要求、检验项目及要求等应执行 DL/T 1387—2014。

油浸式电抗器用绝缘纸类成型绝缘件的技术要求、试验分类及项目等应执行 JB/T 8318—2007。

（3）技术监督类。油浸式电力变压器（电抗器）设备制造、设备验收阶段技术监督应执行 Q/GDW 11085—2013。该标准对设备异常的检测、评估、分析、告警和整改的过程监督工作提出了具体要求。油浸式电抗器的厂内验收工作内容及要求应执行支撑标准 Q/GDW 11651.1—2017。

2.2.4.4 从标准差异化执行意见

GB 2536—2011 中表 1 对油的介质损耗因数（90℃）要求为不大于 0.005。

建议执行：支撑标准 DL/T 1094—2018 第 4.3.3 条规定：验收合格的新油经脱气和过滤净化处理后的介质损耗因数应不大于 0.002。

原因分析：根据现场使用经验，未经使用过的新油经滤油处理后介质损耗因数均不超过 0.002，如果不能满足要求就存在以次充好的可能。

2.3 检测方法及评判标准

2.3.1 绕组直流电阻试验

参照第1章变压器1.3.1的内容。

2.3.2 绕组绝缘电阻试验

参照第1章变压器1.3.3的内容。

2.3.3 介质损耗因数、电容量试验

参照第1章变压器1.3.4的内容。

2.3.4 电抗值和损耗测量

2.3.4.1 试验目的

检验电抗器在额定频率和参考温度下以额定持续电流运行时的电抗和损耗是否符合设计要求，是反映其性能及质量的重要参数。

2.3.4.2 一般规定

（1）电抗值测量在额定频率、施加正弦波电压下进行。

（2）三相电抗器的电抗应在对称三相电压施加在电抗器线端时测量。

2.3.4.3 试验接线

单相电抗器和三相电抗器试验接线如图2-7、图2-8所示。

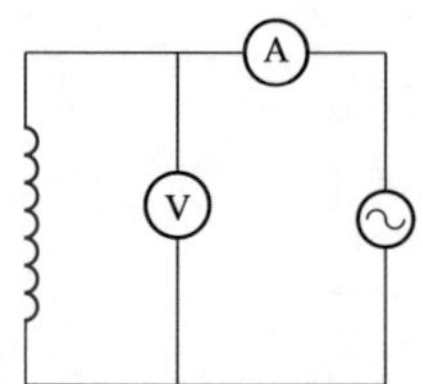

图2-7 单相电抗器试验接线图

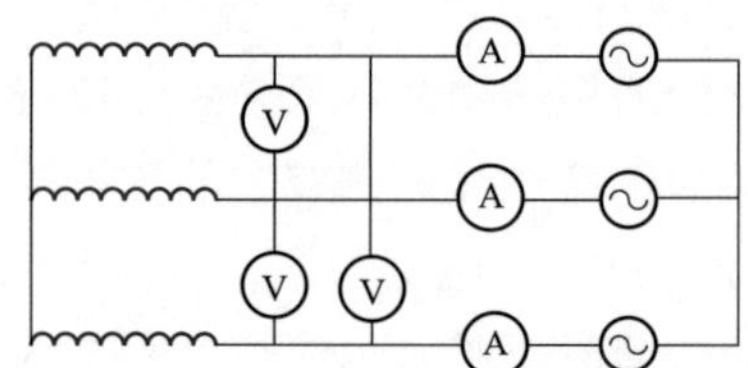

图2-8 三相电抗器试验接线图

2.3.4.4 试验步骤

（1）按照接线图进行试验接线并检查确认正确。

（2）检查调压器零位和表计量程。

（3）接通试验电源，开始升压进行试验，升压过程中应密切监视高压回路，监听被试品有何异响。

（4）升至试验电压，记录电压和电流值。

（5）读数结束后，降压至零或接近为零，然后断开电源。

（6）将升压设备的高压部分放电并短路接地。

2.3.4.5 注意事项

检查试验数据与试验记录是否完整、正确。

2.3.4.6 评判标准

符合合同技术协议、试验方案、GB/T 1094。

一组电抗器，电抗值互差应不大于2%。损耗测量结果应换算到75℃。

2.3.5 操作冲击试验（SI）

参照第1章变压器1.3.7。

2.3.6 线端雷电全波、截波冲击试验（LI）

参照第1章变压器1.3.8。

2.3.7 外施工频耐压试验

参照第1章变压器1.3.10。

2.3.8 带有局部放电测量的感应耐压试验（IVPD）

参照第1章变压器1.3.11。

2.3.9 绝缘油试验

参照第1章变压器1.3.12。

2.3.10 油中含气体分析

参照第1章变压器1.3.13。

2.3.11 套管电流互感器试验

参照第1章变压器1.3.15。

2.3.12 整体密封试验

参照第1章变压器1.3.22。

2.3.13 温升试验

参照第1章变压器1.3.16。

2.3.14 声级测量

参照第1章变压器1.3.17。

2.3.15 振动测量

2.3.15.1 试验目的

在电抗器设计中，在铁心柱面积确定的情况下，想要得到更大容量的电抗器，只能增加总的气隙长度。由于这种结构的存在，当铁心受到交变磁场的作用时，铁饼之间、铁心饼和铁轭之间存在相互作用的吸引力，吸引力的大小随着磁场大小的变化而改变，会使铁心饼之间发生撞击而产生噪声。因此为了满足技术协议和设计要求，要进行振动测量。

2.3.15.2 一般规定

测量在额定工况下进行，对电抗器施加运行最高电压，测量油箱四面和油箱底部振动。

2.3.15.3 试验接线

电抗器振动测量接线如图2-9所示。

2.3.15.4 试验步骤

（1）检测前，记录被测设备运行参数，如电压、电流等。

（2）按照被测设备结构细分测试区域，确认测点位置并编号标注，历次检测位置应相对固定。

（3）将传感器旋入磁座并拧紧，将传感器正确连接到振动测量分析仪相应通道。

（4）振动测量分析仪主机开机，设置传感器型式、灵敏度和测量类型等参数。

（5）将传感器放置在任意一个振动测点上，观察检测信号和仪器读数，确认仪器工作

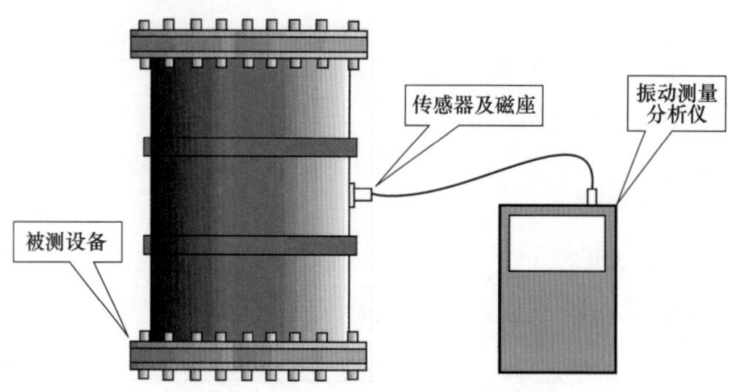

图 2－9　电抗器振动测量接线图

正常。

（6）将传感器逐一放置在振动测点上，读取并记录各测点振动位移值。

（7）对于振动超标的测点，排除干扰后，除测量振动位移外，还应检测并保存振动波形和频谱。

（8）检测结束后，再次确认电压、电流等运行参数稳定。

2.3.15.5　注意事项

检查检测数据是否准确、完整。

2.3.15.6　评判标准

符合合同技术协议、试验方案及 GB/T 1094。

2.3.16　谐波电流测量

2.3.16.1　试验目的

测量电抗器在额定电压或按要求的最高运行电压下的谐波含量。

2.3.16.2　一般规定

本试验在额定工况下进行，在 100% U_r 电压下，测量电流谐波。

2.3.16.3　试验接线

谐波电流测量试验接线如图 2－10 所示。

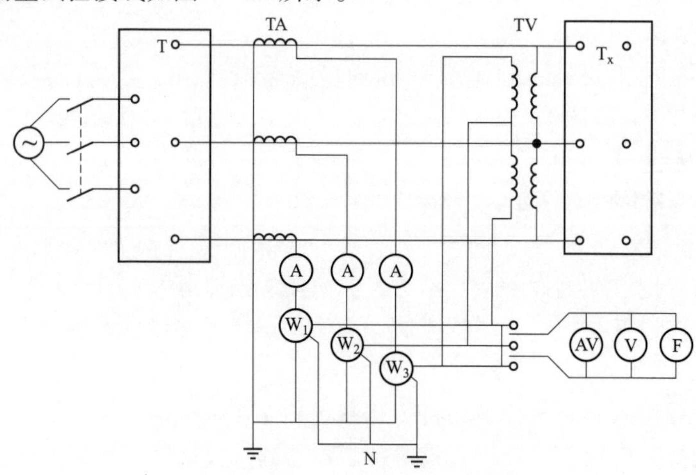

图 2－10　谐波电流测量试验接线

2.3.16.4 试验步骤

（1）按照接线图进行试验接线并检查确认正确。

（2）检查调压器零位和表计量程。

（3）接通试验电源，开始升压进行试验，升压过程中应密切监视高压回路，监听被试品有何异响。

（4）升至试验电压，记录谐波电流值。

（5）读数结束后，降压至零或接近为零，然后断开电源。

（6）将升压设备的高压部分放电并短路接地。

2.3.16.5 注意事项

保证施加电压的畸变率小于2%。

2.3.16.6 评判标准

（1）符合合同技术协议、试验方案及GB/T 1094。

（2）电流三次谐波分量的峰值不大于基波分量的3%。

2.3.17 绕组频响特性测量

参照第1章变压器1.3.20。

2.3.18 套管试验

参照第1章变压器1.3.24。

2.3.19 铁心夹件试验

参照第1章变压器1.3.25。

2.4 《指导书》重点条款解析

本节表中的内容为引用《指导书》的内容，表中序号相应保留，“监督要点解析”中的编号也与之对应。

2.4.1 油浸式电抗器油箱监造

解析参照第1章变压器1.4.1。

2.4.2 油浸式电抗器铁心制作监造

2.4.2.1 铁心制作

解析参照第1章变压器1.4.2.1。

2.4.2.2 铁心片裁剪

解析参照第1章变压器1.4.2.2。

2.4.2.3 铁心饼制作

（1）监督内容、权重及要点见表2-4。

表2-4 铁心饼制作监督内容、权重及要点

《指导书》对应序号	监督内容	权重	监督要点
2.2.3	磨平	Ⅱ	高度公差、平面度、铁心饼直径公差、外径公差符合工艺要求

（2）监督要点解析。铁心饼磨平是设备监造技术监督重要的监督项目。为保证器身高度和性能，铁心饼的高度和直径要按照图纸要求检查。高度指铁心饼上部大理石到底部端面垂直距离（上下部均为大理石结构的铁心饼为两面大理石的垂直高度）。平面度指铁心饼大理石端面应在同一水平面。直径公差指铁心饼圆直径与设计图纸给定值的差。

现场实物如图2－11、图2－12所示。

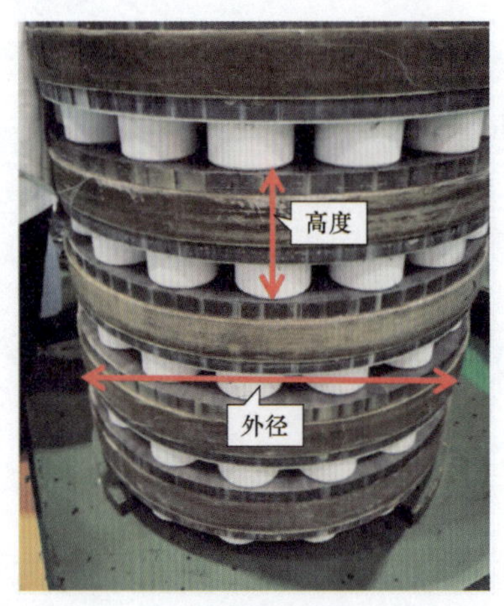

图2－11　铁心饼高度及外径

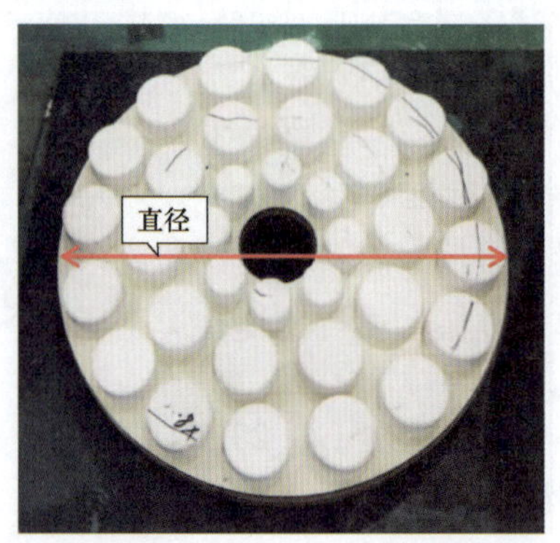

图2－12　铁心饼直径

（3）开展该项目监督主要通过文件见证、现场见证，对照设计图纸和工艺文件要求，查看现场实测值等。

2.4.2.4　铁心叠片

（1）监督内容、权重及要点见表2－5。

表2－5　　铁心叠片监督内容、权重及要点

《指导书》对应序号	监督内容	权重	监督要点
2.2.4	窗宽测量	I	铁心窗宽间距偏差应符合设计图纸和工艺要求

图2－13　铁心窗宽示意图

（2）监督要点解析。窗宽测量是设备监造技术监督的监督项目之一。窗宽为电抗器器身两旁轭之间的距离，如图2－13所示。如果窗宽不符合要求，会影响上轭的安装。

（3）监督要求。开展该项目监督主要通过文件见证、现场见证，对照设计图纸和工艺文件要求，查看现场实测值等。

2.4.2.5　铁心叠装

（1）监督内容、权重及要点见表2－6。

表 2-6 铁心叠装监督内容、权重及要点

《指导书》对应序号	监督内容	权重	监督要点
2.2.5	1）叠片对角线测量	Ⅰ	测量夹件对角线尺寸偏差应符合工艺要求
	2）铁心垂直度	Ⅱ	垂直度应符合设计图纸和工艺文件要求
	3）穿心螺杆的安装	Ⅲ	①用500V或1000V绝缘电阻表测量对铁心间的绝缘电阻，应大于0.5MΩ
		Ⅱ	②紧固件装配符合设计图纸要求
	4）屏蔽帽装配	Ⅱ	应按设计图纸位置装配，确认螺栓紧固、屏蔽帽装配完好
	5）铁心端面涂绝缘清漆	Ⅰ	漆膜完整，无露底、漏涂和漆瘤等现象
	6）油道间绝缘电阻	Ⅲ	打开各连接片，逐个油道检查，无通路现象

（2）监督要点解析。

1）叠片对角线测量是设备监造技术监督项目之一。叠片对角线测量是计算两条对角线的差值，应符合制造厂工艺要求，保证叠片位置正确。

2）铁心垂直度是设备监造技术监督重要的监督项目。解析参照第1章变压器1.4.2.4。

3）穿心螺杆安装。①是设备监造技术监督比较重要的监督项目。穿心螺杆的一端与夹件绝缘，另一端与夹件相连，是为了防止形成环流而过热。测量穿心螺杆对铁心间绝缘，是为了防止铁心与夹件多点接地。

现场实物如图2-14、图2-15所示。

图2-14 穿心螺杆整体图

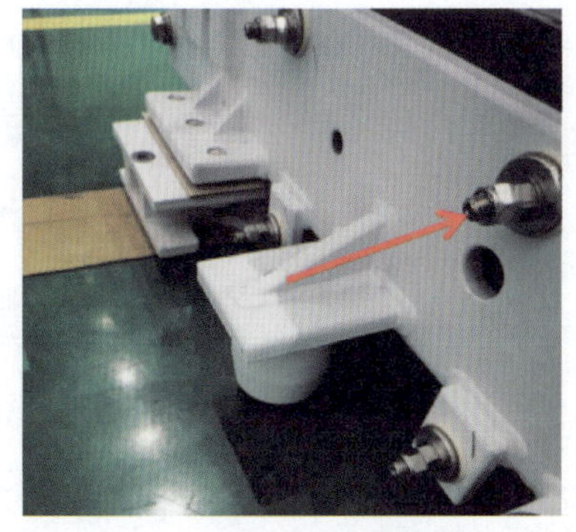

图2-15 穿心螺杆局部图

4）屏蔽帽装配是设备监造技术监督重要的监督项目。解析参照第1章变压器1.4.2.4。

5）铁心端面涂绝缘清漆是设备监造技术监督的监督项目之一。解析参照第 1 章变压器 1. 4. 2. 4。

6）油道间及叠片组间绝缘是设备监造技术监督比较重要的监督项目。解析参照第 1 章变压器 1. 4. 2. 4。

（3）监督要求。

1）开展叠片对角线测量监督主要通过文件见证、现场见证，对照设计图纸和工艺文件要求，查看现场实测值等。

2）开展铁心垂直度监督主要通过文件见证、现场见证，对照设计图纸和工艺文件要求，查看现场实测值等。

3）开展穿心螺杆安装监督主要通过文件见证、现场见证，对照设计图纸和工艺文件要求，查看现场实测值等。

4）开展屏蔽帽装配监督主要通过文件见证、现场见证，对照设计图纸和工艺文件要求，查看现场实测值等。

5）开展铁心端面涂绝缘清漆监督主要通过现场见证，对照设计图纸和工艺文件要求，查看现场实测值等。

6）开展油道间绝缘电阻监督主要通过文件见证、现场见证，对照设计图纸和工艺文件要求，查看现场实测值等。

2. 4. 3 油浸式电抗器线圈制作监造

解析参照第 1 章变压器 1. 4. 3。

2. 4. 4 油浸式电抗器器身装配监造

2. 4. 4. 1 铁心饼装配

（1）监督内容、权重及要点见表 2 - 7。

表 2 - 7 铁心饼装配监督内容、权重及要点

《指导书》对应序号	监督内容	权重	监督要点
2. 4. 2	1）铁心饼装配	Ⅱ	定位尺寸偏差应符合工艺要求，每叠两饼测量一次，总高度应符合工艺要求
	2）下部绝缘、磁屏蔽装配	Ⅱ	绝缘、磁屏蔽应放置平整、稳固，符合设计图纸要求
	3）铁心饼一次加压	Ⅲ	铁心饼加压压力和高度应符合图纸和工艺要求

（2）监督要点解析。

1）铁心饼装配是设备监造技术监督重要的监督项目。铁心饼装配时要控制高度，符合对箱体高度的设计要求。

2）下部绝缘、磁屏蔽装配是设备监造技术监督重要的监督项目。磁屏蔽是为了防止电抗器漏磁流经结构件（夹件、肢板、油箱等）引起过热，通常安装在铁心饼下部。磁屏蔽成品件如图 2 - 16 所示。

图2-16 磁屏蔽成品件

3）铁心饼一次加压是设备监造技术监督比较重要的监督项目。每个铁心饼间、铁心饼与铁轭间存在电磁力，电磁力会导致铁心饼产生很大的振动，从而产生很大的噪声，为此需要对叠装后的铁心饼进行整体加压，以保证振动和噪声的性能指标。

（3）监督要求。开展这些项目监督主要通过文件见证、现场见证，对照设计图纸和工艺文件要求，查看现场实测值等。

2.4.4.2 绝缘装配

（1）监督内容、权重及要点见表2-8。

表2-8 绝缘装配监督内容、权重及要点

《指导书》对应序号	监督内容	权重	监督要点
2.4.3	1）围心柱地屏	Ⅱ	搭接应符合工艺要求
	2）线圈整理	Ⅱ	①线圈出头屏蔽应紧贴导线、紧实、圆滑，不得有尖角、毛刺，应符合设计图纸和工艺要求
		Ⅲ	②出头绝缘包扎应紧实、均匀，包扎厚度应符合设计图纸和工艺要求
	3）上部绝缘及压板装配	Ⅱ	①端圈垫块、撑条与下部端圈垫块和线圈油隙垫块对齐
		Ⅱ	②角环搭接应符合设计图纸和工艺要求

（2）监督要点解析。

1）围心柱地屏是设备监造技术监督重要的监督项目。心柱地屏是为了使铁心尖角处的场强更加均匀，而不至于造成尖角处的局部放电。图2-17中红色箭头为两地屏搭接处，搭接要符合工艺文件要求，且地屏要可靠接地，接地后铁心尖角所产生的畸变电场不会影响到线圈。

2）线圈整理。①线圈出头屏蔽是设备监造技术监督重要的监督项目。线圈出头屏蔽是为了屏蔽导线上的尖角、毛刺，从而避免尖端放电。

3）上部绝缘及压板装配。②是设备监造技术监督重要的监督项目。角环加强了对线圈端部绝缘较薄弱处的保护，改善了线圈端部电场分布，增加了端部的爬电距离，保证高压电抗器高压线圈对地间有足够的电气强度，从而确保电抗器能长期安全运行。线圈角环如图 2-18 所示。

图 2-17　地屏及其接地线

图 2-18　线圈角环

（3）监督要求。

1）开展围心柱地屏监督主要通过现场见证，对照设计图纸和工艺文件要求，查看现场实测值等。

2）开展线圈整理监督主要通过文件见证、现场见证，对照设计图纸和工艺文件要求，查看现场实测值等。

3）开展上部绝缘及压板装配监督主要通过文件见证、现场见证，对照设计图纸和工艺文件要求，查看现场实测值等。

2.4.4.3　铁心插板

监督内容、权重及要点见表 2-9。

表 2-9　铁心插板监督内容、权重及要点

《指导书》对应序号	监督内容	权重	监 督 要 点
2.4.4	1）插上铁轭铁心片	Ⅱ	插接紧实、插片不应有搭接

解析参照第 1 章变压器 1.4.4.2。

2.4.4.4　铁心绝缘电阻测量

（1）监督内容、权重及要点见表 2-10。

表 2-10　铁心绝缘电阻测量监督内容、权重及要点

《指导书》对应序号	监督内容	权重	监督要点
2.4.5	1）铁心对夹件	Ⅲ	用500V或1000V绝缘电阻表，电阻应大于0.5MΩ
	2）铁心对穿心螺杆	Ⅲ	

（2）监督要点解析。铁心对夹件、铁心对穿心螺杆绝缘电阻是设备监造技术监督非常重要的监督项目。测量铁心对夹件、铁心对穿心螺杆间的绝缘电阻是为防止铁心与夹件产生多点接地，避免发生多点接地时产生环流而导致局部过热。铁心对夹件、铁心对穿心螺杆绝缘电阻测试如图2-19、图2-20所示。

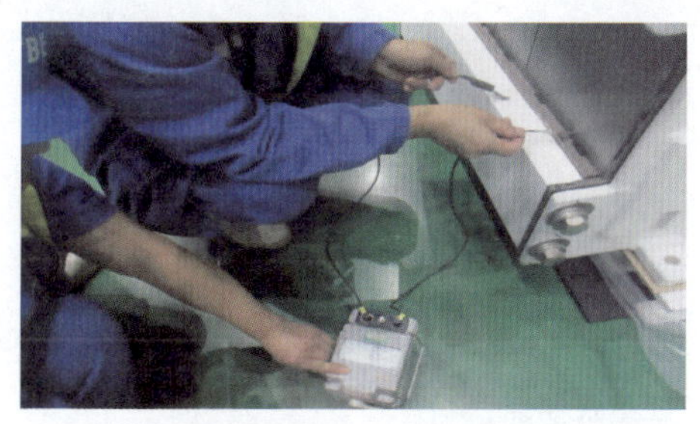

图2-19　铁心对夹件绝缘电阻测试

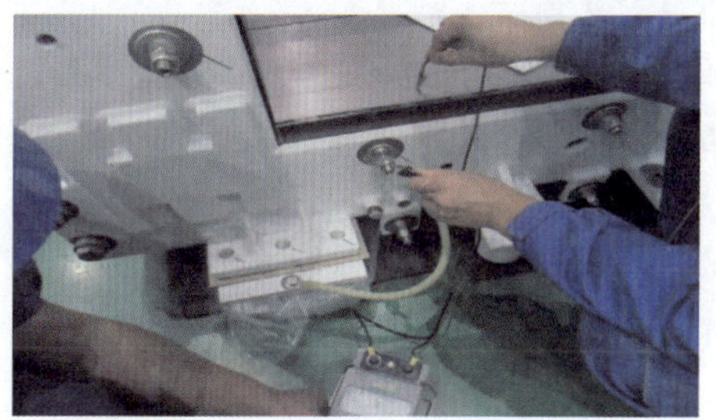

图2-20　铁心对穿心螺杆绝缘电阻测试

（3）监督要求。开展本项目监督主要通过文件见证、现场见证，对照设计图纸和工艺文件要求，查看现场实测值等。

2.4.4.5　装配后检查

监督内容、权重及要点见表2-11。

表 2-11　装配后检查监督内容、权重及要点

《指导书》对应序号	监督内容	权重	监督要点
2.4.6	1）地系统装配	Ⅳ	心柱地屏接地、下部压板型磁屏蔽接地、侧梁接地、上横梁接地、上夹件接地应按设计图纸要求装配接地线

解析参照第1章变压器1.4.4.5。

2.4.4.6　引线装配

解析参照第1章变压器1.4.4.8。

2.4.5　油浸式电抗器总装配监造

2.4.5.1　油箱准备

解析参照第1章变压器1.4.5.1。

2.4.5.2　真空干燥后的器身整理

解析参照第1章变压器1.4.5.2。

2.4.5.3 器身下箱

解析参照第1章变压器1.4.5.3。

2.4.5.4 电抗器附件装配

解析参照第1章变压器1.4.5.4。

2.4.6 油浸式变压器金属监督要点

2.4.6.1 波纹储油柜

解析参照第1章变压器1.4.6.1。

2.4.6.2 防雨罩

解析参照第1章变压器1.4.6.2。

2.4.6.3 防腐涂层

解析参照第1章变压器1.4.6.3。

2.4.6.4 套管

解析参照第1章变压器1.4.6.4。

2.4.6.5 控制箱和端子箱

解析参照第1章变压器1.4.6.5。

2.4.6.6 紧固件

（1）监督内容、权重及要点见表2－12。

表2－12　紧固件监督内容、权重及要点

《指导书》对应序号	监督内容	权重	监督要点
2.8.5	1）紧固件镀层	Ⅳ	导电回路应采用8.8级热浸镀锌螺栓，镀锌层平均厚度不应小于50μm，局部最低厚度不应小于40μm
	2）紧固件材质	Ⅳ	设备接线端子与母线的连接应符合GB 50149的要求，额定电流大于等于1500A时，紧固件应为非磁性材料

（2）监督要点解析。紧固件镀层厚度是设备监造技术监督非常重要的监督项目。螺栓等紧固件是机械设备中最为常见的零部件，其作用至关重要。但紧固件在使用过程中腐蚀又是最为常见的一种现象。对于紧固件，腐蚀使螺纹很快开始生锈、金属氧化，从而表现出螺纹连接的强度降低，导致螺纹脱扣，甚至无法拆卸螺栓、螺母，从而给维修维护造成很大的麻烦。因此紧固件是设备验收阶段非常重要的技术监督项目。Q/GDW 11717—2017第4.5.2条规定热镀锌螺栓镀锌局部厚度不小于40μm，平均厚度不小于50μm。Q/GDW 11717—2017第7.3.2条规定设备接线端子与母线的连接应符合GB 50149的要求，额定电流大于等于1500A时，紧固件应为非磁性材料。

（3）监督要求。开展本项目监督时，可采取查阅资料、现场抽检方式进行监督。镀层测量时，每个工程每种规格的螺栓、螺母及垫片随机抽取1～3件进行检测，每件检测5点。材质检测时，每个工程每种规格的螺栓、螺母及垫片随机抽取1～3件进行检测。采用磁性镀层测厚仪对紧固件进行镀锌层厚度检测，采用 X 射线荧光光谱分析仪进行材质检测。重点检查紧固热镀锌螺栓、螺母及垫片镀锌层厚度和相应材质是否满足要求。对不合格的紧固件进行整批更换，对更换后的设备进行复测，合格后方可使用。

2. 4. 6. 7 黄铜阀门

解析参照第 1 章变压器 1. 4. 6. 7。

2. 4. 6. 8 铜（导）线

解析参照第 1 章变压器 1. 4. 6. 8。

第3章　断　路　器

3.1　基本知识

3.1.1　断路器分类

3kV 及以上电力系统中使用的断路器称为高压断路器。它不仅能够开断、关合和承载高压电路中的空载电流和负荷电流，当系统发生故障时，通过继电保护装置的作用，也能在规定时间内切断过负荷电流和短路电流。它具有完善的灭弧结构和足够的断流能力。

按照绝缘和灭弧介质的不同，断路器可大致分为 SF_6断路器、真空断路器和油断路器三大类。

3.1.1.1　SF_6断路器

SF_6断路器是利用 SF_6作为介质的断路器，其绝缘及灭弧能力优异，多用于 35kV 及以上系统。按其结构形式可分为绝缘子支柱式和落地罐式。

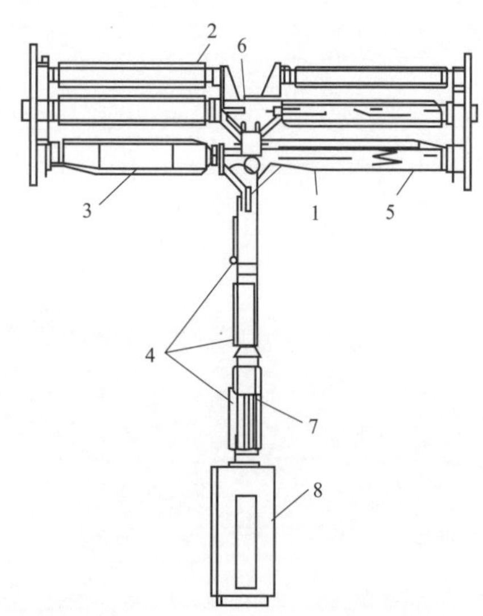

图3－1　绝缘子支柱式断路器结构图
1—并联电容；2—端子；3—灭弧室瓷套；4—支持瓷套；5—合闸电阻；6—灭弧室；7—绝缘拉杆；8—操动机构箱

1. 绝缘子支柱式

绝缘子支柱式断路器的结构及实物如图 3－1、图 3－2 所示。灭弧室与接地装置之间的绝缘由支柱瓷套来承担，灭弧室装在支持瓷套的上部，装在瓷套内，一般每个瓷套内装一个断口。随着电压等级的提高，支持瓷套的高度以及串联灭弧室的个数也将增加。支持瓷套的下端与操动机构相连，通过支持瓷套内的绝缘拉杆带动触头完成断路器的分合闸操作。灭弧室可布置成 T 形或 Y 形，如断路器断口超过两个，就要在灭弧室瓷套边上装设并联均压容器。对于 330kV 及以上的 SF_6断路器，应根据过电压计算结果决定是否装设合闸电阻。

绝缘子支柱式断路器的结构特点是安置触头和灭弧室的容器（可以是金属筒，也可以是绝缘筒）处于高电位，靠支持瓷柱对地绝缘，它可以用串联若干个开断元件和加高对地绝缘的方法组成更高电压等级的断路器。其优点是系列性好，且用气量少，价格低，SF_6气体维护量少。但存在抗震性能不如落地罐式 SF_6断路器、电流互感器要单独安装等不利之处。由于受瓷套的限制，断口的耐受电压水平不可能做得

图3－2 绝缘子支柱式断路器实物图

很高；受机械性能的影响，瓷套长度也不可能做得很长。

2. 落地罐式

落地罐式断路器的结构及实物如图3－3、图3－4所示。其导电部分和灭弧室在充有SF_6气体的金属箱体内，箱体接地，带电部分与箱体之间的绝缘由SF_6气体承担。随着断路器额定电压的提高，断口（灭弧室）也随之增多，为了均压，每个灭弧室都装设了并联电容器。电流经高压引线通过箱体上装设的两个高压套管引入，一般都装设了套管式电流互感器，引线套管内腔充SF_6气体。对于330kV及以上的SF_6断路器，还应根据过电压计算结果决定是否装设合闸电阻。

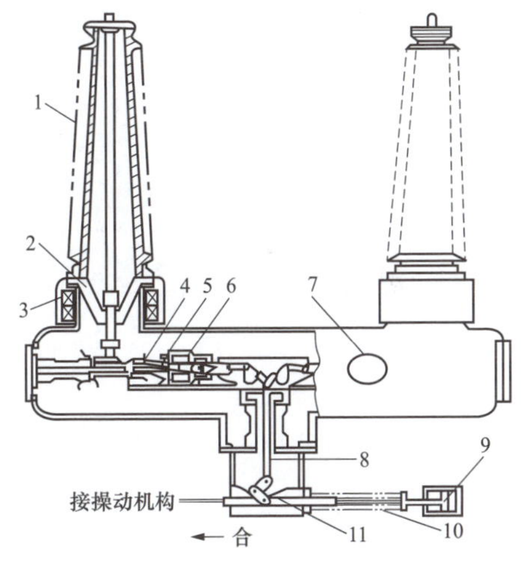

图3－3 罐式断路器结构图

1—套管；2—支持绝缘子；3—电流互感器；4—静触头；5—动触头；6—喷口工作缸；7—检修窗；8—绝缘操作杆；9—油缓冲器；10—合闸弹簧；11—操作杆

落地罐式断路器的结构特点是触头和灭弧室安装在接地金属箱中，导电回路由绝缘套管引入，对地绝缘由SF_6气体承担。由于结构紧凑，重心低，抗震能力强，适用于强震地区；且有运行可靠性高、绝缘能力强的优点。断路器的断口和灭弧室在SF_6中，不像绝缘子支柱式断路器外绝缘受瓷套限制，因此以罐式断路器为基础，可以集成其他高压电器元件，形成HGIS、GIS等系列复合开关设备。从适应外部环境低温角度来看，大容积罐式SF_6断路器可以在罐内装设加热器，而绝缘子支柱式则不行，虽可以通过使用混合气体如SF_6+N_2或SF_6+CF_4等方法来解决，但其灭弧室性能不如SF_6气体。

此外，还有压缩空气断路器、电磁断路器以及自产气式断路器，但一般它们的开断能

图 3-4　罐式断路器

力不大，多用于 20kV 以下作为配电变压器。

3.1.1.2　真空断路器

利用真空作为触头间的绝缘与灭弧介质的断路器称为真空断路器。其结构与其他断路器大致相同，主要由操动机构、支撑用绝缘子和真空灭弧室组成，其结构和实物如图 3-5、图 3-6 所示。真空灭弧室外壳由玻璃或陶瓷制成，动触头运动时靠其中的波纹管密封，动、静触头的外周还装有屏蔽罩。由于真空灭弧室绝缘性能好，触头开距小，电弧电压低，电弧能量小，因此其机械寿命和电气寿命都很高，爆炸危险性小，特别适于要求频繁操作的场所。其缺点是在开断感性负载或容性负载时，由于截流、重燃等原因容易引起过电压；且其操动机构使用了弹簧，容易产生合闸弹跳与合闸反弹，会造成较高的过电压并烧损触头。真空断路器目前广泛用于 35kV 及以下的配电系统中。

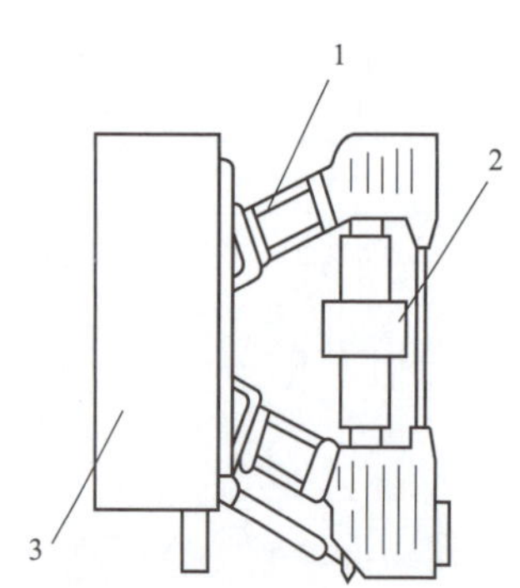

图 3-5　真空断路器结构图

1—绝缘子；2—真空灭弧室；3—操动机构

图 3-6　真空断路器

3.1.1.3　油断路器

油断路器是以密封的绝缘油作为开关故障的灭弧介质的一种开关设备，有多油断路器和少油断路器两种形式。

1. 多油断路器

其灭弧室装在一个接地金属箱中，通常用油量较多，油既用作灭弧介质又用作对地绝缘。多油断路器结构简单，性能可靠，可以制成超高压等级，并可方便地带电流互感器，配套性强，户外使用时受大气条件的影响小。多油断路器的使用历史悠久，使用和制造技术成熟，曾在电力系统中起过重要作用。但多油断路器也有很多的缺点，特别是在超高压等级时，体积庞大，消耗大量的钢材和变压器油，运输和安装均有较大困难，引起爆炸和火灾的危险性大。所以多油断路器已趋于淘汰。

2. 少油断路器

其灭弧室装在与大地绝缘的油箱中。油箱既可用金属做成，也可以用绝缘材料制成。油仅作为灭弧介质和断口间绝缘用，而不作对地绝缘用，用油量少。少油断路器主要由底架、绝缘子、传动系统、导电系统、触头、灭弧室、油气分离器、缓冲器及油面指示器等部分组成。合闸时，操动机构通过传动拐臂连杆，把力传到主轴，主轴带动3根绝缘拉杆使三极动触杆向上做直线运动，最后插入静触头中，操动机构扣住触杆，使断路器保持在闭合位置。在这一过程中，开断弹簧拉伸储能，为分闸做准备。分闸是当操动机构脱扣时，由于开断弹簧力的作用，使主轴转动带动拉杆，从而使动触杆向下运动。最后因开断弹簧的预拉力作用，主轴拐臂紧靠在分闸定位件上，从而使断路器保持在断开的位置上。少油断路器的突出特点是结构简单，易于制造和维修、价格低、使用方便。与多油断路器相比，少油断路器体积小、重量轻、用油量少，能采用积木式组装成超高压少油断路器，并曾在电力系统中被广泛应用。其缺点是燃弧时间长，动作较慢，检修周期短，维修工作量大，受单元断口的电压限制，发展特高压等级有困难等。

3.1.2 断路器功能单元

3.1.2.1 灭弧室单元

断路器的灭弧室使电路分断过程中产生的电弧在密闭小室的高压力下于数十毫秒内快速熄灭，从而切断电路。下面介绍几种典型灭弧室结构。

1. 真空灭弧室

真空灭弧室的典型结构如图3－7所示，动、静触头分别焊在动、静导电杆上，用波纹管实现密封。动触头位于灭弧室的下部，在机构驱动力的作用下，能在灭弧室内沿轴向移动，完成分、合闸。在与动触头连接的导电杆周围和外壳之间装有导向管，用以保证动触头在上、下方向准确地运动。导向管采用低摩擦力的绝缘材料制作。

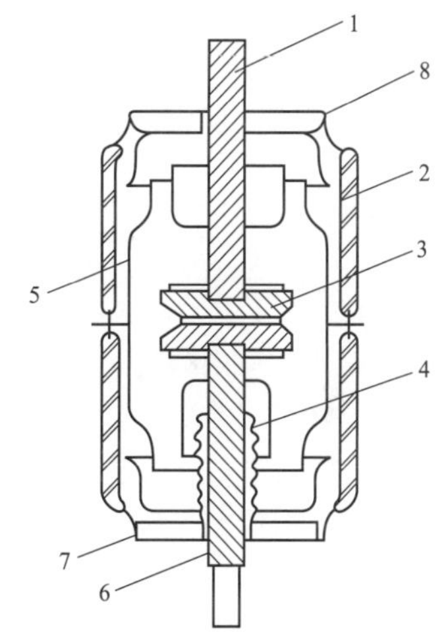

图3－7 真空灭弧室典型结构图

1—静导电杆；2—绝缘外壳；3—触头；4—波纹管；5—屏蔽罩；6—动导电杆；7—动端盖板；8—静端盖板

真空灭弧室内常用的屏蔽罩有主屏蔽罩、波纹管屏蔽罩和均压屏蔽罩。屏蔽罩可采用铜或钢制成，要求具有较高的热导率和优良的凝结能力。主屏蔽罩装设在触头的周围，一般固定在绝缘外壳内的中部。

波纹管屏蔽罩包在波纹管的周围，防止金属蒸汽溅落在波纹管上影响波纹管的工作和降低其使用寿命。均压屏蔽罩装设在触头附近，用于改善触头间的电场分布。

波纹管能保证动触头在一定行程范围内运动时不破坏灭弧室的密封状态。波纹管通常采用不锈钢制成，有液压成形和膜片焊接两种。真空断路器触头每分合一次，波纹管便产生一次机械变形，长期频繁和剧烈的变形容易使波纹管因材料疲劳而损坏，导致灭弧室漏气而无法使用。波纹管是真空灭弧室中最易损坏的部件，其金属的疲劳寿命决定了真空灭弧室的机械寿命。

2. 变开距灭弧室

SF_6断路器灭弧室的典型结构按触头运动方式可分为变开距和定开距灭弧室。在灭弧过程中触头开距是变化的，称为变开距灭弧室。变开距灭弧室按吹弧方式分为单向纵吹和双向纵吹，单吹式适用于中小容量断路器，高压大容量断路器则采用双向纵吹居多。

变开距灭弧室的结构如图 3－8 所示。触头系统由工作触头、弧触头和中间触头组成，工作触头和中间触头放在外侧，主喷口用聚四氟乙烯或以聚四氟乙烯为主的填料制成的复合材料等绝缘材料制成。为了使分闸过程中压气室的气体集中向喷嘴吹弧而在合闸过程中不致在压气室形成真空，故设置了止回阀 7。在分闸时，止回阀 7 堵住小孔，让 SF_6气体集中向喷嘴 3 吹弧；合闸时，止回阀 7 打开，使压气室与活塞 9 的内腔相通，SF_6气体从活塞小孔充入压气室 8，为下一次分闸做好准备。

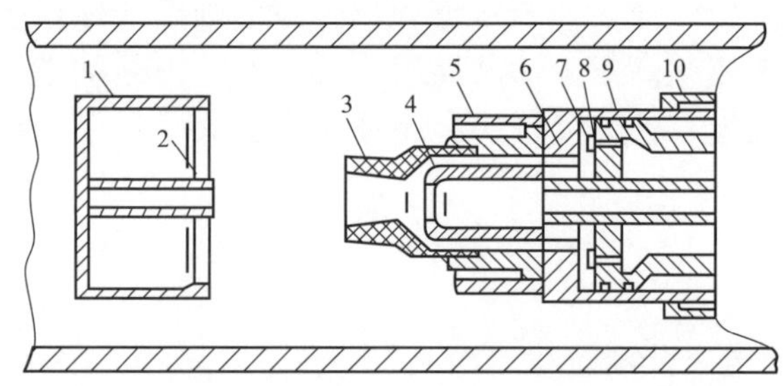

图 3－8　变开距灭弧室结构图

1—主静触头；2—弧静触头；3—喷嘴；4—弧动触头；5—主动触头；6—压气缸；7—止回阀；8—压气室；9—固定活塞；10—中间触头

变开距灭弧室内的气吹时间较充裕，气体利用率高。喷嘴与动弧触头分开，根据气流场设计的喷嘴形状，有助于提高气吹效果。可按绝缘要求来设计开距，断口间隙可达 150～160mm，因此断口电压可做得较高，便于提高灭弧室的工作电压。由于开距大，电弧长，电弧电压高，电弧能量大，对提高开断电流不利。绝缘喷嘴易被电弧烧伤，会影响弧隙的介质强度。

3. 定开距灭弧室

图 3－9 为定开距灭弧室结构图，断路器的触头由两个带嘴的空心静触头 3、5 和动触头 2 组成。在关合时，动触头 2 跨接于静触头 3、5 之间，构成电流通路；开断时，断路器的弧隙由两个静触头保持固定的开距，故称为定开距灭弧室。由绝缘材料制成的固定活

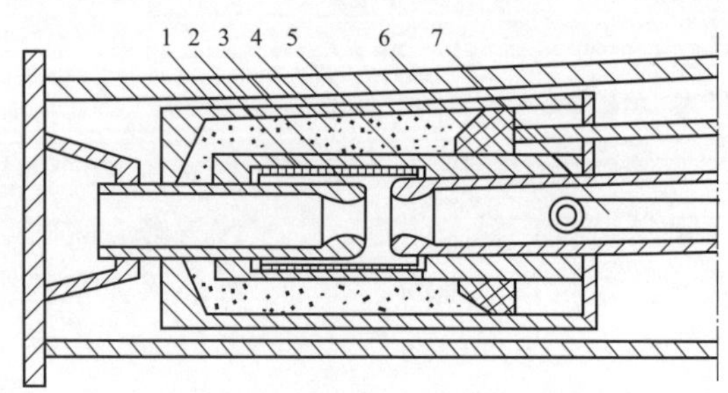

图 3－9　定开距灭弧室结构图

1—压气罩；2—动触头；3、5—静触头；4—压气室；6—固定活塞；7—拉杆

塞6和与动触头2连成一体的压气罩1之间围成压气室4。通常采用对称双向吹弧方式。这种结构的喷口采用耐电弧性能好的金属或石墨等导电材料制成。石墨能耐高温，在电弧作用下直接由固态变成气态，逸出功大，表面烧损轻。定开距灭弧室断口电场均匀，灭弧开距小，触头从分离位置到熄弧位置的行程很短，126kV的断路器只有30mm，电弧能量较小，熄弧能力强，燃弧时间短，可以开断很大的短路电流。但是压气室的体积较大。

3.1.2.2 导电部分

导电部分执行接通或断开电路的任务，其核心部分是触头。断路器触头按其结构可分为可断触头和滑动触头两种。其中可断触头是在工作过程中可以分开的触头，可分为以下6种。

（1）对接式触头。如图3-10（a）所示，这种触头的优点是结构简单，分断速度快；

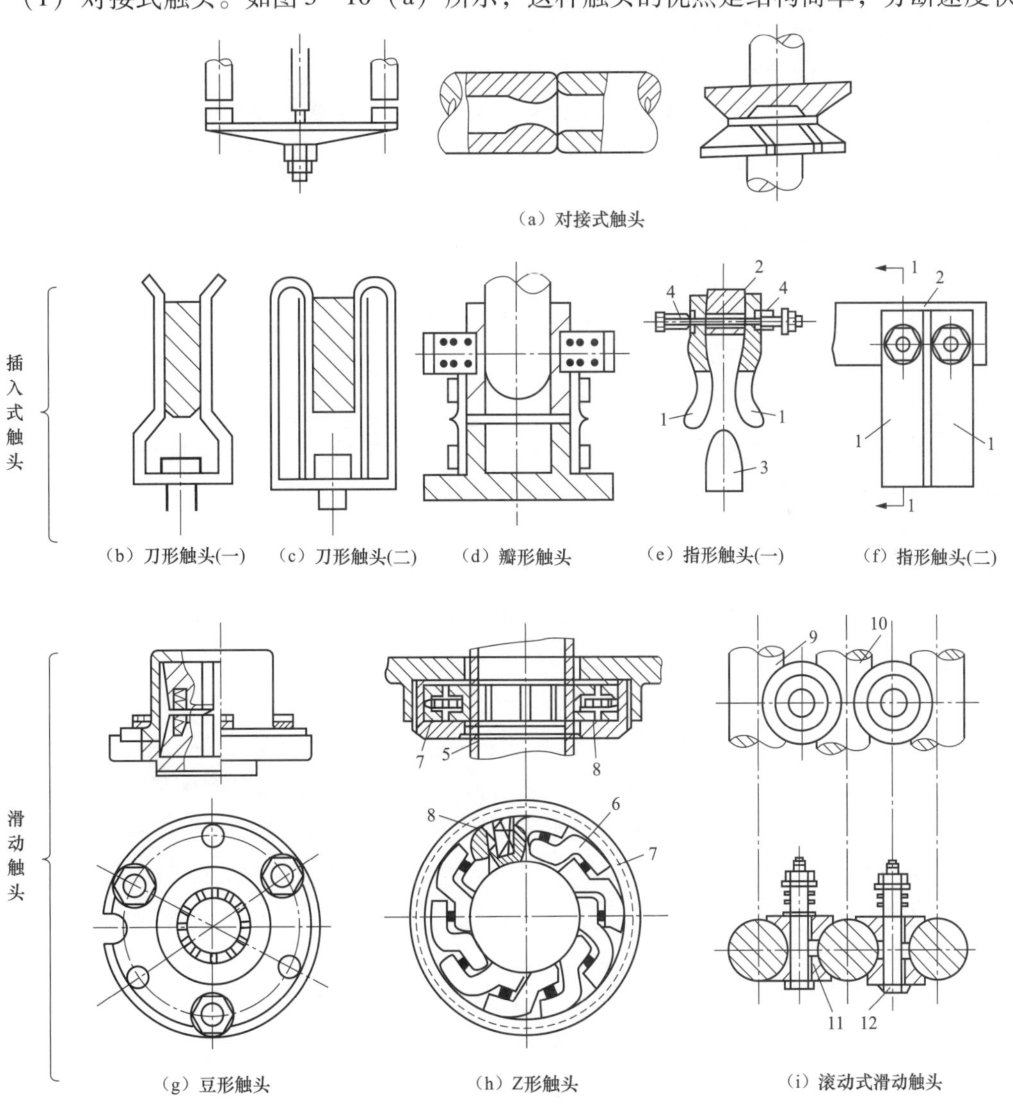

图3-10 触头的结构与分类

1—触指；2—载流体；3—楔形触头；4—夹紧弹簧；5—动触杆；6—Z形触指；7—导电座；8、12—弹簧；9—固定导电杆；10—圆形导电杆；11—滚轮

缺点是接触面不够稳定，关合时易发生触头弹跳，由于触头间无相对运动，故基本上没有自净作用，触头容易被电弧烧伤、动热稳定性较差。因此，对接式触头只适用于额定电流1000A 以下的断路器中。

（2）插入式触头。如图 3－10（b）～（f）所示，其结构特点是所需接触压力较小，有自洁作用，无弹跳现象，触头磨损小，动热稳定性好；缺点是除了刀形触头（如图 3－10（b）、（c）所示）外，结构复杂，分断时间长。刀形触头结构简单，广泛用于手动操作的高低压电器，如刀开关、隔离开关等；瓣形触头又称插座式或梅花形触头，如图 3－10（d）所示，其静触头是由多瓣独立的触指组成一个圆环，如同插座状，动触头是圆形导电杆，接通时导电杆插入插座内，由强力弹簧或弹簧钢片把触指压向导电杆，静触指与动触头间形成线接触。瓣形触头接触面工作可靠，接触电阻稳定，结构复杂，断开时间较长，广泛用于少油断路器中作为主触头和灭弧触头。为了使触头具有抗电弧烧伤能力，常在外套的端部加装铜钨合金保护环，在动触头的端部镶嵌铜钨合金制成的耐弧端。指形触头如图3－10（e）、（f）所示，它由成对的装在载流体 2 两侧的接触指 1、楔形触头 3 和夹紧弹簧 4 组成，其优点是动稳定性好，有自洁作用；缺点是不易与灭弧室配合，工作表面易被电弧烧伤，用在少油断路器中作工作触头，在一些隔离开关中也有应用。

（3）滑动触头也叫中间触头，是指在工作中被连接的导体总是保持接触，能由一个接触面沿着另一个接触面滑动的触头。这种触头的作用是给移动的受电器供电，如电机的滑环碳刷行车的滑线装置、断路器的滑动触头等，可分为以下几种：

a）豆形触头。如图 3－10（g）所示，它的静触指分上、下两层，均匀分布在上、下触头座的圆周上，每一触指配有小弹簧作缓冲，以减少摩擦力和防止动触杆卡涩，动触杆从其中心孔通过。这种触头接触点多，在较小的接触压力下具有良好的导电能力，而且结构紧凑，缺点是通用性差。

b）Z 形滑动触头。如图 3－10（h）所示，Z 形触头的结构与插座式触头相近。它是把 Z 形触指 6（静触头）装在导电座里面，用弹簧 8 保持触指的位置，并将触指紧压在圆形导电座 7 和动触杆 5 上。这种触头结构简单、工作可靠，没有导电片，高度低，接触稳定而有自洁作用。

c）滚动式滑动触头。如图 3－10（i）所示，滚动式滑动触头是在工作中，导体由一个接触面沿着另一个接触面滑动的触头。它由圆形导电杆 10、成对的滚轮 11、固定导电杆 9 以及弹簧 12 等组成。弹簧的作用是保持滚轮和可动导电杆及固定导电杆的接触压力。在接通和断开过程中，滚轮沿着导电杆上、下滚动。滚动式滑动触头接触面的摩擦力小，自洁作用较差。

3.1.2.3 操动机构

断路器的操动机构指独立于断路器本体以外的对断路器进行操作的机械操动装置。其主要任务是将其他形式的能量转换成机械能，使断路器准确地进行分、合闸操作。常见的操动机构大体可分为电磁、弹簧、液压、气动四类。

1. 电磁操动机构

电磁操动机构是靠直流螺管电磁铁产生的电磁力进行合闸，以储能弹簧分闸的机构，用于 110kV 及以下的断路器，有逐渐被其他较先进机构取代的趋势。

2. 弹簧操动机构

弹簧操动机构结构简单、制造工艺要求适中、体积小、操作噪声小、对环境无污染、耐气候条件好、免运行维护、可靠性高；出力特性和断路器负载特性匹配较差，合理设计非常重要；对反力敏感；输出功较小，制造大输出功弹簧机构会强化冲击和振动，且成本升高很快。

一般适用于10~35kV断路器、126~252kV自能式灭弧室高压六氟化硫断路器。国外有用于550kV自能式灭弧室高压六氟化硫断路器的产品。弹簧操动机构是目前电力系统中应用最为广泛的操动机构。

3. 液压操动机构

液压操动机构用氮气或碟簧作为储能介质、用液压油作为传动介质，容易获得高压力；动作快、反应灵敏、输出功大、免运行维护、操作噪声小、可靠性高；出力特性和断路器负载特性匹配较好，对反力不敏感；环境温度对机械特性的影响稍大，结构复杂，对制造工艺及材料的要求很高。

一般用于126~1100kV压气式灭弧室高压六氟化硫断路器。

4. 气动操动机构

气动操动机构一般为气动分闸，弹簧合闸，用压缩空气作为储能和传动介质，介质惯性小；动作快、反应灵敏、输出功大，环境温度对机械特性的影响很小，结构稍复杂，制造工艺要求适中，表面处理工艺要求高；出力特性和断路器负载特性匹配较好，对反力不敏感；操作噪声大，对气源质量要求非常高。

一般用于126~550 kV压气式灭弧室高压六氟化硫断路器。

3.1.2.4 传动机构

传动系统是操动机构的做功元件与动触头之间相互联系的纽带，高压断路器的操动机构和本体在分、合闸过程中通过传动系统传递能量和运动，按照设计的性能要求完成分、合闸的操作。高压断路器的传动系统主要由操动机构中的传动元件、断路器中的提升机构和它们之间的传动机构三部分组成。操动机构中的传动元件由连杆机构或液压气动传动机构等构成，通过传动机构与断路器的提升杆相连。传动机构是连接操动机构与提升机构的中间环节，起改变运动方向，增加行程并向断路器传递能量的作用，一般由连杆机构组成。提升机构是带动断路器动触头按一定轨迹运动的机构，它将传动机构的运动变为动触头的直线或近似直线运动，使断路器分、合闸，所以也叫变直机构。

3.1.2.5 绝缘支撑元件

绝缘支撑元件的作用是支撑固定通断元件，并实现与各结构部分之间的绝缘。

3.1.2.6 基座

基座用于支撑、固定和安装开关电器的各结构部分，使之成为一个整体。

3.2 标准体系介绍

断路器相关国家标准、行业标准、企业标准共计18项，其中主标准4项，从标准12项，支撑标准2项。

3.2.1 主标准体系

断路器主标准是指断路器的基础性技术标准。一般包括设备使用条件、额定参数、设计与结构、型式试验/出厂试验项目及要求等内容。断路器主标准共4项，标准清单见表3－1。

表3－1 断路器主标准清单

序号	标准号	标准名称
1	DL/T 402—2016	高压交流断路器
2	DL/T 593—2016	高压开关设备和控制设备标准的共用技术要求
3	GB/T 27747—2011	额定电压72.5kV及以上交流隔离断路器
4	JB/T 9694—2008	高压交流六氟化硫断路器

3.2.1.1 DL/T 402—2016《高压交流断路器》

本标准适用于设计安装在户内或户外且运行在频率50Hz、电压为3～1000kV系统中的交流断路器，本标准与DL/T 593—2016一起使用。

3.2.1.2 DL/T 593—2016《高压开关设备和控制设备标准的共用技术要求》

本标准是开关类设备的共用基础标准。本标准适用于电压3.0kV及以上，频率为50Hz的电力系统中运行的户内和户外交流高压开关设备和控制设备。

3.2.1.3 GB/T 27747—2011《额定电压72.5kV及以上交流隔离断路器》

本标准适用于设计安装在户内或户外且运行频率50Hz系统中的额定电压72.5kV及以上交流隔离断路器。

3.2.1.4 JB/T 9694—2008《高压交流六氟化硫断路器》

本标准适用于额定电压3.6～550kV、额定频率为50Hz的六氟化硫断路器及其操动机构和辅助设备。

3.2.2 从标准体系

断路器从标准是指断路器开展零部件制造、设备组装、出厂试验、技术监督等工作应执行的技术标准，一般包括部件元件类、原材料类、技术监督类。断路器从标准共12项，标准清单见表3－2。

表3－2 断路器从标准清单

标准分类	序号	标准号	标准名称
部件元件类	1	GB/T 4787—2010	高压交流断路器用均压电容器
	2	GB/T 20840.2—2014	互感器 第2部分：电流互感器的补充技术要求
	3	GB/T 4109—2008	交流电压高于1000V的绝缘套管
	4	GB/T 23752—2009	额定电压高于1000V的电器设备用承压和非承压空心瓷和玻璃绝缘子
	5	Q/GDW 735.1—2012	智能高压开关设备技术条件 第1部分：通用技术条件
	6	JB/T 10549—2006	SF_6气体密度继电器和密度表 通用技术条件
	7	GB/T 567.1—2012	爆破片安全装置 第1部分：基本要求
	8	GB/T 28819—2012	充气高压开关设备用铝合金外壳

续表

标准分类	序号	标准号	标准名称
原材料类	1	JB/T 7052—1993	高压电器设备用橡胶密封件 六氟化硫电器设备密封件技术条件
	2	GB/T 12022—2014	工业六氟化硫
技术监督类	1	Q/GDW 11074—2013	交流高压开关设备技术监督导则
	2	DL/T 1424—2015	电网金属技术监督规程

3.2.3 支撑标准体系

断路器支撑标准是指支撑断路器主、从标准中相关条款执行指导意见的技术标准。断路器支撑标准共2项，其中主标准的支撑标准1项，技术监督的支撑标准1项。标准清单见表3-3。

表3-3 断路器支撑标准清单

序号	标准号	标准名称	标准分类
1	GB/T 11022—2011	高压开关设备和控制设备标准的共用技术要求	主标准支撑
2	Q/GDW 11083—2013	高压支柱瓷绝缘子技术监督导则	技术监督

3.2.4 标准执行说明

3.2.4.1 主标准执行说明

额定电压40.5~800kV电压等级的断路器的使用条件、额定值、设计与结构、型式试验、出厂试验、选用导则、运输与储存、安全性、对环境的影响等方面的要求应执行DL/T 402—2016《高压交流断路器》。

额定电压40.5kV及以上断路器的使用条件、额定值、设计与结构、型式试验、出厂试验、选用导则、运输与储存、安全性、对环境的影响等方面的要求应执行DL/T 593—2016《高压开关设备和控制设备标准的共用技术要求》。

额定电压72.5kV及以上交流隔离断路器的使用条件、额定值、设计与结构、型式试验、选用导则、运输与储存等方面的要求应执行GB/T 27747—2011《额定电压72.5kV及以上交流隔离断路器》。

额定电压3.6kV及以上、额定频率50Hz的高压交流六氟化硫断路器的使用环境、额定参数、设计与结构、型式试验、运输、安装、运行、维护等方面的通用要求应执行JB/T 9694—2008《高压交流六氟化硫断路器》。

3.2.4.2 主标准差异化执行意见

DL/T 593—2016《高压开关设备和控制设备标准的共用技术要求》第4.3节规定了表3-4额定电压范围Ⅰ的额定绝缘水平和表3-5额定电压范围Ⅱ的额定绝缘水平。

表3-4 额定电压范围Ⅰ的额定绝缘水平

额定电压 U_r（kV，有效值）	额定工频短时耐受电压 U_d（kV，有效值）		额定雷电冲击耐受电压 U_p（kV，峰值）	
	通用值	隔离断口	通用值	隔离断口
3.6	25/18	27/20	40/20	46/23
7.2	30/23	34/27	60/40	70/46

续表

额定电压 U_r（kV，有效值）	额定工频短时耐受电压 U_d（kV，有效值）		额定雷电冲击耐受电压 U_p（kV，峰值）	
	通用值	隔离断口	通用值	隔离断口
12	42/30	48/36	75/60	85/70
24	65/50	79/64	125/95	145/115
40.5	95/80	118/105	185/170	215/200
72.5	160	200	350	410
126	230	230（+70）	550	550（+100）
252	460	460（+145）	1050	1050（+200）

表 3－5　额定电压范围Ⅱ的额定绝缘水平

额定电压 U_r（kV，有效值）	额定短时工频耐受电压 U_d（kV，有效值）		额定操作冲击耐受电压 U_s（kV，峰值）			额定雷电冲击耐受电压 U_p（kV，峰值）	
	相对地及相间	开关断口及隔离断口	相对地	相间	开关断口及隔离断口	相对地及相间	开关断口及隔离断口
363	510	510（+210）	950	1425	850（+295）	1175	1175（+295）
550	740	740（+315）	1300	1950	1175（+450）	1675	1675（+450）
800	960	960（+460）	1550	2480	1425（+650）	2100	2100（+900）
1100	1100	1100（+635）	1800	2700	1675（+900）	2400	2400（+900）

建议执行 GB/T 11022—2011《高压开关设备和控制设备标准的共用技术要求》第 4.3 节规定的表 3－6 额定电压范围Ⅰ的额定绝缘水平和表 3－7 额定电压范围Ⅱ的额定绝缘水平。

表 3－6　额定电压范围Ⅰ的额定绝缘水平

额定电压 U_r（kV，有效值）	额定工频短时耐受电压 U_d（kV，有效值）		额定雷电冲击耐受电压 U_p（kV，峰值）	
	通用值	隔离断口	通用值	隔离断口
3.6	25	27	40	46
7.2	30	34	60	70
12	42	48	75	85
24	50*	60*	95*	110*
	65	79	125	145
31.5	85	118	185	215
40.5	95	118	185	215
63	140	140	325	325
72.5	140	140（+42）	325	325（+59）
	160	160（+42）	380	380（+59）

续表

额定电压 U_r (kV，有效值)	额定工频短时耐受电压 U_d (kV，有效值)		额定雷电冲击耐受电压 U_p (kV，峰值)	
	通用值	隔离断口	通用值	隔离断口
126	185	185（+73）	450	450（+103）
	230	230（+73）	550	550（+103）
252	395	395（+146）	950	950（+206）
	460	460（+146）	1050	1050（+206）

注 1. 带*为接地系统中使用的数据。
2. 出厂试验的相对地、相间及开关断口间采用表中的通用值。

表3-7　额定电压范围Ⅱ的额定绝缘水平

额定电压 U_r (kV，有效值)	额定短时工频耐受电压 U_d (kV，有效值)		额定操作冲击耐受电压 U_s (kV，峰值)			额定雷电冲击耐受电压 U_p (kV，峰值)	
	相对地及相间	开关断口及隔离断口	相对地	相对地及相间	开关断口及隔离断口	相对地	相对地及相间
363	460	460（+210）	850	1275	800（+295）	1050	1050（+205）
	510	510（+210）	950	1425	850（+295）	1175	1175（+205）
550	680	680（+318）	1175	1760	1050（+450）	1550	1550（+315）
	740	740（+318）	1300	1950	1175（+450）	1675	1675（+315）
800	900	900（+462）	1425	2420	1300（+650）	1950	1950（+455）
	960	960（+462）	1550	2635	1425（+650）	2100	2100（+455）
1100	1100	1100（+635）	1675	2510	1550（+900）	2250	2250（+630）
			1800	2700	1675（+900）	2400	2400（+630）

原因分析：根据从严原则，用GB/T 11022—2011规定的表3-6、表3-7中较高的数值代替DL/T 593—2016规定的表3-4、表3-5中相关数值。

3.2.4.3　从标准执行说明

（1）部件元件类。部件原件类主要包含组成设备本体的部件、元件及附属设施的技术要求。

额定电压252kV及以上高压交流断路器用均压电容器的适用范围、术语、技术要求、试验、标志及安全等内容的要求应执行GB/T 4787—2010《高压交流断路器用均压电容器》。

额定电压40.5kV及以上断路器配用电磁式电流互感器的额定值、设计与结构以及试验等方面的要求应执行GB/T 20840.2—2014《互感器　第2部分：电流互感器的补充技术要求》。

额定电压40.5kV及以上罐式断路器绝缘套管的特性和试验等方面的要求应执行GB/T

4109—2008《交流电压高于1000V的绝缘套管》。

额定电压40.5kV及以上断路器的支柱绝缘子、灭弧室瓷套和出线套管的机械和尺寸特性、电气强度、检验规定特性值的条件、试验方法、接受准则、试验程序和试验参数等方面的要求应执行GB/T 23752—2009《额定电压高于1000V的电器设备用承压和非承压空心瓷和玻璃绝缘子》。

额定电压72.5kV及以上智能断路器的通用技术要求、试验方法、检验规则、标志、包装、运输及贮存等方面规定的智能相关要求应执行Q/GDW 735.1—2012《智能高压开关设备技术条件　第1部分：通用技术条件》。

额定电压40.5kV及以上断路器的SF_6气体密度继电器和密度表的分类、技术要求、检验方法、检验规则、标志、标签、使用说明书、包装、运输和贮存等内容的要求应执行JB/T 10549—2006《SF_6气体密度继电器和密度表通用技术条件》。

额定电压40.5kV及以上断路器用爆破片安全装置的设计、制造、检验、试验、标记标识、包装储存、出厂文件等的技术要求应执行GB/T 567.1—2012《爆破片安全装置　第1部分：基本要求》。

使用在高压开关设备或相关的充气设备上的充气外壳的设计、制造、试验、检查及认证的要求应执行GB/T 28819—2012《充气高压开关设备用铝合金外壳》。

（2）原材料类。断路器的原材料主要包括密封件、SF_6气体等。

额定电压40.5kV及以上断路器用橡胶密封件的技术要求、试验方法、检验规则及包装、标志、运输、贮存方法等方面的要求应执行JB/T 7052—1993《高压电器设备用橡胶密封件 六氟化硫电器设备密封件技术条件》。

额定电压40.5kV及以上断路器用六氟化硫的要求、试验方法、检验规则、标志、标签、包装、运输和贮存等方面的要求应执行GB/T 12022—2014《工业六氟化硫》。

（3）技术监督类。额定电压40.5~800kV断路器的异常检测、评估、分析、告警和整改的过程监督工作等方面要求应执行Q/GDW 11074—2013《交流高压开关设备技术监督导则》。

额定电压40.5~800kV以上断路器的金属部件、结构支撑件、连接件的金属技术监督的内容和要求等应执行DL/T 1424—2015《电网金属技术监督规程》。

3.2.4.4　从标准差异化执行意见

Q/GDW 11074—2013《交流高压开关设备技术监督导则》第5.7.3e条规定了对于断路器应重点监督的内容。

建议执行：在第5.7.3e.10条规定的内容以外，增加Q/GDW 11083—2013《高压支柱瓷绝缘子技术监督导则》第5.7.1.4条的规定“支柱绝缘子运抵安装现场时要进行逐个外观检查和超声波探伤”。

原因分析：因Q/GDW 11074—2013中对于断路器安装调试阶段的监督内容未规定瓷柱式绝缘子的相关监督要求，而瓷柱式绝缘子的质量好坏直接影响到断路器的绝缘性能及机械强度，根据从严原则，故建议补充执行Q/GDW 11083—2013第5.7.1.4条规定。

3.3 检测方法及评判标准

3.3.1 主回路电阻测量

3.3.1.1 一般规定

（1）双臂电桥由于在测量回路通过的电流较小，难以消除电阻较大的氧化膜，测出的电阻值偏大，因此应使用利用电压降原理的回路电阻测试仪进行回路电阻测试。检测电流应取100A至额定电流之间的任一电流值。

（2）对于SF_6断路器，应在设备合闸并可靠导通的情况下测量每相回路电阻值。

3.3.1.2 试验接线

如图3－11（a）所示，将电流线接到对应的I＋、I－接线柱，电压线接到V＋、V－接线柱，两把夹钳夹在被测设备的两端；若电压线和电流线是分开接线的，则电压线要接在电流线的内测，如图3－11（b）所示。

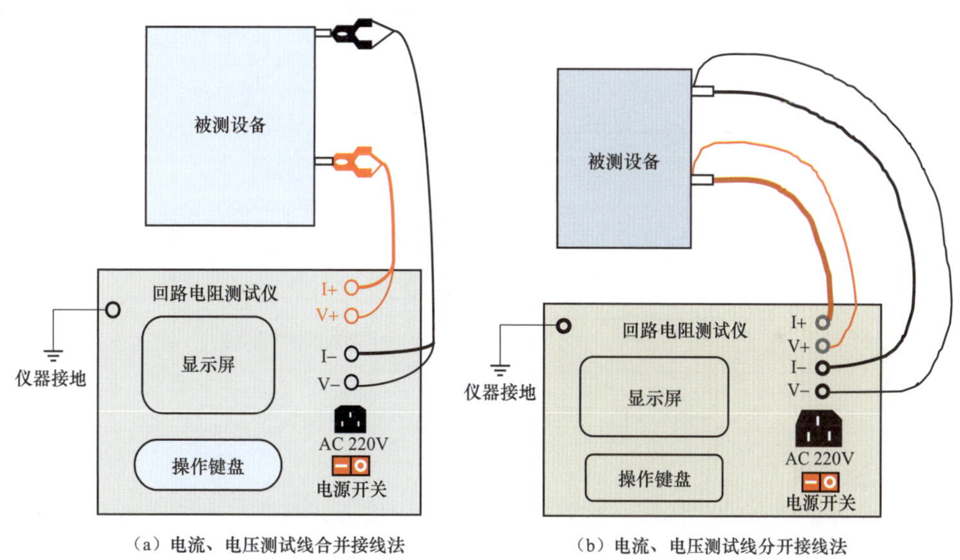

图3－11　主回路电阻测量接线图

3.3.1.3 试验步骤

（1）确认被试设备处于导通状态。

（2）清除被试设备接线端子接触面的油漆及金属氧化层，进行检测接线，检查测试接线是否正确、牢固。

（3）接通仪器电源，进行测试，匀速调节升流器达到电流稳定后读取检测数据，并做好记录。

（4）关闭检测电源，拆除测试线。

3.3.1.4 注意事项

（1）在没有完成全部接线时，不允许在测试线开路的情况下通电，这样可能会损坏仪器。

（2）测试线应接触良好、连接牢固，防止测试过程中突然断开。

3.3.1.5 评判标准

主回路电阻应不大于制造商规定值。

3.3.2 机械特性试验

3.3.2.1 一般规定

（1）特性试验需要在额定压力条件下进行。

（2）试验前确定断路器电机电压、控制回路电压（有110、220V交、直流之分）。

（3）如果断路器存在第二分闸回路，则应测量第二分闸回路的低电压动作特性、分闸动作时间和动作速度。

3.3.2.2 试验接线

断路器机械特性测试试验接线如图3－12所示。

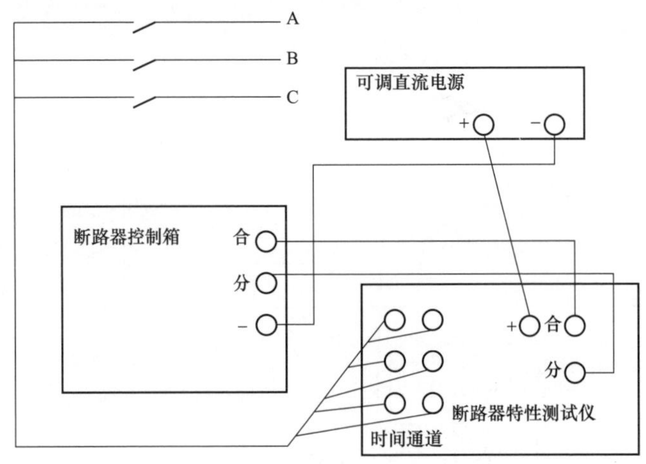

图3－12　断路器机械特性测试试验接线

3.3.2.3 试验步骤

（1）断路器低电压动作特性。将直流电源的输出接入断路器二次控制线的合闸或分闸回路中，若断路器不动作，则逐步提高电压值。重复以上步骤，当断路器正确动作时，记录此前的电压值，分别为合、分闸电磁铁的最低动作电压值。

（2）断路器动作时间的测试。

1）将可调直流电源调至断路器额定操作电压，通过控制断路器机械特性测试仪，在额定操作电压及额定机构压力下对SF_6断路器进行分、合操作，观察速度曲线处于正常状态，测得各相合、分闸动作时间。

2）三相合闸时间中的最大值与最小值之差即为合闸不同期；三相分闸时间中的最大值与最小值之差即为分闸不同期。

3）如果SF_6断路器每相存在多个断口，则应同时测量各个断口的合、分时间，并得出同相各断口合、分闸的不同期。

4）如果断路器带有合闸电阻，则应同时测量合闸电阻的预先投入时间。

（3）断路器动作速度的测试。可结合断路器动作时间测试同时进行，将测速传感器固定可靠，并将传感器运动部分牢固连接至断路器机构的速度测量运动部件上。利用断路器机械特性测试仪进行断路器合、分操作得到测试结果，或根据所得的时间—行程特性计算断路器动作速度。

3.3.2.4 评判标准

（1）断路器低电压动作特性。合闸电磁铁的最低动作电压不应大于额定电压的80%，在额定电压的80%～110%范围内可靠动作；分闸电磁铁的最低动作电压应在额定电压的30%～65%的范围内、在额定电压的65%～120%范围内可靠动作，当电压低至额定电压的30%或更低时不应脱扣动作。

（2）断路器动作时间。断路器的合、分闸动作时间、同期性与合闸电阻预先投入时间应符合制造厂家的规定。

（3）断路器动作速度。断路器动作速度的测量方法及结果应符合制造厂家的规定。

3.3.3 SF_6气体湿度试验

3.3.3.1 一般规定

检查环境、仪器、设备满足检测条件。

3.3.3.2 试验接线

六氟化硫电气设备中气体湿度可以用冷凝露点仪测量。采用导入式的取样方法，取样点必须设置在足以获得代表性气体的位置并就近取样。测量时将湿度计与待检测设备用气路接口连接，连接方法如图3－13所示。

3.3.3.3 试验步骤

露点法试验步骤如下：

（1）取样。

1）冷凝式露点仪采用导入式的取样方法。取样点必须设置在足以获得代表性气样的位置并就近取样。

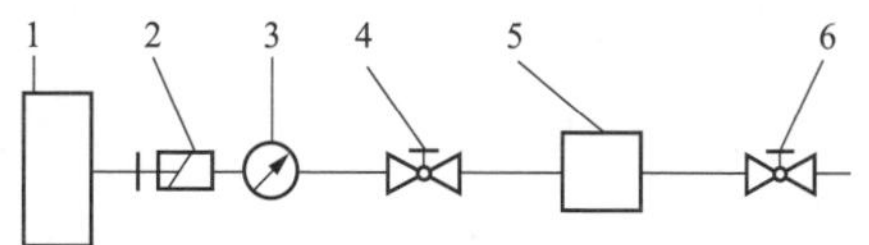

图3－13 检测连接图

1—待测电气设备；2—气路接口（连接设备与仪器）；3—压力表；4—仪器入口阀门；5—测试仪器；6—仪器出口阀门（可选）

2）取样阀选用体积小的针阀。取样管道不宜过长，管道内壁应光滑清洁；管道无渗漏，管道壁厚应满足要求。

3）当测量准确度较低或测量时间较长时，可以适当增大取样总流量，在气样进入仪器之前设置旁通分道。

4）环境温度应高于气样露点温度至少3℃，否则要对整个取样系统以及仪器排气口的气路系统采取升温措施，以免因冷壁效应而改变气样的湿度或造成冷凝堵塞。

（2）试漏。采用SF_6气体检漏仪对仪器气路系统进行试漏。

（3）测量。

1）根据取样系统的结构、气体湿度的大小用被测气体对气路系统分别进行不同流量、不同时间的吹洗，以保证测量结果的准确性。

2）测量时缓慢开启调节阀，仔细调节气体压力和流速。测量过程中保持测量流量稳定，并从仪器直接读取露点值。检测过程中随时监测被测设备的气体压力，防止气体压力异常下降。

3.3.3.4 注意事项

露点法注意事项如下：

（1）仪器开机充分预热。

（2）SF_6设备的取样口与湿度仪进气端的连接管道要尽可能短，检查测试气路系统所有接头的气密性，确保无泄漏。

（3）测量时缓慢开启调节阀，仔细调节气体压力和流速。测量过程中保持测量流量稳定，并随时检测被测设备的气体压力，防止设备压力异常下降。

（4）测量完毕后，用干燥氮气（N_2）吹扫仪器15～20min后，关闭仪器，封好仪器气路进、出口备用。

3.3.3.5 评判标准

（1）由于环境温度对设备中气体湿度有明显的影响，测量结果应折算到20℃时的数值。

（2）SF_6气体可从密度监视器处取样，测量细则可参考DL/T 506、DL/T 914和DL/T 915。测量结果应满足表3－8的要求。

表3－8 SF_6气体湿度检测标准

试验项目	要　求	
湿度（H_2O）	气室类型	新充气后
	有电弧分解物的气室	≤150μL/L
	无电弧分解物的气室	≤250μL/L

3.3.4 耐压试验

3.3.4.1 一般规定

耐压试验是对被试品施加高于运行中可能遇到的过电压数值的交流电压，并经历一段时间，以检验设备的绝缘水平。耐压试验能有效地发现一些被试品的局部缺陷，更好地模拟被试品在实际运行中承受过电压的情况。

3.3.4.2 试验接线

耐压试验接线如图3－14所示，试验电压波形应接近正弦，两个半波应完全相同，且峰值和有效值之比等于$\sqrt{2}\pm0.07$，交流电压频率一般应在10～300Hz范围内。出厂试验电

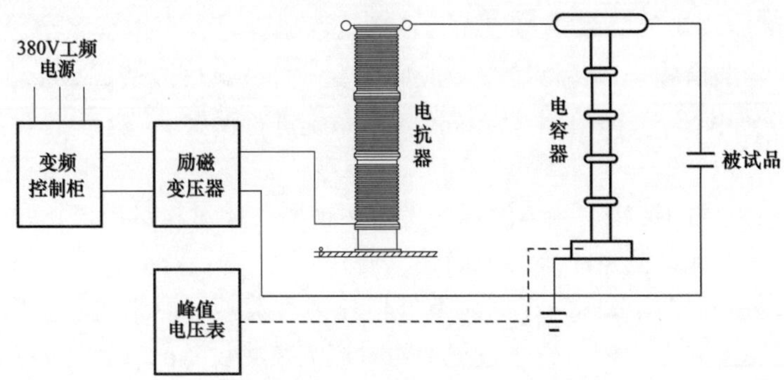

图3－14 耐压试验接线图

压值如表3－9所示。

表3－9 现场耐压试验电压值

设备的额定电压 U_r（kV，有效值）	出厂试验电压 U_p（kV，峰值）
66	160
110	230
252	460
363	510
550	740
800	960

3.3.4.3 试验步骤

（1）老练试验。在交流耐压试验中，通常先在较低试验电压下进行老练试验。老练试验的基本原则是既要达到设备净化的目的，又要尽量减少净化过程中微粒触发的击穿，还要减少对被试设备的损害，即减少设备承受较高电压作用的时间，所以逐级升压时，在低电压下可保持较长时间，在高电压下不允许长时间耐压。

（2）耐压试验。规定的试验电压应施加到每相主回路和外壳之间，每次一相，其他相的主回路应和接地外壳相连。试验电源可接到被试相导体任一方便的部位。

（3）断口间的耐压试验。试验电压应加到断路器断口间。断口的一侧与试验电源相连，另一侧与其他相导体和接地的外壳相连。在电压均匀升高到规定的电压值下耐压1min后降到局部放电试验规定电压值，进行局部放电试验结束后降到零。

3.3.4.4 评判标准

如断路器的每一部件均已按选定的试验程序耐受规定的试验电压而无击穿放电，则认为整个断路器通过试验。

3.3.5 局部放电试验（罐式断路器）

3.3.5.1 局部放电的定义及产生原因

在电场作用下，绝缘系统中只有部分区域发生放电，但尚未击穿（即在施加电压的导体之间没有击穿），这种现象称为局部放电。局部放电可能发生在导体边上，也可能发生在绝缘体的表面和内部。发生在表面的称为表面局部放电，发生在内部的称为内部局部放电。而对于被气体包围的导体附近发生的局部放电，称之为电晕。由此，局部放电可定义为部分的桥接导体间绝缘的一种电气放电。局部放电产生的原因主要有以下3种：

（1）电场不均匀。

（2）电介质不均匀。

（3）制造过程的气泡或杂质。最经常发生放电的原因是绝缘体内部或表面存在气泡；其次是有些设备在运行过程中会发生热胀冷缩，不同材料特别是导体与介质的膨胀系数不同，也会逐渐出现裂缝；再有一些是在运行过程中有机高分子的老化，分解出各种挥发物，在高场强的作用下，电荷不断地由导体进入介质中，在注入点上就会使介质气化。

3.3.5.2 试验接线

局部放电试验采用脉冲电流法，试验接线如图3－15所示。

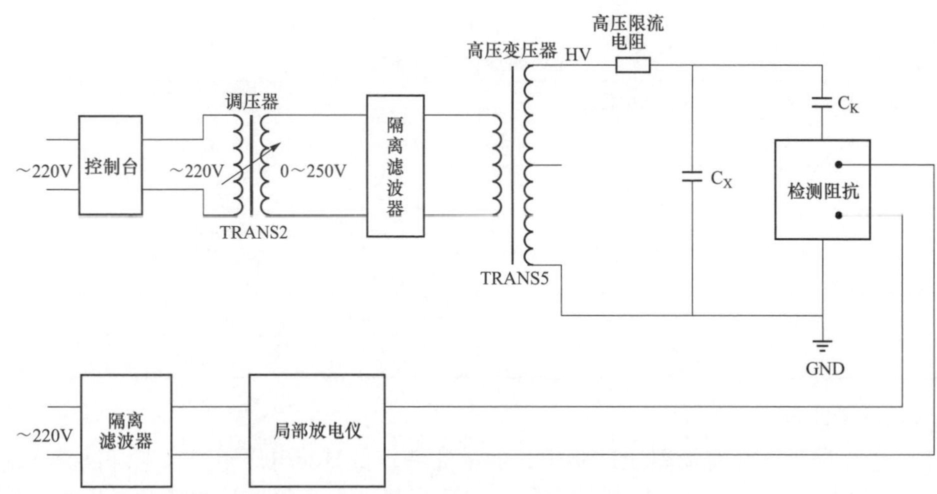

图 3-15　脉冲电流法局部放电试验接线图

3.3.5.3　试验步骤

（1）进行试验设置，包括放大器频带选择、测试电压频率的设置、测试电压范围等。

（2）试验设置完成后进行校正。

（3）校正完成后，在预加电压下开始进行局布放电测试。

3.3.5.4　评判标准

局布放电值不大于5pC。

3.3.6　气体封闭性检测

3.3.6.1　一般规定

（1）SF_6电气设备充气至额定压力，经24h之后方可进行气体泄漏检测。

（2）除非另有规定，试验均在环境温度不宜低于+5℃、环境相对湿度不宜大于80%的大气条件下进行，且试验期间，大气环境条件应相对稳定。

3.3.6.2　试验方法

检漏方法包括定性检漏和定量检漏两大类。

定性检漏作为判断设备漏气与否的一种手段，通常作为定量检漏前的预检。定量检漏可以测出泄漏处的泄漏量，从而得到气室的漏气率。定量检漏的方法主要有压降法和包扎法（包括扣罩法和挂瓶法）两种。

1. 压降法

压降法适于设备漏气量较大时测定漏气率。采用该法，需对设备各气室的压力和温度定期进行记录，一段时间后，根据首末两点的压力和温度值，在SF_6状态参数曲线上查出在标准温度（通常为200℃）时的压力或者气体密度，然后用公式（3-1）计算这段时间内的平均年漏气率

$$F_y = \frac{p_o - p_t}{p_o} \times \frac{T_y}{\Delta t} \times 100\% \tag{3-1}$$

式中：F_y为年漏气率（%）；p_o为初始气体压力（绝对压力，换算到标准温度，MPa）；p_t

为压降后气体压力（绝对压力，换算到标准温度，MPa）；T_y为年的时间（12个月或365天）；Δt为压降经过的时间（与T_y采用相同单位）。

2. 包扎法

通常SF_6设备的定量检漏工作都使用包扎法进行，其方法是用塑料薄膜对设备的法兰接头、管道接口等处进行封闭包扎以收集泄漏气体，并测量或估算包扎空间的体积，经过一段时间后，用定量检漏仪测量包扎空间内的SF_6气体浓度，然后计算气室的绝对漏气率F

$$F = \frac{CVp}{\Delta t} \tag{3-2}$$

式中：F为绝对漏气率（$MPa \cdot m^3/s$）；C为包扎空间内SF_6气体的浓度（$\times 10^{-6}$）；V为包扎空间的体积（m^3）；p为大气压，一般为0.1MPa；Δt为包扎时间（s）。

相对年漏气率

$$F_y = \frac{F \times 31.5 \times 10^6}{V_r p_r} \times 100\% \tag{3-3}$$

式中：V_r为设备气室的容积（m^3）；p_r为设备气室的额定充气压力（绝对压力，MPa）。

对于小型设备可采用扣罩法检漏，即采用一个封闭罩将设备完全罩上以收集设备的泄漏气体，并进行检测。对于法兰面有双道密封槽的设备，还可采用挂瓶法检漏。这种法兰面在双道密封圈之间有一个检测孔，气室充至额定压力后，去掉检测孔的螺栓，经24h，用软胶管连接检测孔和挂瓶，过一段时间后取下挂瓶，用检漏仪测定挂瓶内SF_6气体的浓度，并计算漏气率。计算公式和上述包扎法的公式相同，只需将包扎空间的体积改成挂瓶的容积即可。

3.3.6.3 试验步骤

（1）抽真空检漏。将设备抽真空到真空度为113Pa，再维持真空泵运转30min后关闭阀门、停泵，30min后读取真空度A，5h后再读取真空度B；若$B-A$小于133Pa，则认为密封性能良好。

（2）检漏仪检漏。设备充气后，将检漏仪探头沿着设备各连接口表面缓慢移动，根据仪器读数或其声光报警信号来判断接口的气体泄漏情况。

（3）包扎法。

1）包扎时可采用密封用0.1mm厚的塑料薄膜按被检部位的几何形状围一圈半，使接缝向上，包扎时尽可能构成圆形或方形。

2）经整形后，边缘用白布带扎紧或用胶带沿边缘粘贴密封。

3）塑料薄膜与被试品间应保持一定的空隙，一般为5mm。

4）包扎一段时间后（一般为24h）后，用定量检漏仪测量包扎腔内SF_6气体的浓度。

5）根据测得的浓度计算漏气率等指标。

（4）压降法。

1）先测定压降前的SF_6气体压力p_1'。

2）根据p_1'和当时的温度T_1换算标准大气条件下SF_6气体压力p_1。

3）经过一段较长的时间间隔，如 2 ~ 3 个月或半年，再测定压降后的 SF_6 气体压力 p'_2。

4）根据 p'_2 和当时的温度 T_2 换算标准大气条件下 SF_6 气体压力 p_2。

5）根据 SF_6 气体在一定时间间隔内压力的改变计算漏气率。

3.3.6.4　注意事项

（1）对于定性检漏发现有泄漏的部位，应采用定量检漏确定漏气的程度。

（2）采用包扎法检漏时，包扎腔应采用规则的形状，如方形、柱形，使易于估算包扎腔的容积。在包扎的每一部位应进行多点检测，取检测的平均值作为测量结果。

（3）包扎法检测和定性检漏仪检测前应先吹净设备周围的 SF_6 气体。

（4）在试验前检查产品是否处于额定压力。

3.3.6.5　评判标准

每个气室年漏气率不应大于 0.5%。

3.3.7　雷电冲击试验（罐式断路器）

3.3.7.1　一般规定

（1）被试品应完全安装好，气室充气到相应额定（最低功能压力）压力。

（2）雷电冲击电压耐受试验设备接地线应与被试设备的接地端可靠连接。

（3）雷电冲击电压耐受试验设备和分压器与被试品的连接引线不宜过长，电压测量装置应直接与被试品的试验电压引入端子连接。

3.3.7.2　试验电压波形

（1）雷电冲击电压可分为非振荡型雷电冲击电压和振荡型雷电冲击电压。非振荡型雷电冲击电压波形见图 3－16，振荡型雷电冲击电压波形见图 3－17。出厂试验一般采用非振荡型雷电冲击电压。

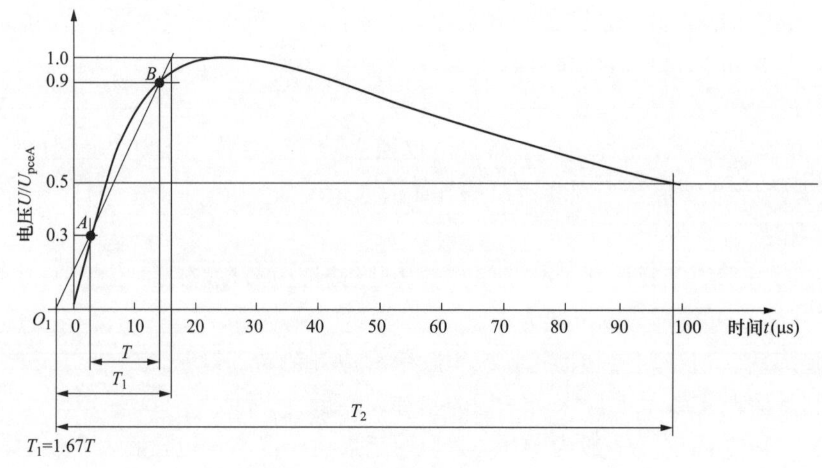

图 3－16　非振荡型雷电冲击电压波形

（2）波前时间 T_1。雷电冲击电压的波前时间 T_1 是一个视在参数，定义为冲击波峰值的 30% 和 90% 之间时间间隔 T 的 1.67 倍。非振荡雷电冲击电压波前时间不应大于 1.2 ×

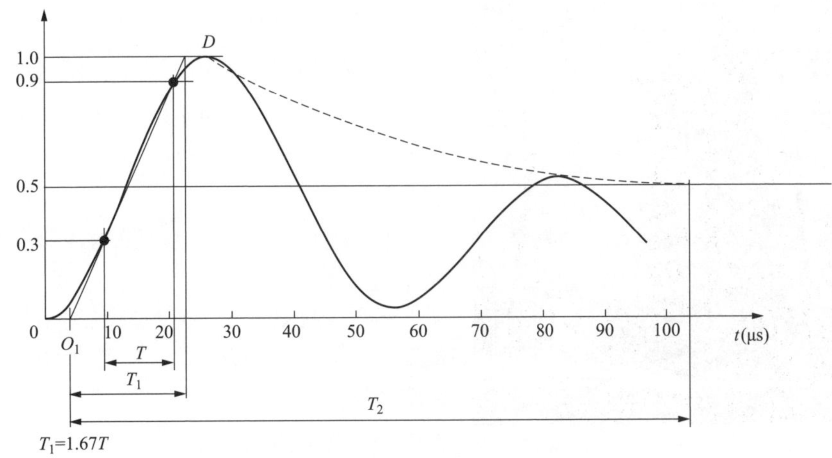

图3-17 振荡型雷电冲击电压波形

(1±30%) μs，振荡雷电冲击电压的波前时间不应大于10μs。

(3) 视在原点 O_1。视在原点是比冲击电压达到30%峰值时刻超前0.3T_1的点。对于具有线性时间刻度的示波图，视在原点就是30%峰值和90%峰值连线的延长线与时间坐标轴的交点。

(4) 半峰值时间 T_2。

1) 非振荡型雷电冲击电压半峰值时间 T_2 是一个视在参数，定义为视在原点 O_1 与电压降低到峰值一半时刻之间的时间间隔。

2) 振荡型雷电冲击电压半峰值时间 T_2 是一个视在参数，定义为视在原点 O_1 与振荡电压的包络线降低到峰值一半时刻之间的时间间隔。

3.3.7.3 试验电压

雷电冲击试验电压峰值取被试品对应额定雷电冲击电压峰值的90%，标准雷电冲击电压是指波前时间 T_1 为1.2μs，半波峰值时间 T_2 为50μs的光滑的雷电冲击全波，表示为1.2/50μs冲击。

3.3.7.4 试验步骤

(1) 试验电压在负极性下，按照下列顺序加压：

1) 在50%的试验电压下进行试验回路的电压波形调整。

2) 在80%的试验电压下加压一次，进行试验设备的效率核准。

3) 若试验设备的波形和效率都满足试验要求，对被试品连续施加三次100%的雷电冲击试验电压。

(2) 试验电压在正极性下，按照下列顺序加压：

1) 在50%的试验电压下进行试验回路的电压波形调整。

2) 在80%的试验电压下加压一次，进行试验设备的效率核准。

3) 若试验设备的波形和效率都满足试验要求，对被试品连续施加三次100%的雷电冲击试验电压。

图 3－18　现场实物图

现场实物如图 3－18 所示。

3.3.7.5　评判标准

试验过程中未发生放电，则试验通过。如试验过程中发生放电，应立即停止试验并查找放电点，经修复后重新进行试验。

3.4　《指导书》重点条款解析

本节表格中的内容为引用《指导书》的内容，表中序号相应保留，“监督要点解析”中的编号与之对应。

3.4.1　断路器监造

3.4.1.1　绝缘拉杆监造

（1）监督内容、权重及要点见表 3－10。

表 3－10　绝缘拉杆监造监督内容、权重及要点

《指导书》对应序号	监督内容	权重	监督要点
3.1.1	机械特性、电气特性	Ⅱ	①应满足断路器最大操作拉力（设计）的要求，绝缘拉杆应出具拉力强度试验报告
		Ⅱ	②表面光滑，无气泡、杂质、裂纹等缺陷
		Ⅳ	③局布放电量不大于 3pC
		Ⅲ	④252kV 及以上罐式断路器用绝缘拉杆总装前应逐支进行工频耐压和局部放电试验

（2）监督要点解析。①绝缘拉杆的机械特性是设备监造技术监督重要的监督项目。绝缘拉杆的拉力强度如不满足要求，在长期运行中可能会发生断裂等情况，导致拒动等严重后果。绝缘拉杆拉力试验报告如图 3－19 所示。

②绝缘拉杆外观检查是设备监造技术监督重要的监督项目。断路器绝缘拉杆因材料和工艺等问题引起气泡、杂质、裂纹等缺陷，在长期运行中易发生局部放电造成绝缘劣化，最终导致绝缘击穿等严重后果。绝缘拉杆表面检查如图 3－20 所示。

④绝缘拉杆工频耐压和局部放电试验是设备监造技术监督比较重要的监督项目。工频耐压试验可检验绝缘拉杆绝缘水平，局部放电试验可发现有无结构和制造工艺缺陷。如工频耐压或局布放电试验不合格，在运行中会发生局部放电造成绝缘劣化，最终导致绝缘击穿等严重后果。工频耐压及局部放电试验报告如图 3－21 所示。

（3）监督要求。开展该项目监督主要通过现场见证及文件见证，需对照技术规范书、设计图纸及厂家工艺控制文件。

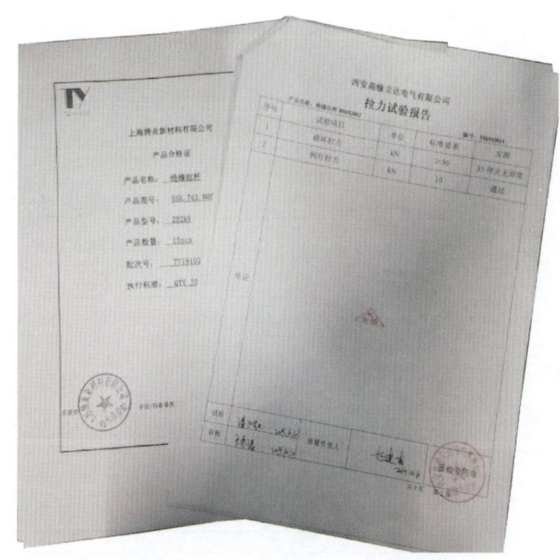

图3-19 绝缘拉杆拉力试验报告

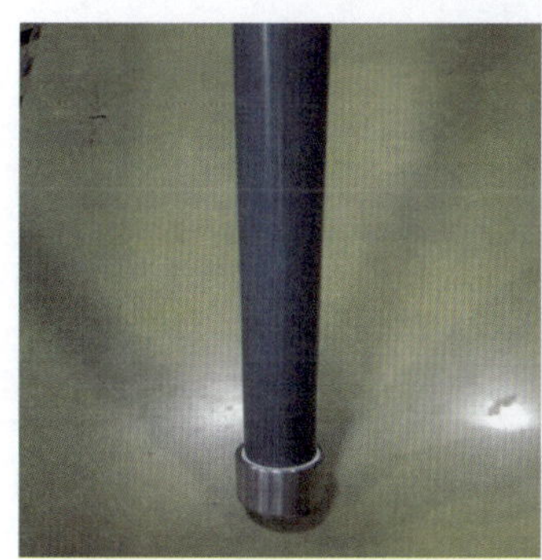
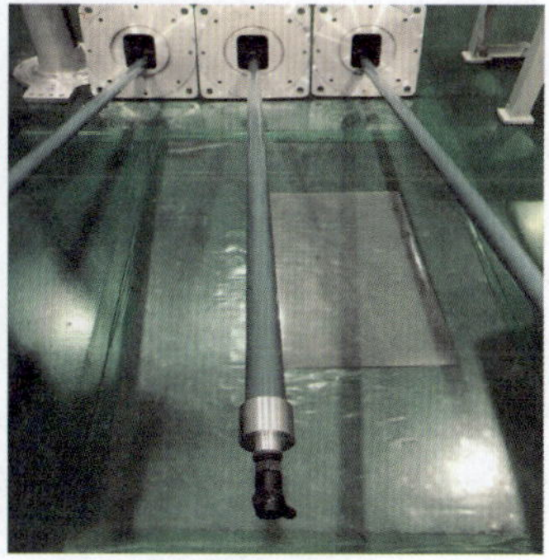

图3-20 绝缘拉杆表面检查

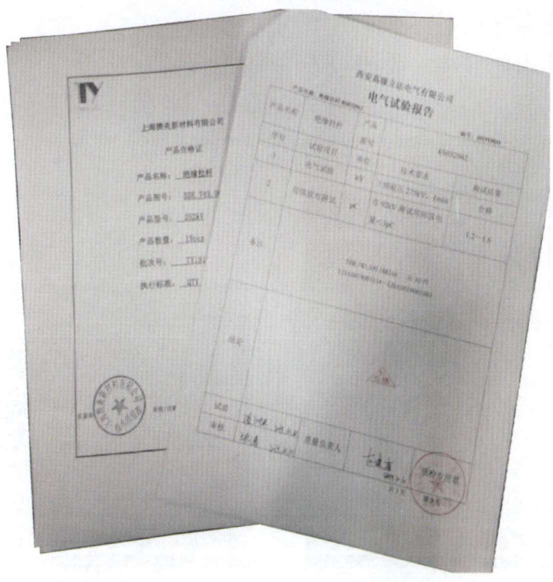

图3-21 工频耐压及局部放电试验报告

3.4.1.2 灭弧室

（1）监督内容、权重及要点见表3－11。

表3－11　　灭弧室监督内容、权重及要点

《指导书》对应序号	监督内容	权重	监 督 要 点
3.1.2	材料及组装工艺	Ⅰ	①防尘室作业条件，温度23～27℃、洁净度10000class以下、湿度70%以下
		Ⅱ	②组装前注意绝缘件表面状态，不应有异物及损伤
		Ⅳ	③触指表面、导体表面不应有伤痕、残缺；镀银层不应起皮或剥落
		Ⅲ	④活塞内聚四氟乙烯环必须可靠固定
		Ⅲ	⑤弧触头及喷口应确认合格后再安装
		Ⅱ	⑥所有的弹簧/卡簧/板簧在组装前要求干净无毛刺

（2）监督要点解析。

①防尘室作业条件是设备监造技术监督项目之一。灭弧室各个组件的装配对周围环境要求较高，空气温度、洁净度、湿度等都会影响设备的电气性能，因此灭弧室部件组装过程中对周围环境的控制非常关键，工厂安装的环境应该满足灭弧室装配要求。

洁净度：洁净度10000级（P2万级实验室即iso7级）指大于等于0.5μm的尘粒数在35000粒/m^3(35粒/L)～350000粒/m^3(350粒/L)；大于等于5μm的尘粒数在大于300粒/m^3(0.3粒/L)～3000粒/m^3(3粒/L)。

②灭弧室绝缘件是设备监造技术监督重要的监督项目。灭弧室中不合格的绝缘件会导致绝缘击穿等严重后果，应严格把控断路器绝缘件表面是否光滑、清洁、无异物，有无损伤等现象，制造工艺质量是否合格。

绝缘件如图3－22所示。

③触指和导体是设备监造技术监督非常重要的监督项目。断路器触指、导体镀银层检查是保证断路器主回路电阻正常，防止接触电阻过大的一项重要措施。不合格的镀银层将引起回路异常发热等问题，应严格监督断路器触指、导体镀银层表面是否光滑、清洁、无异物，有无损伤等缺陷。触指如图3－23所示。

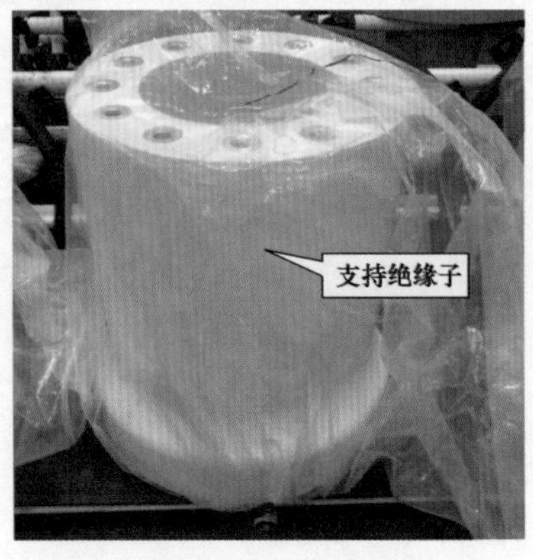

图3－22　绝缘件

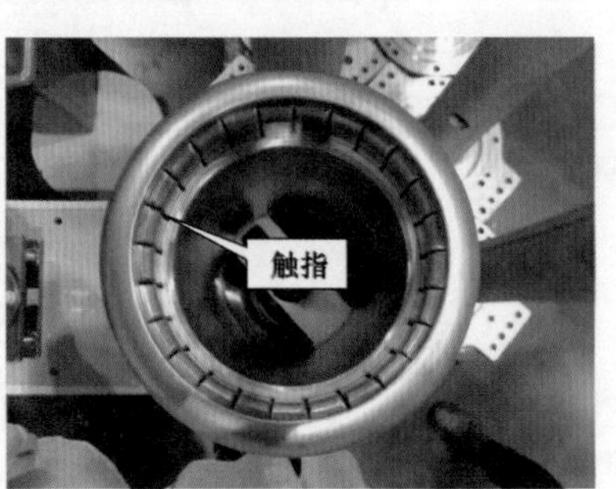

图3－23　触指

④活塞内聚四氟乙烯环是设备监造技术监督比较重要的监督项目，应确保聚四氟乙烯环在运行过程不会脱落造成事故。聚四氟乙烯环如图3-24所示。

⑤弧触头及喷口是设备监造技术监督比较重要的监督项目。应检查弧触头的合格证及检验报告；铜钨触头进厂验收、铜钨合金化学成分及物理性能（密度、硬度、电阻率、抗弯强度、金相组织）等符合标准GB 8320铜材抽样试验结果，物理试验等均符合GB/T 2040规定。

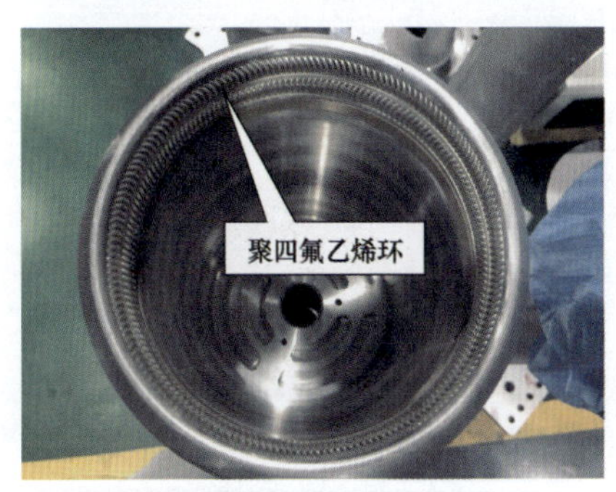

图3-24　聚四氟乙烯环

喷嘴材料进厂验收：喷口材质满足产品技术文件要求，依据GB 1030对该部件密度、依据GB/T 1040对该部件拉伸强度断裂伸长率、依据GB/T 1408.1对该部件介电强度进行文件见证。

喷口应光滑、清洁，不得有气孔、裂痕、金属杂质。复合材料或制品应采用X射线探伤检查，对每一批原材料必须按照抽样规则进行抽样检验。

现场实物如图3-25～图3-28所示。

图3-25　动弧触头

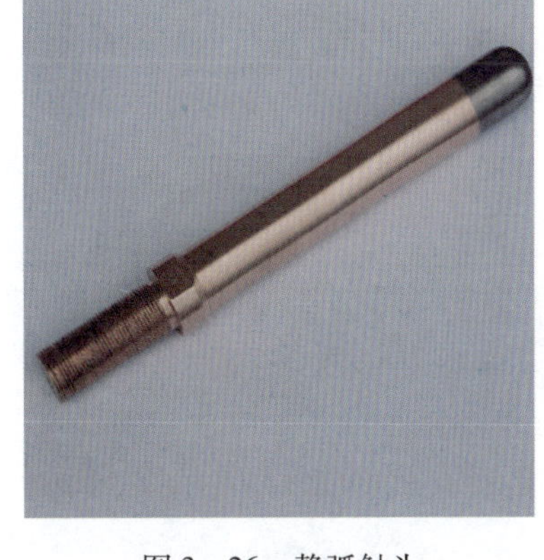

图3-26　静弧触头

图3-27　大喷口

图3-28　小喷口

⑥弹簧/卡簧/板簧组装前检查是设备监造技术监督重要的监督项目。所有的弹簧/卡簧/板簧安装前要求干净、无毛刺，擦拭及装配过程中要求使用专用手套进行。现场实物如图3－29、图3－30所示。

图3－29　弹簧

图3－30　卡簧

（3）监督要求。核查材质试验报告、验收报告及实地查看，核对设计文件、制造厂工艺质量文件、合格证。

3.4.1.3　操动机构

（1）监督内容、权重及要点见表3－12。

表3－12　　操动机构监督内容、权重及要点

《指导书》对应序号	监督内容	权重	监督要点
3.1.4	出厂合格证书及外观检查	Ⅲ	操动机构与技术规范书或技术协议中厂家、型号、规格一致，具备出厂质量证书、合格证、试验报告，进厂验收、检验记录齐全。现场检查机构内的轴、销、卡片完好，二次线连接紧固，无杂物及渗漏油等。断路器液压机构应具有防止失压后慢分慢合的机械装置

（2）监督要点解析。操动机构是设备监造技术监督重要的监督项目。设备应优先选择弹簧机构、液压机构（包括液压弹簧机构）。操动机构零部件应齐全，电动机固定牢固，二次线连接紧固，无杂物及渗漏油等。操动机构润滑差、锈蚀漏油等缺陷将直接导致机构误动、拒动。操动机构出厂检验报告和现场实物如图3－31、图3－32所示。

（3）监督要求。开展该项目监督主要通过现场见证及文件见证，需对照技术规范书、设计图纸及厂家工艺控制文件。

3.4.1.4　分、合闸回路

（1）监督内容、权重及要点见表3－13。

XD 西安西电高压开关操动机构有限责任公司 检验报告

产品型号	CYA6-3	车间	装二总装	工程号	DX18091
零件名称	CYA6-3 液压弹簧机构	图号	5KA. 459. 1130	工程名称	内蒙古超高压改造14台检修2台设备一
物料编码	5KA. 459. 1130	材质		工作号	
子批号	YG007545			打印日期	2019/8/20

测试编号	允许最小值	允许最大值	检验值	检验结果	检验人员	检验时间
测试名称	试验01—一般结构检查					
TS00019				通过	张辰	2019/08/15 18:26
测试名称	试验02-辅助回路配线检查					
TS00020				通过	张辰	2019/08/15 18:26
测试名称	试验03-压力开关与辅助开关					
TS00021				通过	张辰	2019/08/15 18:26
测试名称	试验04-加热器					
TS00022				通过	张辰	2019/08/15 18:26
测试名称	试验05-铭牌					
TS00023				通过	张辰	2019/08/15 18:26
测试名称	试验06-转换开关					
TS00032				通过	张辰	2019/08/15 18:26
测试名称	试验07-其他附属品					
TS00024				通过	张辰	2019/08/15 18:26
测试名称	试验08. 1-检查电动机、线圈、转换开关					
TS00033				通过	张辰	2019/08/15 18:26
测试名称	试验08. 2-液压机构活塞杆行程205±1mm					
TS06049	204	206	205	通过	张辰	2019/08/15 18:26
测试名称	试验08. 2. 1-行程测量油泵停止位移83. 5±1. 0					
TS06060	82. 5	84. 5	83. 3	通过	张辰	2019/08/15 18:26
测试名称	试验08. 2. 2-油泵停止压力53. 1±3MPa					

图 3－31　操动机构出厂检验报告

图 3－32　操动机构

表 3－13　　分、合闸回路监督内容、权重及要点

《指导书》对应序号	监督内容	权重	监 督 要 点
3.1.5	回路检查	Ⅲ	①断路器分闸回路不应采用 RC 加速设计
		Ⅲ	②断路器机构分、合闸控制回路不应串接整流模块、熔断器或电阻器

（2）监督要点解析。断路器的二次分闸回路采用 RC 加速设计，即由分闸线圈与一个 RC 并联部件串接而成，线圈直流电阻通常较小，在分闸回路带电时，由于电容器相当于通路，分闸线圈短时获得很大的电流，以快速启动铁心运行。该回路对二次电缆及直流系统要求较高，运行中常出现因直流电缆压降或跳闸继电器触点压降过大而拒动的故障，导致分闸失败和电阻烧毁，因此不应采用。

（3）监督要求。对照设计文件，查验合格证，现场查看实物。

3.4.1.5　外壳（罐式）

（1）监督内容、权重及要点见表 3－14。

表 3－14　　外壳（罐式）监督内容、权重及要点

《指导书》对应序号	监督内容	权重	监 督 要 点
3.1.6	1）材质检查和试验报告	Ⅰ	材料板（管）材质及厚度应符合设计图纸中的要求，外壳生产厂家应出具外壳质量证书、合格证、试验报告
	2）外观尺寸检查	Ⅰ	①外壳上各类出口法兰位置方向正确
		Ⅰ	②外壳各密封面平整、光滑，公差符合图纸要求，颜色应与技术协议一致
	3）焊接质量检查和探伤试验	Ⅱ	①焊缝饱满，无焊瘤、夹渣
		Ⅱ	②喷砂处理前，应彻底磨平和清理各部位尖角、毛刺、焊瘤和飞溅物，不留死角
		Ⅲ	③承重部位的焊缝高度符合图纸或工艺质量文件要求
		Ⅳ	④ 生产厂家应对罐式断路器罐体焊缝进行无损探伤检测，保证罐体焊缝 100% 合格，并应出具探伤试验报告
	4）压力试验	Ⅲ	试验压力和保压时间必须符合设计要求，所有外壳制造完毕后应进行压力试验，试验压力应为设计压力的 k 倍（对于焊接外壳　$k=1.3$，对于铸造外壳　$k=2.0$）。检查试品无渗漏及可见变形，试验过程中无异常声响

（2）监督要点解析。

1）外壳（罐式）材质检查和试验报告。罐式断路器外壳材质检查是设备监造技术监督项目之一。壳体为断路器灭弧室、套管、电流互感器及操动机构等部件提供支撑，为 SF_6 气体提供一个密闭的腔体，它的外形确定了断路器的整体结构和外观。壳体的材质、机械强度、材料厚度直接影响到断路器的整体机械强度，使用不合格的罐体将给设备运行留下潜在风险。

现场实物如图 3－33 所示。

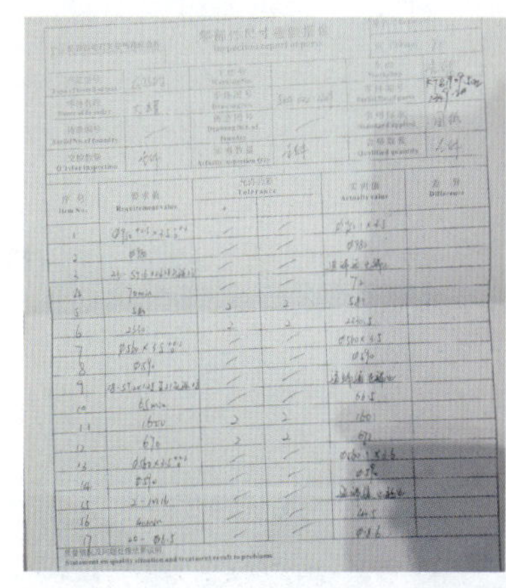

图 3－33 外壳（罐式）检验报告及外壳

3）焊接质量检查和探伤试验。③承重部位的焊缝高度是设备监造比较重要的监督项目。焊缝高度指金属板之间的缝隙，通过焊条在烧焊冷却收缩后，其金属液体在焊缝间填充的总体高度。焊接金属物体之间的焊缝高度决定了金属焊缝的抗拉力强度，承重部位的焊缝高度应符合图纸或工艺质量文件要求。罐体制造厂家应提供能够证明生产工艺满足设备制造要求的书面文件，相关文件应随设备一并交付。

④罐体焊缝无损探伤检测是技术监督非常重要的监督项目。不合格的焊缝会造成罐体漏气、机械强度差，应严格监督焊缝无损检测情况。罐体纵、环焊缝应进行 100% 超声或射线检测且检测过程符合制造厂工艺文件要求。角焊缝宜进行 100% 表面探伤，由制造厂商提供检测试验报告。

⑧罐体水压试验和气密性试验是技术监督重要的监督项目。罐体水压试验和气密性试验是保证断路器罐体承压性、气密性良好的一项重要措施，罐体试验不合格将会严重威胁设备的承压性能及绝缘性能，危及设备的安全运行。

（3）监督要求。开展该项目监督主要通过现场见证及文件见证，需对照技术规范书、设计图纸及厂家工艺控制文件。

3.4.1.6 套管（瓷柱式）

（1）监督内容、权重及要点见表 3－15。

表 3－15　　套管（瓷柱式）监督内容、权重及要点

《指导书》对应序号	监督内容	权重	监督要点
3.1.7	各项参数与外观检查	Ⅱ	实物密封面光洁，表面无损伤和裂痕，并应满足订货技术协议要求

（2）监督要点解析。套管（瓷柱式）是设备监造技术监督重要的监督项目断路器瓷套若存在裂缝、剥落或破损现象，将会对断路器运行带来较大隐患。应查阅相关合格证、试验报告等资料开展监督，确保断路器瓷套实物密封面光洁，表面无损伤和裂痕，绝缘件

质量可靠。

注意套管实际爬电距离，要满足订货技术协议要求。重点对以下内容进行核对：

1）形位公差测量、外观检查；

2）例行内压试验，无泄漏、损伤；

3）弯曲负荷试验，卸除负荷后无偏移；

4）工频干耐受试验，无闪络、无击穿；

5）孔隙性试验；

6）超声纵波探伤；

7）温度循环试验。

8）憎水性。

现场实物如图3－34所示。

图3－34　套管

（3）监督要求。查验原厂试验报告和质量保证书。现场核对实物（必要时查看制造厂的采购合同）、制造厂工艺质量文件。

3.4.1.7　盆式、支持绝缘子（罐式）

（1）监督内容、权重及要点见表3－16。

表3－16　　盆式、支持绝缘子（罐式）监督内容、权重及要点

《指导书》对应序号	监督内容	权重	监督要点
3.1.8	1）外观及尺寸检查	Ⅰ	①表面光滑、颜色均匀，无划痕、裂纹
		Ⅰ	②各部件尺寸和公差符合图纸要求
		Ⅰ	③密封面平整光滑
		Ⅱ	④嵌件导电部位镀银面无氧化、起泡、划痕
		Ⅰ	⑤螺孔内无残留物
	2）机械、密封性能试验（水压、检漏）	Ⅲ	按设计要求的压力和保压时间打水压和检漏，无渗漏、裂纹等异常
	3）探伤试验	Ⅳ	探伤结果应符合技术要求
	4）电气性能试验（耐压、局部放电）	Ⅲ	①在额定气压，试验电压220、506、500、740kV，时间为1min下，进行耐压试验，试验过程中应无破坏性放电

续表

《指导书》对应序号	监督内容	权重	监督要点
3.1.8	4）电气性能试验（耐压、局部放电）	Ⅳ	②局部放电值小于技术要求（单件≤3pC）
		Ⅲ	③126kV及以上的盆式绝缘子应逐支进行工频耐压和局部放电试验。252kV及以上的罐式断路器用盆式绝缘子还应逐支进行X光探伤检测

（2）监督要点解析。

1）外观及尺寸检查是设备监造技术监督项目之一。应检查盆式、支持绝缘子（罐式）产品合格证及试验报告，现场应认真核对产品外观及尺寸；嵌件导电部位镀银表面若达不到产品技术要求，会引起材料表面过热等隐患，所以嵌件导电部位镀银面应无氧化、起泡、划痕。

现场实物如图3－35所示。

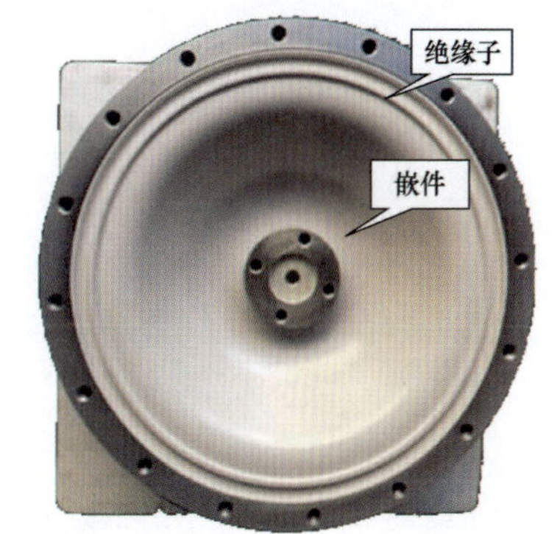

图3－35　盆式绝缘子

2）密封性能试验是设备监造技术监督比较重要的监督项目。漏气会导致断路器内SF_6气体压力降低，影响其绝缘和灭弧性能，而密封性能试验能及时发现设备的泄漏隐患。

3）探伤试验是设备监造技术监督非常重要的监督项目。探伤能准确识别盆式绝缘子的裂纹、气泡等缺陷，是一种安全高效、准确可行的缺陷检测方法。

4）电气性能试验。①耐压试验是设备监造技术监督比较重要的监督项目。耐压试验是检验盆式绝缘子绝缘水平，衡量其承受过电压能力的重要试验方法。②局部放电试验是设备监造技术监督非常重要的监督项目。局部放电试验能发现绝缘件表面清洁程度、是否有划伤和毛刺等缺陷。

（3）监督要求。开展本项目监督时，通过查阅设备招标技术规范书、工程初步设计报告和供应商投标文件来判断断路器绝缘件是否合格。核查试验报告、合格证，对照技术协议、国家及电力行业标准、供货商工厂标准，现场查看试验过程。

3.4.1.8　SF_6密度继电器

（1）监督内容、权重及要点见表3－17。

表3－17　SF_6密度继电器监督内容、权重及要点

《指导书》对应序号	监督内容	权重	监督要点
3.1.9	外部特性	Ⅲ	①252kV及以上断路器每相应安装独立的密度继电器。户外断路器应采取防止密度继电器二次接头受潮的防雨措施

续表

《指导书》对应序号	监督内容	权重	监督要点
3.1.9	外部特性	Ⅲ	②应有自封接头，方便现场拆卸；密度继电器与开关设备本体之间的连接方式应满足不拆卸校验密度继电器的要求
		Ⅱ	③质量证明书和试验报告应符合订货技术协议要求
		Ⅲ	④密度继电器应装设在与被监测气室处于同一运行环境温度的位置。对于严寒地区的设备，其密度继电器应满足环境温度在 -40 ~ -25℃时准确度不低于2.5级的要求。充气口保护封盖的材质应与充气口材质相同，防止电化学腐蚀。充气接头材质不应采用2系铝合金（铜合金）及7系铝合金（锌合金）

（2）监督要点解析。①密度继电器防雨措施是设备监造技术监督比较重要的监督项目。户外安装的密度继电器应设置防雨罩，密度继电器防雨罩应能将指示仪表、控制电缆接线端子一起放入，防止指示仪表、控制电缆接线盒和充放气接口进水受潮。

现场实物如图3-36所示。

②密度继电器自封接头是设备监造技术监督比较重要的监督项目。由于大多数密度继电器与止回阀或接口之间的密封都采用密封垫及密封胶，如果经常拆卸势必造成密封垫及密封胶损伤，致使SF_6电气设备发生漏气。

密度继电器的连接设计应满足不拆卸校验的要求，这样就可以避免拆卸造成的密封不严、气体泄漏等问题的发生；是保证密度继电器能正常工作，防止误报警、误闭锁及进水受潮失灵等的有效手段。

现场实物如图3-37所示。

图3-36　密度继电器防雨罩

图3-37　密度继电器自封接头

③查验质量证明书和试验报告是设备监造技术监督重要的监督项目。重点核实“0”位误差、超压报警压力、额定压力、补气压力、闭锁压力、基本误差、回差、渗漏率、温度补偿、绝缘耐压 AC2kV、绝缘电阻、油密封性。

提示：制造厂应给出补气报警密度值，断路器室应给出闭锁断路器分、合闸的密度值。

④SF_6气体密度继电器安装位置检查，充气口、保护盖材质检查是设备监造技术监督比较重要的监督项目。在不同温度下，相同密度的气体压力不同，为保证密度继电器真实反映断路器本体 SF_6气体压力，密度继电器应装设在与断路器本体同一运行环境温度的位置。

充气接头与保护盖如选用不同材质材料，由于导电率不同，会导致运行中发生电化学腐蚀效应，破坏断路器密封性。充气接头在设备运行中承受与断路器的主件相同的压力，其运行环境也相同。而 2 系铝合金（铜合金）及 7 系铝合金（锌合金）存在腐蚀倾向，在设备运行中，特别是设备所在地区有化工、火电、焦化等腐蚀源时，充气接头会发生腐蚀，破坏组合电器密封性，甚至引发绝缘事故，严重影响设备安全。

（3）监督要求。现场查验实物，并查验原厂质量证明书和试验报告、进厂验收记录并与订货技术协议及标准对照。

3.4.1.9 压力释放装置

（1）监督内容、权重及要点见表 3－18。

表 3－18 压力释放装置监督内容、权重及要点

《指导书》对应序号	监督内容	权重	监督要点
3.1.10	参数特性	Ⅱ	①外观应完好，布置方向应不朝向人和其他设备
	参数特性	Ⅱ	②防爆片材质压力释放值应符合设计要求

（2）监督要点解析。①压力释放装置是设备监造技术监督重要的监督项目。其不合理的设置可能会导致人员或设备安全事故，应在设备组装阶段严格把控压力释放装置布置方向，不应朝向人和其他设备。现场实物如图 3－38 所示。

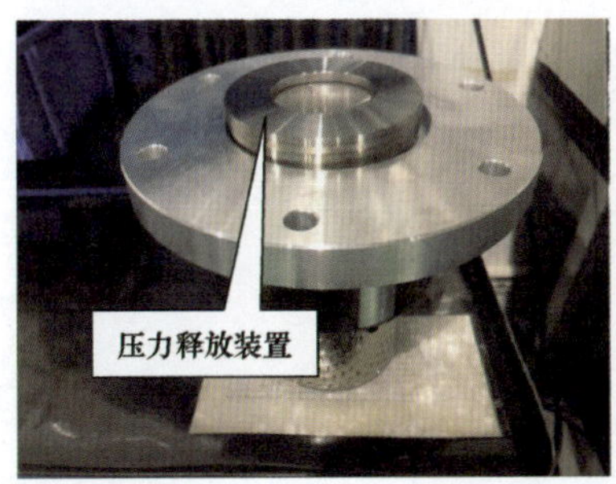

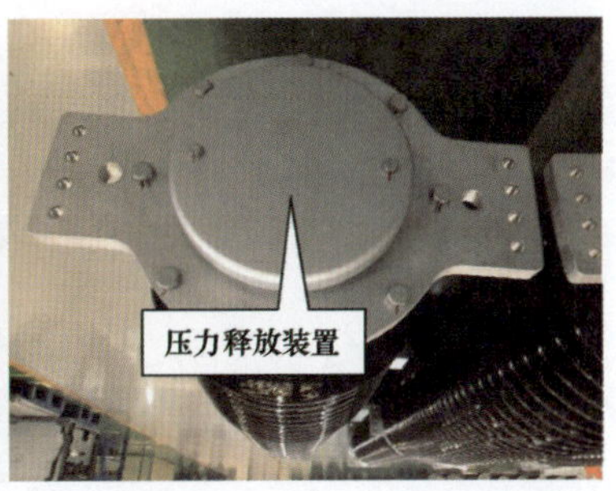

图 3－38 压力释放装置

图 3-39　防爆片

②防爆片材质压力释放值是设备监造技术监督重要的监督项目。防爆片应在规定压力下可靠动作。在设定的爆破压力差下，爆破片两侧压力差达到预设定值时，爆破片即刻动作并泄放 SF_6 气体。现场实物如图 3-39 所示。

（3）监督要求。查验原厂质量证明书和检验报告、进厂验收记录并与设计要求对照。

3.4.1.10　吸附剂及安装吸附剂的防护罩

（1）监督内容、权重及要点见表 3-19。

表 3-19　吸附剂及安装吸附剂的防护罩监督内容、权重及要点

《指导书》对应序号	监督内容	权重	监督要点
3.1.11	各项参数	Ⅱ	吸附剂罩的材质应选用不锈钢或其他高强度材料，不应采用塑料材质（Q/GDW 11717—2017 第 11.2.2 条）。吸附剂应选用不易粉化的材料并装于专用袋中，绑扎牢固

（2）监督要点解析。吸附剂及安装吸附剂的防护罩是设备监造技术监督项目之一。断路器内放置吸附剂的目的是吸收 SF_6 气体中的水分和因电弧作用产生的有毒分解物。由于断路器动作时产生的高温电弧会使灭弧室内的 SF_6 气体分解，生成 SOF_2、SO_2 等有毒物质，使 SF_6 气体的绝缘性能下降，并危及人的安全，故必须放置吸附剂。吸附剂罩的材质选取不合适，在设备投运后会因机械强度不足、紧固方法不当或吸附剂填充过多等原因造成吸附剂罩破损、断裂，引发设备故障。

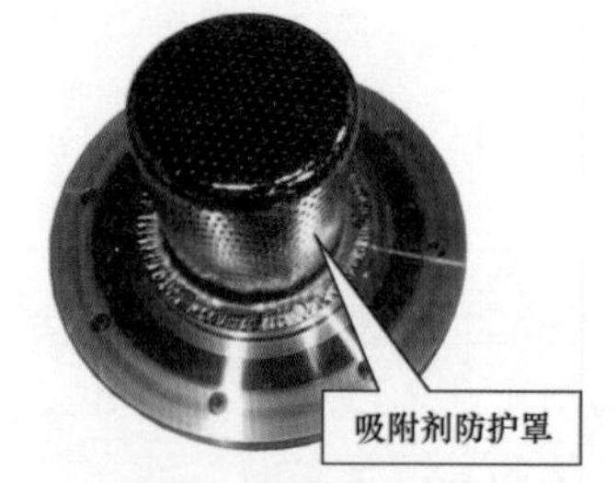

图 3-40　防护罩

现场实物如图 3-40 所示。

（3）监督要求。查验原厂质量证明书及检验报告，并现场查验实物。

3.4.1.11　密封圈

（1）监督内容、权重及要点见表 3-20。

表 3-20　密封圈监督内容、权重及要点

《指导书》对应序号	监督内容	权重	监督要点
3.1.12	外观质量	Ⅰ	与技术协议要求一致，表面光滑，尺寸符合图纸要求

(2) 监督要点解析。密封圈是设备监造技术监督项目之一。密封圈表面应光滑，密封不良将导致设备漏气缺陷，直接影响设备运行性能。核查技术协议、尺寸符合图纸要求。

现场实物如图3-41所示。

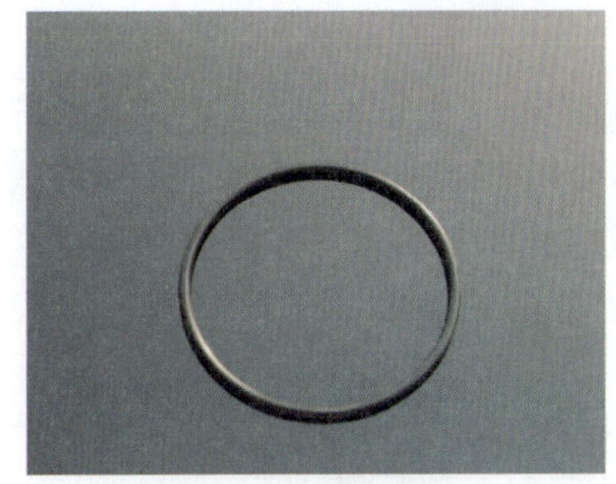

图3-41 密封圈

(3) 监督要求。查验原厂质量证明书及检验报告，并现场查验实物。

3.4.2 断路器组瓷柱式断路器本体组装监造要点

3.4.2.1 静、动触头

(1) 监督内容、权重及要点见表3-21。

表3-21 静、动触头监督内容、权重及要点

《指导书》对应序号	监督内容	权重	监督要点
3.2.1	组装工艺	Ⅲ	①静、动触头清洁，无金属毛刺，圆角过渡圆滑，镀银面无氧化、起泡等缺陷
		Ⅲ	②触头开距等机械行程尺寸应满足产品设计要求

图3-42 动、静触头

(2) 监督要点解析。①静、动触头是设备监造技术监督非常重要的监督项目。静、动触头及镀银层不合格会造成主回路接触不良，合闸电阻超标，引起回路发热。

现场实物如图3-42所示。

②触头开距是设备监造技术监督非常重要的监督项目。开距是断路器的技术参数，是指触头处于完全断开位置时，动、静触头间的最短距离。其作用是保证触头断开之后有必要的安全绝缘间隔。

(3) 监督要求。对照技术协议、供货商设计图纸、工厂标准，观察（记录）操作工艺实施情况。

3.4.2.2 灭弧室

(1) 监督内容、权重及要点见表3-22。

表3-22 灭弧室监督内容、权重及要点

《指导书》对应序号	监督内容	权重	监督要点
3.2.2	组装工艺	Ⅲ	①灭弧室零部件清洗干净，表面光滑，无磕碰划伤
		Ⅲ	②各零部件连接部位螺栓压接牢固，满足力矩要求
		Ⅲ	③SF_6灭弧室吸附剂固定牢固

（2）监督要点解析。灭弧室静、动触头的组装工艺质量检查是设备监造技术监督重要的监督项目。断路器灭弧室静、动触头存在金属毛刺会在运行中造成放电现象；静触头侧会为合闸提供一定的夹紧力；圆角过渡光滑可以有效防止静、动触头在接触过程中造成机械损伤导致发热；同时镀银层氧化、起泡也会引起回路异常发热等问题发生。

现场实物如图3－43、图3－44所示。

图3－43　灭弧室组装

图3－44　吸附剂罩

（3）监督要求。对照技术协议、设计图纸、制造厂标准、工艺文件，现场查看操作工艺实施情况。

3.4.2.3　合闸电阻（如有）

（1）监督内容、权重及要点见表3－23。

表3－23　合闸电阻监督内容、权重及要点

《指导书》对应序号	监督内容	权重	监督要点
3.2.3	组装工艺	Ⅳ	电阻片无裂痕、破损，电阻值符合制造厂规定；辅助触头应进行不少于200次的机械操作试验，以保证充分磨合

（2）监督要点解析。合闸电阻是设备监造技术监督非常重要的监督项目。合闸电阻的接入时间不满足标准要求，将导致合闸电阻对操作过电压的抑制作用失去效果，导致系统中存在过电压。辅助触头操作时触头金属碎屑将引发对地故障，因此要对辅助触头进行不少于200次的机械操作试验，以保证触头充分磨合，对操动机构进行充分润滑。

（3）监督要求。对照技术协议、设计图纸、制造厂标准、工艺文件，现场查看操作工艺实施情况。

3.4.2.4　并联电容（如有）

（1）监督内容、权重及要点见表3－24。

表3-24 并联电容监督内容、权重及要点

《指导书》对应序号	监督内容	权重	监督要点
3.2.4	安装工艺	Ⅱ	①电容器完好、干净，无裂纹、破损
		Ⅲ	②断路器断口均压电容器组装前应按规程完成电容值、高压介质损耗测量及耐压试验，试验结果应满足技术协议要求

（2）监督要点解析。①电容器外观检查是设备监造技术监督重要的监督项目。电容器表面出现裂纹、破损，会导致绝缘击穿，影响设备安全稳定运行。

②断路器断口均压电容器是设备监造技术监督比较重要的监督项目。耐压试验主要考核并联电容器的绝缘性能，如果并联电容器绝缘性能过低，运行时可能存在绝缘击穿的风险；介质损耗不合格表明并联电容内部有受潮缺陷，也会存在绝缘击穿的风险；而并联电容器电容量相差过大，将导致断口电压分配不均，导致单个断口击穿，进而导致断路器击穿。

（3）监督要求。对照技术协议、设计图纸、制造厂标准、工艺文件，现场查看操作工艺实施情况。

3.4.2.5 极柱

（1）监督内容、权重及要点见表3-25。

表3-25 极柱监督内容、权重及要点

《指导书》对应序号	监督内容	权重	监督要点
3.2.5	组装工艺	Ⅱ	中心距离误差≤5mm

（2）监督要点解析。极柱是设备监造技术监督重要的监督项目。极柱的中心距离是判断断路器套管安装位置是否正确合理的依据。如果中心距离误差过大，会引起断路器不对称。现场实物如图3-45所示。

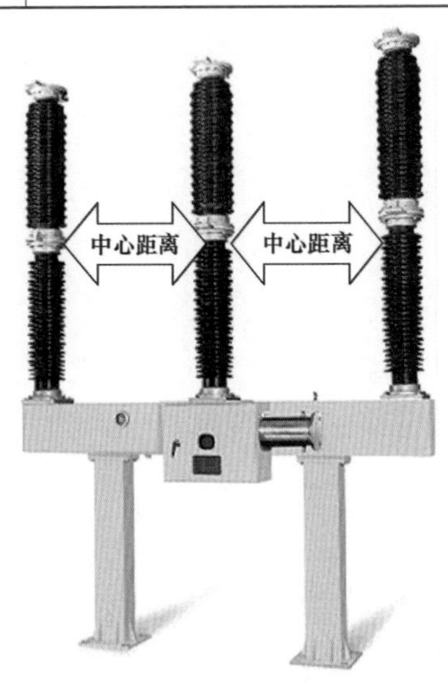

图3-45 断路器极柱距离

（3）监督要求。对照技术协议、设计图纸、制造厂标准、工艺文件，现场查看操作工艺实施情况。

3.4.3 断路器组瓷柱式断路器控制箱和机构箱组装监造

3.4.3.1 各部件组装监造

（1）监督内容、权重及要点见表3-26。

表 3-26 各部件组装监督内容、权重及要点

《指导书》对应序号	监督内容	权重	监督要点
3.3.1	组装工艺	Ⅱ	各部位安装牢靠，连接部位螺栓压接牢固，满足力矩要求，平垫、弹簧垫齐全，螺栓外露长度符合设计图纸要求

（2）监督要点解析。①各部件组装是设备监造技术监督重要的监督项目。用于法兰连接紧固的螺栓，紧固后螺纹一般应露出螺母 2～3 圈，各螺栓、螺纹连接件应按要求涂胶并紧固、画标志线。

（3）监督要求。开展该项目监督主要通过现场见证，需对照技术规范书、设计图纸及厂家工艺控制文件。

3.4.3.2 机构箱组装监造

（1）监督内容、权重及要点见表 3-27。

表 3-27 机构箱组装监督内容、权重及要点

《指导书》对应序号	监督内容	权重	监督要点
3.3.3	组装工艺	Ⅱ	①外观完整、无损伤、接地良好，箱门与箱体之间的接地连接软铜线（多股）截面积不小于 $4mm^2$
		Ⅱ	②各空气开关、熔断器、接触器等元器件标识齐全正确
		Ⅱ	③机构箱开合顺畅，密封胶条安装到位，应有效防止尘、雨、雪、小虫和动物的侵入；防护等级不低于 IP45W；顶部应设防雨檐，顶盖采用双层隔热布置
		Ⅰ	④机构箱清洁无杂物
		Ⅰ	⑤机构中金属元件无锈蚀
		Ⅲ	⑥机构箱内交、直流电源应有绝缘隔离措施
		Ⅱ	⑦机构箱内二次回路的接地应符合规范，并设置专用的接地排
		Ⅱ	⑧机构箱内若配有通风设备，应功能正常；若有通气孔，应确保形成对流
		Ⅲ	⑨分相弹簧机构断路器的防跳继电器、非全相继电器不应安装在机构箱内，应装在独立的汇控箱内
		Ⅲ	⑩采用双跳闸线圈机构的断路器，两只跳闸线圈不应共用衔铁，且线圈不应叠装布置

（2）监督要点解析。⑥机构箱内交、直流绝缘隔离措施是设备监造技术监督比较重要的监督项目。机构箱内应避免交、直流接线出现在同一段或串端子排上。如交流串入直流，危及变电站全站的直流系统，易造成保护误动或全站保护拒动事故。现场实物如图 3-46所示。

⑦机构箱内二次回路接地方式是设备监造技术监督重要的监督项目。箱体底部应设有截面积不小于 100mm^2 的铜排，电缆屏蔽均接在铜排上。接地铜排应用截面积不小于 50mm^2 的铜缆与箱体下的电缆沟内等电位接地网相连，连接方式采用冷压接。现场实物如图 3-47 所示。

图 3-46 交、直流绝缘隔离措施

图 3-47 机构箱内接地排

⑨分相弹簧机构断路器的防跳继电器、非全相继电器安装是设备监造技术监督比较重要的监督项目。布置在弹簧机构箱内的防跳继电器、非全相继电器在断路器操作过程中可能受振动误动。Q/GDW 11074—2013《开关设备技术监督导则》5.7 规定安装调试阶段“断路器防跳继电器、非全相继电器的安装应能避免振动造成的影响，不允许采用挂箱方式安装在断路器的支架上，应独立落地安装或装在汇控箱内”。

⑩采用双跳闸线圈机构的断路器，两只跳闸线圈不应共用衔铁是设备监造技术监督比较重要的监督项目。双分闸线圈应分别设置独立衔铁，确保两套独立脱扣。在发生动铁心卡滞等故障时，共用衔铁、叠装布置的双跳闸线圈将同时失效，不能起到双重冗余配置的作用。线圈叠装布置时，如一套线圈产生过热故障，将对另外一套线圈造成影响。

（3）监督要求。开展该项目监督主要通过现场见证及文件见证，需对照技术规范书、设计图纸及厂家工艺控制文件。

3.4.3.3 加热驱潮、照明装置监造

（1）监督内容、权重及要点见表 3-28。

表 3-28 加热驱潮、照明装置监督内容、权重及要点

《指导书》对应序号	监督内容	权重	监 督 要 点
3.3.4	组装工艺	Ⅲ	①机构箱、汇控柜内所有的加热元件应是非暴露型的；加热器、驱潮装置及控制元件的绝缘应良好；加热器与各元件、电缆及电线的距离应大于 50mm；温、湿度控制器等二次元件应采用阻燃材料，取得 3C 认证项目检测报告或通过与 3C 认证同等的性能试验。外壳绝缘材料阻燃等级应满足 V-0 级，并提供第三方检测报告。时间继电器不应选用气囊式时间继电器
		Ⅱ	②加热驱潮装置应按照设定温、湿度自动投入
		Ⅱ	③照明装置应工作正常

图 3－48　箱体内加热装置

（2）监督要点解析。加热驱潮、照明装置是设备监造技术监督比较重要的监督项目。断路器机构箱、汇控柜内应装设加热、驱潮装置，防止机构箱、汇控柜内产生凝露，避免二次设备绝缘降低或锈蚀。加热、驱潮装置的电源应独立设置，保证装置的供电可靠性。现场实物如图 3－48 所示。

（3）监督要求。开展该项目监督主要通过现场见证及文件见证，需对照技术规范书、设计图纸及厂家工艺控制文件。

3.4.4　断路器组罐式断路器本体组装监造要点

解析参照断路器 3.4.2。

3.4.5　断路器组罐式断路器控制箱和机构箱组装监造

解析参照断路器 3.4.3。

3.4.6　断路器组出厂试验监造

3.4.6.1　主回路绝缘试验

（1）监督内容、权重及要点见表 3－29。

表 3－29　主回路绝缘试验监督内容、权重及要点

《指导书》对应序号	监督内容	权重	监督要点
3.6.1	1）耐压试验	Ⅳ	①在断路器 SF_6 气体额定压力下进行，在分、合闸状态下分别进行；1min 交流耐受电压（相间（如有）、相对地、断口），耐压试验的试验方案满足相关标准要求，试验过程中应无破坏性放电
	2）局部放电测量	Ⅳ	②罐式断路器局部放电试验应在所有其他绝缘试验后进行，局部放电量不大于 5pC
	3）雷电冲击试验	Ⅲ	③雷电冲击耐受试验： a. 220kV 及以上罐式断路器应进行正负极性各 3 次的雷电冲击耐受试验，试验过程中应无发生放电现象。 b. 550kV 断路器设备应进行正负极性各 3 次的雷电冲击耐受试验，试验过程中应无发生放电现象

（2）监督要点解析。主回路绝缘试验是设备监造技术监督非常重要的监督项目。

1）耐压试验是鉴定设备绝缘强度最有效和最直接的试验项目。对断路器进行耐压试验的目的是检测断路器的安装质量，考核断路器的绝缘强度。

2）局部放电试验有助于检查断路器内部固体颗粒、悬浮部件、绝缘子上的裂缝及导电杆、壳体上的毛刺等多种缺陷，能够检测到断路器制造与安装过程中引入的绝缘缺陷。

3）雷电冲击试验是模拟发生在电力系统中的雷电波的电压波形而进行的试验，其主要目的是考核断路器耐受雷电过电压的能力。雷电冲击试验能发现设备安装过程中绝缘件表面清洁程度、导体和壳体是否存在划伤、毛刺等缺陷，保证设备达到设计的绝缘水平。

（3）监督要求。核查试验报告、合格证，对照技术协议、国家及电力行业标准、供货商工厂标准，并现场查看试验过程。

3.4.6.2 辅助和控制回路绝缘试验

（1）监督内容、权重及要点见表3－30。

表3－30 辅助和控制回路绝缘试验监督内容、权重及要点

《指导书》对应序号	监督内容	权重	监督要点
3.6.2	1）耐压试验	Ⅲ	①耐压试验：试验电压为2000V持续时间1min，应无放电现象
	2）绝缘电阻测试	Ⅲ	②绝缘电阻测试：用1000V兆欧表进行绝缘试验，绝缘电阻应符合产品技术规定

（2）监督要点解析。辅助和控制回路绝缘试验是设备监造技术监督非常重要的监督项目。能够发现回路接线受潮、破皮，元器件绝缘不合格等问题。

（3）监督要求。核查试验报告、合格证，对照技术协议、国家及电力行业标准、供货商工厂标准，并现场查看试验过程。

3.4.6.3 主回路电阻测量

（1）监督内容、权重及要点见表3－31。

表3－31 主回路电阻测量监督内容、权重及要点

《指导书》对应序号	监督内容	权重	监督要点
3.6.3	测量A、B、C三相主回路的电阻	Ⅳ	主回路电阻测量应该尽可能在与其型式试验时相似的条件下进行，试验电流≥100A，测得的电阻不应超过温升试验前测得的电阻的1.2倍，并符合厂内工艺文件要求

（2）监督要点解析。主回路电阻测量是设备监造技术监督非常重要的监督项目。

主回路电阻测量是考核断路器主回路是否良好接触的重要试验项目，主要检查回路有无接触性缺陷，是否接触良好，接触面是否存在氧化层。主回路电阻过高将会导致导电回路异常发热甚至烧蚀等严重情况。

（3）监督要求。核查试验报告、合格证，对照技术协议、国家及电力行业标准、供货商工厂标准，并现场查看试验过程。

3.4.6.4 密封试验

（1）监督内容、权重及要点见表3－32。

表3－32 密封试验监督内容、权重及要点

《指导书》对应序号	监督内容	权重	监督要点
3.6.4	各密封面密封性检查	Ⅲ	年泄漏率小于0.5%

（2）监督要点解析。密封试验是设备监造技术监督比较重要的监督项目。设备漏气会

导致断路器内 SF_6气体压力降低，影响其绝缘和灭弧性能，使断路器不能开断正常或故障电流，而检漏试验能及时发现设备的泄漏隐患。

（3）监督要求。核查试验报告、合格证，对照技术协议、国家及电力行业标准、供货商工厂标准，并现场查看试验过程。

3.4.6.5 SF_6气体含水量测量

（1）监督内容、权重及要点见表 3－33。

表 3－33　SF_6气体含水量测量监督内容、权重及要点

《指导书》对应序号	监督内容	权重	监督要点
3.6.5	试验结果符合技术文件要求	Ⅳ	220～500kV 设备：SF_6气体含水量的测定应在断路器充气 24h 后进行，且测量时环境相对湿度不大于 80%。SF_6气体含水量（20℃的体积分数）应符合下列规定：与灭弧室相通的气室，应小于 150μL/L、其他气室小于 250μL/L

（2）监督要点解析。SF_6气体的含水量测量是设备监造技术监督非常重要的监督项目。大气中的水分侵入断路器使固体介质表面受潮，当 SF_6气体含水量达到一定数值后，会使断路器绝缘性能下降，并产生腐蚀性很强的氢氟酸，硫酸和其他毒性很强的化学物质，危及人身和设备安全。

（3）监督要求。核查试验报告、合格证，对照技术协议、国家及电力行业标准、供货商工厂标准，并现场查看试验过程。

3.4.6.6 机械操作和机械特性试验

（1）监督内容、权重及要点见表 3－34。

表 3－34　机械操作和机械特性试验监督内容、权重及要点

《指导书》对应序号	监督内容	权重	监督要点
3.6.6	①分、合闸时间 ②合分时间 ③同期性 ④分、合闸速度 ⑤机械操作次数 ⑥最高/低控制电压下操作试验	Ⅳ	①机械特性： a. 机构速度特性、分合闸时间、分合闸同期性均应符合产品技术条件要求；对 252kV 及以上断路器，合分时间应满足投标文件要求。 b. 出厂试验时应进行不少于 200 次的机械操作试验（其中每 100 次操作试验的最后 20 次应为重合闸操作试验），以保证触头充分磨合。200 次操作完成后应彻底清洁壳体内部，再进行其他出厂试验。 c. 出厂试验时应记录设备的机械特性行程曲线，并与参考的机械特性行程曲线进行对比，应一致。 d. 合闸电阻的接入时间应符合制造厂规定
		Ⅲ	②操作电压校核： a. 合闸装置在额定电源电压的 85%～110% 范围内，应可靠动作。 b. 分闸装置在额定电源电压的 65%～110%（直流）或 85%～110%（交流）范围内，应可靠动作。 c. 当电源电压低于额定电压的 30% 时，分闸装置不应脱扣

（2）监督要点解析。机械操作和机械特性试验是设备监造技术监督非常重要的监督项目。断路器的分合闸速度、时间、不同期程度及合闸线圈的动作电压，直接影响断路器的关合和开断性能，并且对继电保护，自动重合闸带来较大影响。

（3）监督要求。核查试验报告、合格证，对照技术协议、国家及电力行业标准、供货商工厂标准，并现场查看试验过程。

3.4.6.7 分、合闸线圈直流电阻试验

（1）监督内容、权重及要点见表3－35。

表3－35 分、合闸线圈直流电阻试验

《指导书》对应序号	监督内容	权重	监督要点
3.6.11	试验过程	Ⅲ	断路器分、合闸线圈的直流电阻应符合技术条件要求

（2）监督要点解析。分、合闸线圈直流电阻试验是设备监造技术监督比较重要的监督项目。分、合闸线圈直流电阻不合格会造成断路器分合不到位或拒动，而且还会影响断路器正常的分合闸时间。

（3）监督要求。核查试验报告、合格证，对照技术协议、国家及电力行业标准、供货商工厂标准，并现场查看试验过程。

3.4.6.8 分、合闸线圈绝缘性能

（1）监督内容、权重及要点见表3－36。

表3－36 分、合闸线圈绝缘性能监督内容、权重及要点

《指导书》对应序号	监督内容	权重	监督要点
3.6.12	试验结果符合产品技术条件要求	Ⅱ	使用1000V绝缘电阻表进行测试，应符合产品技术条件且不低于10MΩ

（2）监督要点解析。分、合闸线圈绝缘性能是设备监造技术监督重要的监督项目。分、合闸线圈绝缘性能不良会引发局部过热或匝间短路，导致线圈烧毁，引起断路器拒动。

（3）监督要求。核查试验报告、合格证，对照技术协议、国家及电力行业标准、供货商工厂标准，并现场查看试验过程。

3.4.7 断路器金属专业现场监督

3.4.7.1 主触头

（1）监督内容、权重及要点见表3－37。

表3－37 主触头监督内容、权重及要点

《指导书》对应序号	监督内容	权重	监督要点
3.7.1	材质、镀层	Ⅳ	主触头的材质应为牌号不低于T2的纯铜，主触头应镀银

（2）监督要点解析。断路器主触头自身的材质及表面镀层的材质是设备监造技术监督非常重要的监督项目。断路器触头材质及镀层材质不符可能导致该类设备出现发热现象，危及设备安全运行。应严格检测主触头材质及镀层材质，防止接触电阻偏大。现场监督选用X射线荧光法，采用X射线荧光光谱分析仪进行材质分析，检测依据DL/T 991—2006《电力设备金属光谱分析技术导则》，质量判定依据DL/T 1424—2015《电网金属技术监督规程》6.1.2a）条规定，主触头的材质应为牌号不低于T2的纯铜，主触头应镀银，镀银质量应符合设计要求。

（3）监督要求。开展本项目监督时，可采取现场抽检方式进行监督。测量断路器主触头材质及镀层材质时，每个工程抽检1～3件，每件检测6点；对不合格件进行整批更换，对更换后的设备进行复测，合格后方可使用。

3.4.7.2 户外汇控柜、机构箱

（1）监督内容、权重及要点见表3－38。

表3－38 户外汇控柜、机构箱监督内容、权重及要点

《指导书》对应序号	监督内容	权重	监督要点
3.7.2	1）材质	Ⅳ	①材质应为06Cr19Ni10的奥氏体不锈钢或耐蚀铝合金，不能使用2系或7系铝合金
	2）厚度	Ⅳ	②公称厚度不应小于2mm，厚度偏差应符合GB/T 3280的规定，如采用双层设计，其单层厚度不得小于1mm

（2）监督要点解析。户外汇控柜、机构箱材质及厚度是设备监造技术监督非常重要的监督项目。采用X射线荧光光谱分析仪进行材质分析，检测依据DL/T 991—2006《电力设备金属光谱分析技术导则》；采用超声波测厚仪进行厚度测量，检测依据GB/T 11344—2008《无损检测　接触式超声脉冲回波法测厚方法》。判定依据Q/GDW 11717—2017《电网设备金属技术监督导则》第16.3.1条规定，户外密闭箱体（控制、操作及检修电源箱等）应具有良好防腐性能，其材质应为06Cr19Ni10的奥氏体不锈钢或耐蚀铝合金，不能使用2系或7系铝合金，其公称厚度不应小于2mm，厚度偏差应符合GB/T 3280《不锈钢冷轧钢板和钢带》的规定，如采用双层设计，其单层厚度不得小于1mm。

（3）监督要求。开展本项目监督时，可采用现场抽检的方式进行监督。每个工程抽取1～3个箱体进行检测，材质检测时，每件逐面进行检测；厚度测量时，每个箱体正面、反面、侧面各选择不少于5个点检测。对不合格的箱体进行整批更换，对更换后的设备进行复测，合格后方可使用。

3.4.7.3 接线螺栓

（1）监督内容、权重及要点见表3－39。

表 3-39　　接线螺栓监督内容、权重及要点

《指导书》对应序号	监督内容	权重	监督要点
3.7.3	材质	Ⅳ	二次回路的接线螺栓应无磁性，采用铜质或耐腐蚀性能不低于06Cr19Ni10的奥氏体不锈钢

（2）监督要点解析。紧固件材质测量是设备监造技术监督非常重要的监督项目。螺栓等紧固件是机械设备中最为常见的零部件，其作用至关重要。采用X射线荧光光谱分析仪进行材质分析，检测依据DL/T 991—2006《电力设备金属光谱分析技术导则》；判定依据Q/GDW 11717—2017《电网设备金属技术监督导则》8.2.5条款规定：二次回路的接线螺栓应无磁性，宜采用铜质或耐腐蚀性能不低于06Cr19Ni10的奥氏体不锈钢。

（3）监督要求。开展本项目监督时，可采用现场抽检的方式进行监督。每个工程每种规格的螺栓随机抽取3件进行检测，每件检测不少于1点。对不合格的螺栓进行整批更换，对更换后的设备进行复测，合格后方可使用。

第4章　组　合　电　器

4.1　基本知识

4.1.1　组合电器分类

组合电器是指将两种或两种以上的高压电气设备，按电力系统主接线要求组成一个有机的整体而各电器设备元件仍能保持原规定功能的装置，主要包括气体绝缘全封闭组合电器、气体绝缘金属封闭组合电器和即插接式开关装置三种类型。

1. 气体绝缘全封闭组合电器（GIS）

GIS（Gas Insulated Switchgear）是气体绝缘全封闭组合电器的英文简称。GIS 设备是将断路器、隔离开关、接地开关、互感器、母线等功能单元全部封闭在完整并接地的金属壳体内，以 SF_6气体或其他气体作为绝缘介质的一种成套开关设备和控制设备。GIS 结构及实物图如图 4-1 所示。

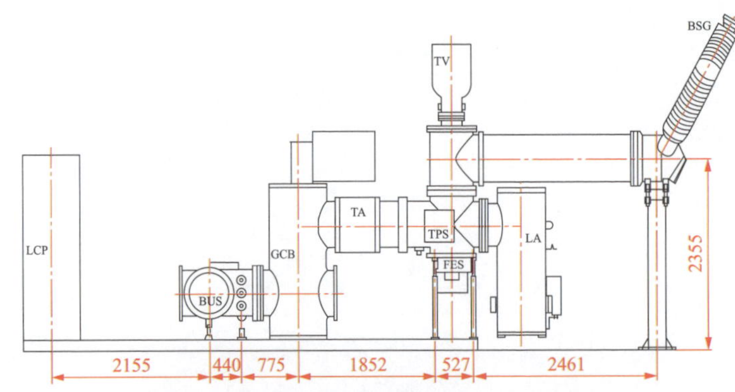

（a）结构图

（b）实物图

图 4-1　GIS 结构及实物图

GCB—断路器；FES—快速接地开关；BUS—主母线；LA—避雷器；BSG—套管；LCP—控制柜；TPS—三工位隔离接地开关；TA—电流互感器；TV—电压互感器

2. 气体绝缘金属封闭组合电器（HGIS）

HGIS（Hybrid Gas Insulated Switchgear）是一种介于 GIS 和 AIS（Air Insulated Switchgear，空气绝缘的敞开式开关设备）之间的新型高压开关设备。HGIS 设备的结构与 GIS 基本相同，是将除母线外的断路器、隔离开关、接地开关、互感器等功能单元封闭于完整并接地的金属壳体内，以 SF_6气体或其他气体为绝缘介质的一种高压开关设备，也就是一种不含气体绝缘封闭母线，或不含气体绝缘母线、母线避雷器与电压互感器的 GIS。HGIS 设备结构和实物如图 4-2、图 4-3 所示。

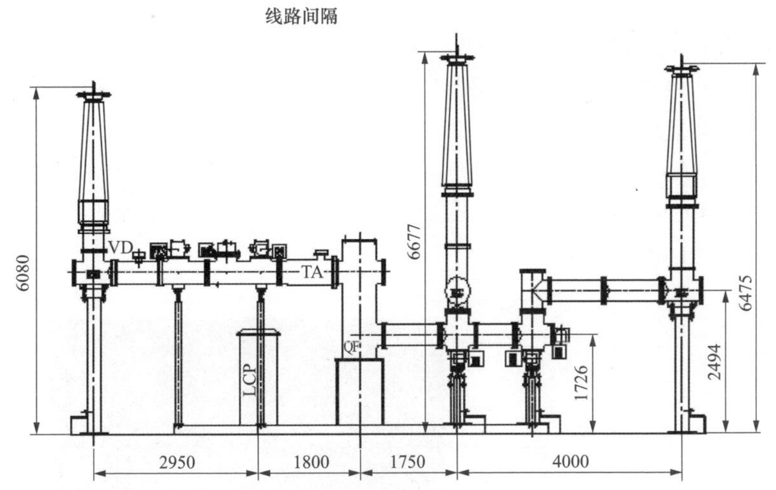

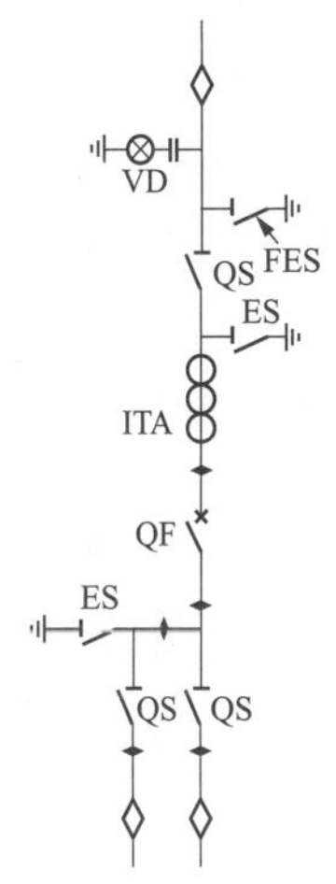

图 4-2 HGIS 设备结构示意图

LCP—汇控柜；QF—断路器；QS—隔离开关；ES—接地开关；

FES—快速接地开关；TA—电流互感器；VD—带电显示器

图 4-3 HGIS 设备实物图

与 GIS 相比，HGIS 的最大特点在于母线采用常规导线，接线清晰、简洁、紧凑，而 GIS 母线缺陷率较高，且消缺停电范围大。另外，HGIS 布置方式灵活，适合现场常规空气绝缘开关设备改造工程应用。

3. 复合式组合电器（PASS）

PASS（Plug And Switch System）是一种即插接式开关装置，在结构上具有紧凑化、小型化、连接电缆和占地少的特点，在性能上具有可靠性高、维护量少的特点。它把一个开关间隔所有必要的功能全部集成在同一个罩壳中，并且根据变电站的单线图要求装上二或三只套管。

PASS 设备在一个共同气室内布置了断路器、进出线侧组合隔离开关及接地开关、组合式光电电流电压互感器、复合绝缘套管。二次设备就地安装中，使用了传感器信号处理接口进行数据的采集、处理和数字化的传输。这样可根据间隔或变电站的必需功能把组成高压开关设备的元件数减少到最低程度。

随着现代电力电子技术的发展，产品的重量减少了很多。每一单元在厂里完全组装并试验好，在运输时组合电器已是除套管外全都预装配好的设备。到现场只需将光纤电缆插入就地控制柜和主设备即可投入运行。这种组合模块化的设计，减少了变电站的用地面积，符合进行快速安装和维护量少的特点。

PASS 设备由于采用一次部分模块化的设计，可以根据用户不同的要求组合成各种不同接线形式的高压配电装置，如单母线接线、双母线接线、内桥接线、外桥接线和一倍半接线等。PASS 的结构及实物如图 4－4 所示。

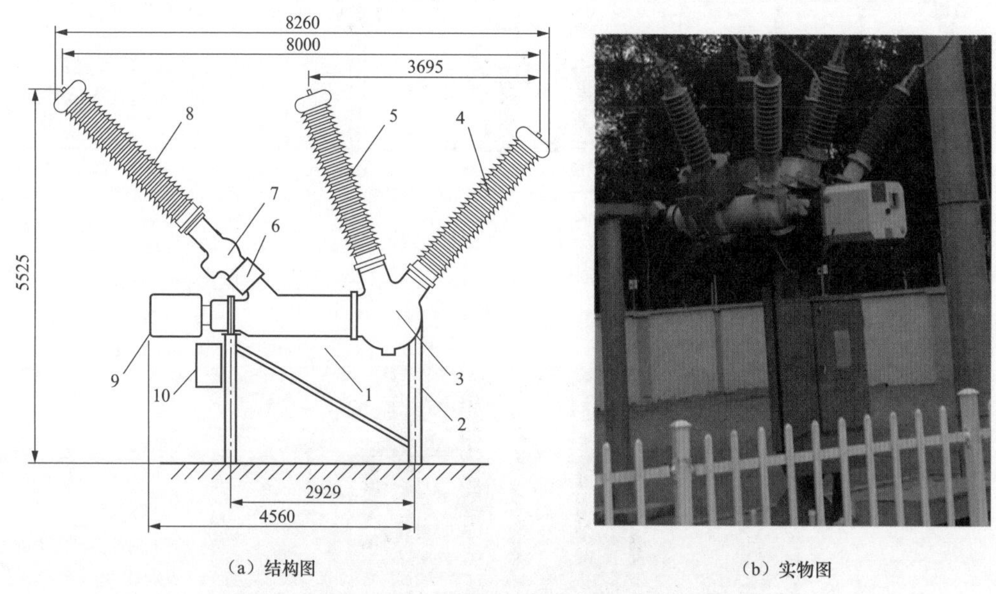

（a）结构图　　（b）实物图

图 4－4　PASS 的结构及实物图

1—断路器灭弧室；2—支架；3—母线侧组合式隔离及接地开关；4、5—进线复合绝缘套管；6—组合式光电电流电压互感器；7—出线侧组合隔离及接地开关；8—出线复合绝缘套管；9—液压操动机构；10—操作柜

PASS 与传统的 AIS 变电站相比还有更多的优点，例如：

（1）PASS 占地面积小，比 AIS 变电站节省 60% 的空间。这是因为 AIS 采用空气绝缘，而 PASS 采用 SF_6气体绝缘，因此占地面积将大大减少。

（2）免维护。由于 PASS 吸收了 GIS 的技术，节省了 AIS 需要的定期维护工作量。

（3）耗能小。利用 PASS 技术建造的变电站与传统的 AIS 变电站相比，能量损耗极小，可忽略不计。

（4）安装、更换方便。一般安装一个间隔只需 3h，另外 PASS 可以拆成单个部件。

从 PASS 的上述优点来看，既吸收了 GIS 与 AIS 的成功运行经验，又解决了 GIS 由于集成度过高带来的负面影响及 AIS 由于面积过大而在老站改造和新建变电站带来的诸多问题，并且更能符合减少投资、节能降耗和环保的要求。从国际、国内的变电站发展趋势来看，利用 PASS 对变电站进行改造和建设不失为一种最佳选择。

4.1.2 组合电器功能单元

1. 断路器单元

组合电器断路器按照现场布置方式分为立式和卧式两种。立式用于 220kV 及以下电压等级的组合电器；220kV 以上电压等级的组合电器受安装厂房高度和变电站空间走廊的限制，多采用卧式结构。断路器的外部和内部结构如图 4-5、图 4-6 所示。

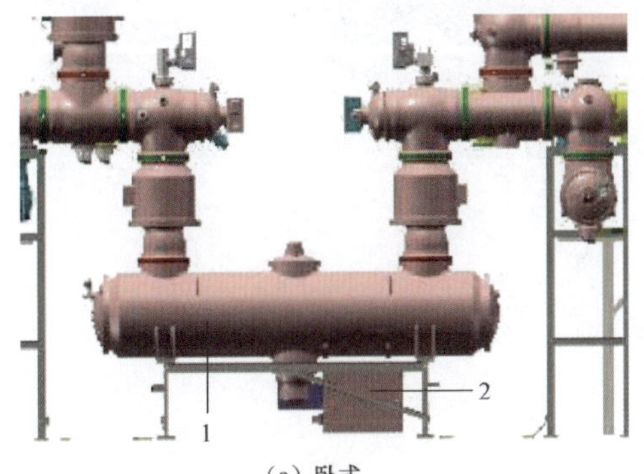

(a) 卧式

(b) 立式

图 4-5 断路器外部结构

1—断路器；2—操动机构

图 4-6 断路器内部结构

断路器内部导电回路由导体和灭弧室组件构成。如图 4-7 所示，当断路器接到分闸命令后，以动弧触头为主的刚性运动部件在分闸弹簧的作用下向左运动。在运动过程中，静主触头与动主触头分离，电流转移至仍闭合的两个弧触头上，随后弧触头分离形成电弧。

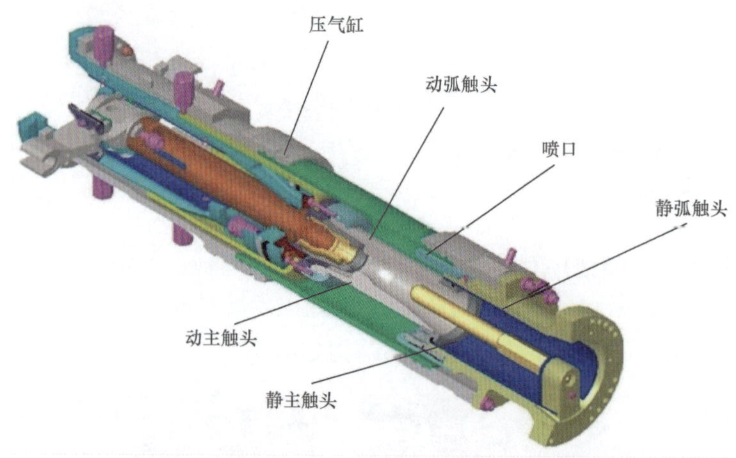

图4-7 灭弧室结构

在开断短路电流时，由于开断电流较大，弧触头间的电弧能量大，弧区热气流流入热膨胀室，在热膨胀室进行热交换，形成低温高压气体；此时，由于热膨胀室压力大于压气室压力，单向阀关闭。当电流过零时，热膨胀室的高压气体吹弧，带走电弧能量，熄灭电弧。同时在分闸过程中，压气室的压力开始被压缩，但到达一定的气压值时，底部的弹性释压阀打开，一边压气，一边放气，使机构不需要克服更多的压气反力，从而大大降低了操作功。

在开断小电流时（通常在几千安以下），由于电弧能量小，热膨胀室内产生压力小。此时压气室内的压力高于膨胀室内压力，单向阀打开，被压缩的气体向断口吹去。在电流过零时，这些具有一定压力的气体吹向断口使电弧熄灭。

2. 隔离开关单元

GIS设备的电场属于不均匀电场，隔离开关动、静触头均设计成同轴圆柱体，能够互相插入，如图4-8所示。

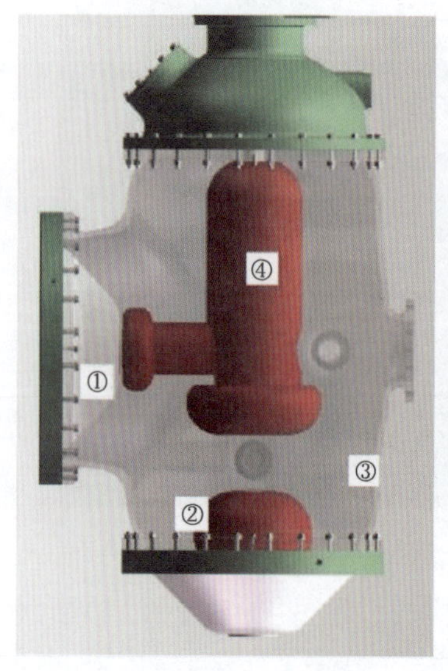

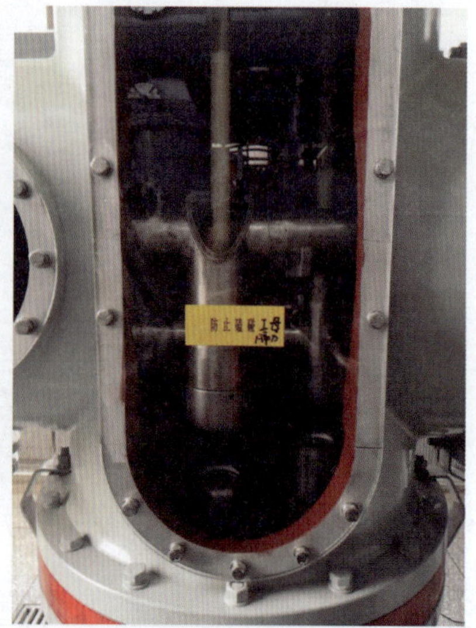

图4-8 隔离开关内部结构

3. 电压互感器单元

GIS 用电压互感器有电磁式和电容式两种。GIS 母线作为电压互感器的一次绕组，二次绕组用于测量和保护。电压互感器作为独立气室，与母线气室用盆式绝缘子隔开。

目前常用的母线电压互感器为单极电磁式，垂直安装。它们通过盆式绝缘子与 GIS 母线相连接。电压互感器由两个测量绕组、保护用绕组和辅助开口三角绕组组成。其外部结构如图 4－9 所示。

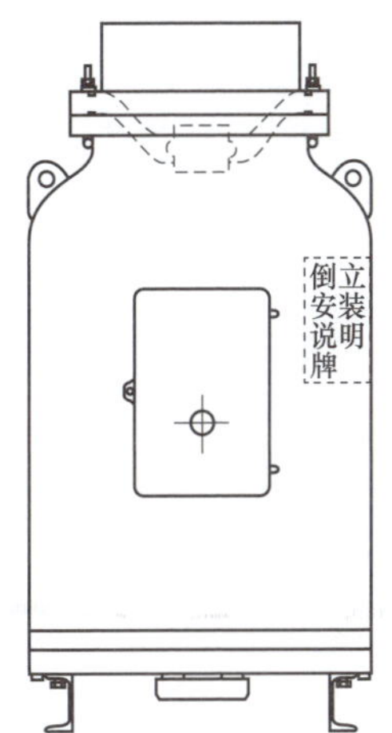

图 4－9　GIS 用电压互感器外部结构

由于主变压器及线路均设置三相电压互感器，母线电压互感器只用于电压型母线保护和母线电压测量，所以根据现场运行实际，一般只在一相母线上安装电压互感器就能够满足要求。GIS 线路电压互感器也是作为独立气室垂直安装在线路分支母线上。

4. 电流互感器单元

电流互感器套在 GIS 母线管上，母线作为电流互感器的一次绕组，母线管的外面包着环形铁心，与母线同心，二次绕组在铁心的外面。在正常使用条件下，其一次电流和二次电流成正比，且在连接方法正确时其相位差接近于零。GIS 用电流互感器如图 4－10所示。

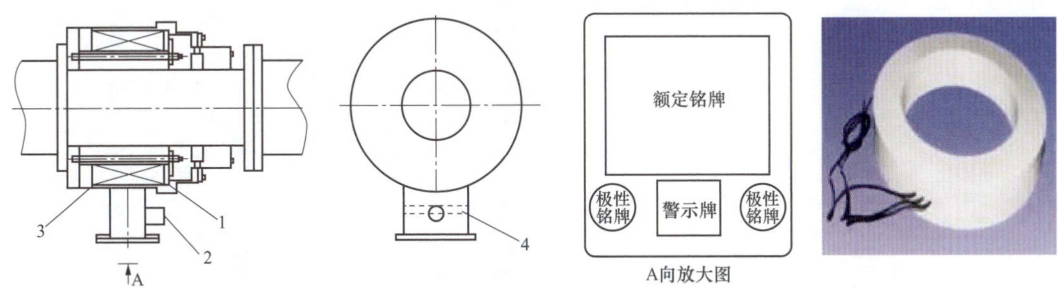

图 4－10　GIS 用电流互感器（一）

1—电流互感器线圈；2—电缆引线孔；3—外罩；4—端子排

图 4-10　GIS 用电流互感器（二）

5. 汇控柜、机构箱

每串设备设置一个就地汇控柜，柜内有就地控制、信号、保护和报警所需的各种元件，以及对断路器、隔离开关、接地开关进行电气操作的控制开关和由辅助开关提供的元件状态指示。安装和检修 GIS 设备，或者当遥控系统失灵时，在就地控制柜模拟图上直接进行倒闸操作，完成对设备状态的改变。当远方监视系统失灵时，可通过就地控制柜上的监视信号监视到设备运行状况。汇控柜结构如图 4-11 所示。

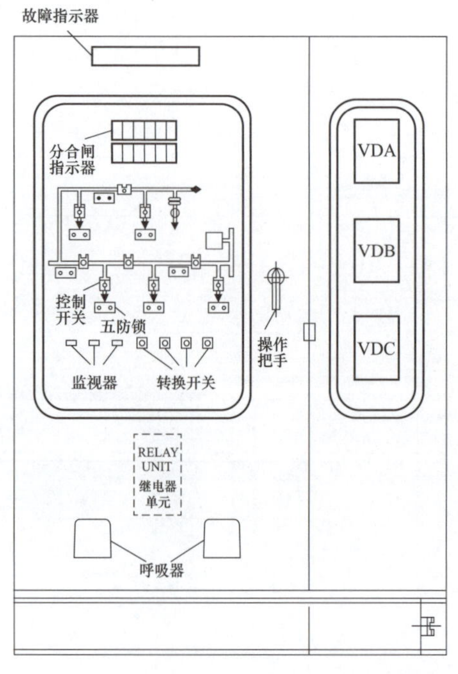

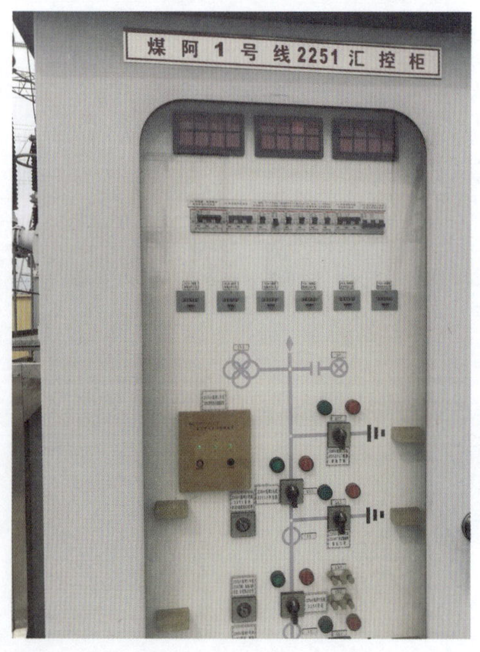

图 4-11　汇控柜结构

在柜面上，按照单线模拟图线路，分别在母线、线路上按照接线方式安装断路器、快速接地开关、隔离开关及接地开关的操作把手和指示灯，还安装了就地/远方转换开关、辅助继电器、报警装置、辅助开关、连接内部和外部用端子排等。在汇控柜上装有继电器和检测汇控柜内温、湿度的控制器。为了促进汇控柜内的空气循环，在底部安装有通风口。为防止昆虫等的侵入，在通风口安装有防虫网罩。为防止水汽凝结，在汇控柜及断路器操动机构箱内装有调节温度和湿度的电加热器。汇控柜及断路器操动机构箱都有就地操作把手或者按钮，在就地操作回路装有闭锁装置，闭锁装置的钥匙要由专人负责保管。

4.1.3 组合电器关键元件

1. 气体隔室

由于不同功能部件内 SF_6气体压力要求不同，同时也为了检修方便，将组合电器内部相同压力或不同压力的各电气元件的气室间设置成气体互不相通的密封间隔，称为气隔，每一个气隔也叫一个气室，又称气体隔室，如图 4－12 所示。根据多年运维检修经验，一般每个气室的 SF_6气体用气量不应超过 300kg。

设置独立气室具有以下优点：

（1）可以将不同 SF_6气体压力的各电气元件分隔开。

（2）有特殊要求的元件（如避雷器、电压互感器等）可以单独设立一个气室。

（3）在检修时可以减少停电范围。

（4）可以减少检修时 SF_6气体的回收和充放气工作量。

（5）有利于安装和扩建工作。

GIS 中断路器与其他电气元件必须分为不同的气室，原因如下：

（1）由于断路器气室内 SF_6气体压力的选定要满足灭弧和绝缘两方面的要求，而其他电气元件内 SF_6气体压力只需考虑绝缘性能方面的要求，两种气室的 SF_6气压一般往往会不同，所以不能连为一体。

图 4－12 气体隔室

（2）断路器气室内的 SF_6气体在电弧高温作用下可能分解成多种有腐蚀性和毒性的物质，会对设备内部各元件产生一定危害，因此应将断路器气室与其他气室隔离，这样就不会影响其他气室电气元件的性能。

（3）相比于其他部件，断路器的检修概率比较高，断路器气室与其他气室分开后，断路器气室检修时就不会影响到其他部件气室，因而缩小了检修范围。

2. 金属壳（罐）体

组合电器将一次导电部分封闭在充气的金属壳体中，再通过必要的调整、连接组装起来。壳体是用铝合金铸造或铝合金焊接而成，由于电气设备都装在壳体内，则 GIS 外壳必须满足以下要求：

（1）能充分满足 GIS 设备的各项强度要求，能够诱导循环电流、磁滞现象及外电流最小化，其金属材质应具有较强的防腐性能。

（2）GIS 的外壳应能满足在异常情况下的气体压力，并能满足因故障电流产生的短暂内部电弧，且对其他结构不会产生影响，能够充分承受电弧引起的压力上升。

（3）GIS 壳体的保护方式有两种：一种是用防爆装置，即压力释放装置（也叫防爆膜）；另一种是采用快速接地开关。

（4）GIS 的外壳连接螺栓部位使用密封垫圈，凸缘相接触的外面用硅树脂进行处理，里面则进行防水处理，避免部件生锈而引发漏气缺陷。

（5）GIS 外壳的允许感应电压。按照通过人体的安全电流必须小于等于 lmA 的要求，在 GIS 安装后现场运行时，其外壳的正常感应电压、故障感应电压都应满足人体单手接触壳体和双手同时接触壳体的最小值，人体接触单相壳体和同时接触两相壳体的感应电压也应满足人体允许的最小值。

GIS 金属壳体如图 4－13 所示。

图 4－13　GIS 金属壳体

3. 绝缘子

GIS 设备中的绝缘子有：隔断气室用的盆式绝缘子和支撑 GIS 母线等元件的支撑绝缘子两种。当 GIS 设备发生故障时，支撑绝缘子和盆式绝缘子的强度能够满足抵御故障时产生的电磁力，充分保持导体与外壳的有效间隔距离。

支撑绝缘子及盆式绝缘子都是用环氧树脂在真空状态下浇注而成，其内部不能有气泡、裂纹等。

隔离用的盆式绝缘子，在正常情况下，具备承受隔离两个气室间有可能发生的最大压力差的机械强度，也就是说既能承受隔离的一侧因持续的内部电弧达到最大气体压力状态，另一侧则是正常状态时的压力差；又能承受隔离的一侧气室在维修及正常状态下，有可能发生的最大压力，即一侧气室的气体压力在正常状态时，其另一侧由于检修而处于真空状态时的压力。

支撑绝缘子和盆式绝缘子如图 4－14、图4－15所示。

4. 伸缩节（金属波纹管）

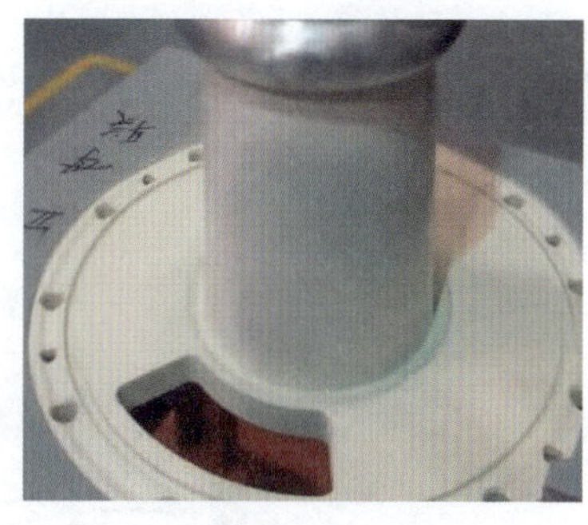

图4-14 支撑绝缘子

由于GIS设备各部件间组成复杂，在现场运行时由于环境温度的变化，金属筒体会发生热胀冷缩现象，同时GIS设备的基础也可能有较小沉降、位移，为了避免由于上述原因而导致的事故，需要在GIS母线或者出线间隔安装一定数量的伸缩节。金属波纹管按照其作用可分为径向补偿母线、自平衡波纹管和可拆卸单元波纹管三类。

（1）径向补偿母线波纹管。该波纹管为不锈钢材质，补偿基础误差、安装误差，也可与母线一同使用，补偿由基础沉降引起的径向误差。径向补偿母线波纹管结构如图4-16所示。

（a）不通气盆式绝缘子

（b）通气盆式绝缘子

图4-15 盆式绝缘子

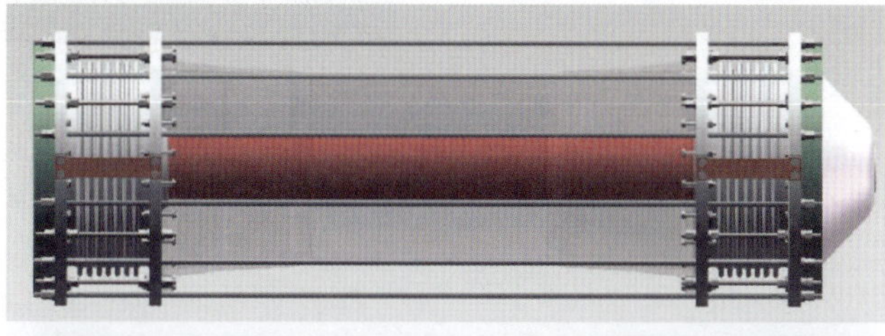

图4-16 径向补偿母线波纹管结构示意图

（2）自平衡波纹管（1000kV）。该波纹管为不锈钢材质，可补偿热胀冷缩引起的母线轴向长度变化和安装误差。其结构如图4－17所示。

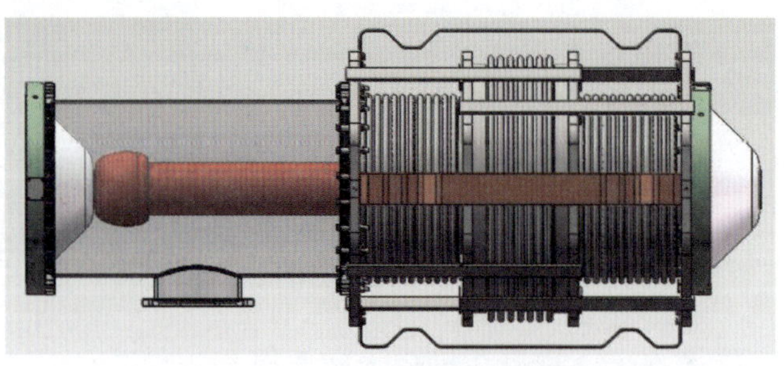

图4－17　自平衡波纹管结构示意图

（3）可拆卸单元波纹管。该波纹管为不锈钢材质，主要用于间隔与母线连接，方便间隔或模块整体拆出检修。其结构如图4－18所示。

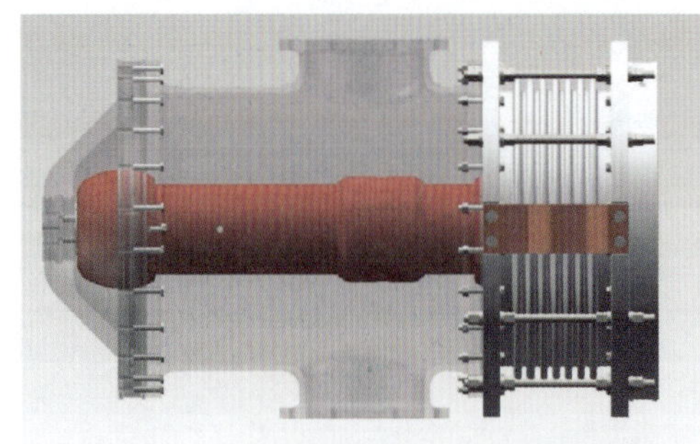

图4－18　可拆卸单元波纹管结构示意图

5. 套管

套管将导线引出气室，以便能够连接裸露的导线，主要包括瓷质套管和硅橡胶复合套管两种，如图4－19、图4－20所示。

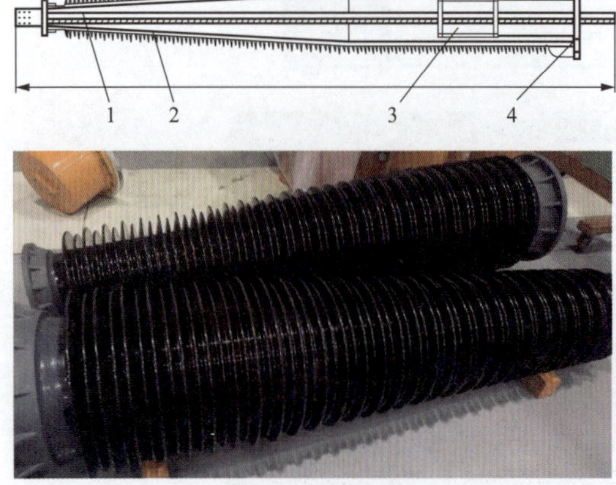

图4－19　瓷套管外部结构图

1—导电杆；2—套管；3—屏蔽罩；4—法兰

6. SF_6气体密度继电器

为了监视GIS设备密封是否良好，气室中的SF_6气体是否有泄漏，在GIS设备每个气室装设压力表或者密度计来监视气室压力的变化情况。压力表受环境温度影响较大，密度计装有温度补偿装置，受环境温度影响较小。GIS设备的每个气室均装有SF_6气体密度继电器或者压力表，并直接与罐体相连。

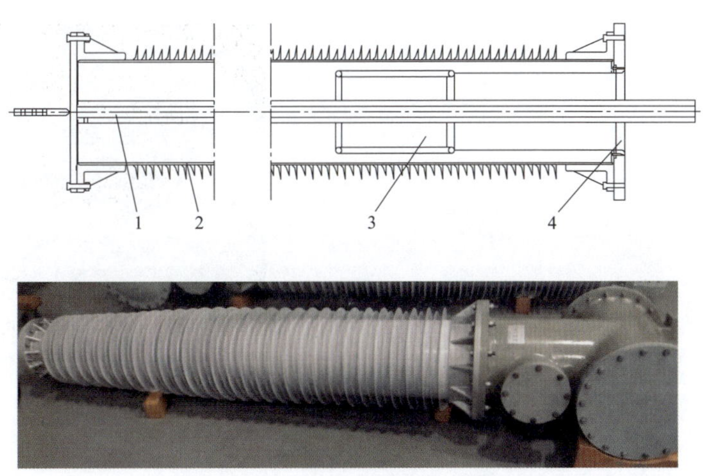

图4-20 硅橡胶复合套管外部结构图

1—导电杆；2—套管；3—屏蔽罩；4—法兰

使用于GIS设备中的密度计均带有信号接点，也叫密度继电器，是一种使用接点附着型压力计，如图4-21所示。一般断路器气室正常压力为0.55~0.6MPa，除断路器以外的其他气室正常压力为0.5~0.55MPa。个别厂家GIS设备气室的压力要求较低，如110kV线路电压互感器气室的额定压力是0.4MPa，报警值为0.35MPa。所有GIS设备气室压力在正常范围内，可以进行倒闸操作。

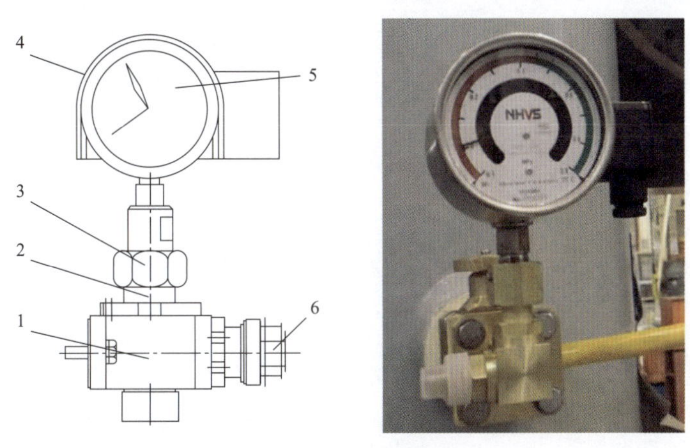

图4-21 密度继电器

1—阀座；2—自封接头；3—接头；4—罩；5—SF_6密度计；6—护盖

7. 吸附剂

在GIS设备每个气室中均安装有吸附剂，目的是吸收SF_6气体中的微水及SF_6气体分解产物。所使用吸附剂的主要成分是活性氧化铝，它能吸附SOF_2、SO_2F_2、SO_2、SOF_4等分解物，但不吸收SF_6气体，所以在GIS设备中被广泛使用。装填吸附剂的吸附器如图4-22所示。

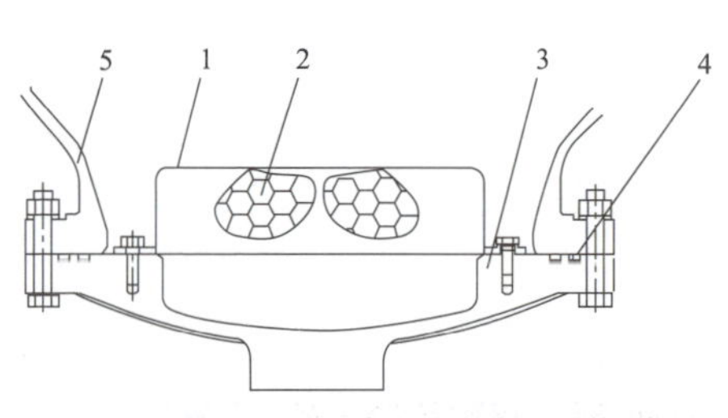

图 4-22　吸附器示意图

1—罩；2—吸附剂；3—法兰；4—O 形圈；5—气室外壳

4.2　标准体系介绍

组合电器相关国家标准、行业标准、企业标准共计 33 项，其中主标准 2 项，从标准 29 项，支撑标准 4 项。

4.2.1　主标准体系

组合电器主标准是指组合电器的基础性技术标准，一般包括设备使用条件、额定参数、设计与结构、型式试验/出厂试验项目及要求等内容。组合电器主标准共 2 项，标准清单见表 4-1。

表 4-1　组合电器主标准清单

序号	标准号	标准名称
1	DL/T 617—2010	气体绝缘金属封闭开关设备技术条件
2	DL/T 593—2016	高压开关设备和控制设备标准的共用技术要求

4.2.1.1　DL/T 617—2010《气体绝缘金属封闭开关设备技术条件》

本标准适用于额定电压为 72.5kV 及以上，频率为 50Hz 的户内、户外型气体绝缘金属封闭开关设备。

额定电压 72.5～800kV 组合电器的正常和特殊使用条件、额定值、设计与结构、型式试验、出厂试验、安装后的现场试验、选用导则、查询和订货时提供的资料、投标人（制造厂）应提供的资料、工厂监造、运输、储存、安装、运行和维护等应执行本标准。

（1）DL/T 617—2010 中第 5.3 条表 1 规定了 72.5、126、252kV GIS 的额定绝缘水平。

建议执行：

原因分析：根据从严原则，用 GB/T 11022—2011 第 4.3 条表 1 中的数值取代 DL/T 617—2010 第 5.3 条表 1 中较低的数值，形成表 4-2。

（2）DL/T 617—2010 第 6.14 条气体密封性："每个封闭压力系统或隔室允许的相对年漏气率应不大于 0.5%。"

表 4-2　　72.5、126、252kV GIS 的额定绝缘水平

设备额定电压（kV，有效值）	额定短时工频耐受电压 U_d（kV，有效值）		额定雷电冲击耐受电压 U_p（kV，峰值）	
	相对地、断路器断口和相间	隔离断口	相对地、断路器断口和相间	隔离断口
（1）	（2）	（3）	（4）	（5）
72.5	160	160（+42）	380*	380（+59）*
126	230	230（+73）	550	550（+103）
252	460	460（+146）*	1050	1050（+206）

注　1. 栏（2）中的值用于以下试验。
a）相对地、相间的型式试验；
b）相对地、相间和断路器断口的出厂试验。
2. 栏（3）、栏（4）和栏（5）中的值仅适用于型式试验。
3. 带*数值由 GB/T 11022—2011 表 1 替代。

建议执行：GB/T 7674—2008《额定电压 72.5kV 及以上气体绝缘金属封闭开关设备》第 5.15 条，且 5.15 条中引用 GB/T 11022—2011《高压开关设备和控制设备标准的共用技术要求》的内容在执行时应由 DL/T 593—2016《高压开关设备和控制设备标准的共用技术要求》的对应内容替代。

原因分析：因 GB/T 7674—2008 对于气体密封性的规定相较于 DL/T 617—2010 的规定更全面，但 GB/T 7674—2008 中引用的 GB/T 11022—2011 相关要求低于 DL/T 593—2016，故建议综合执行 GB/T 7674—2008 和 DL/T 593—2016 相关规定。

（3）DL/T 617—2010 第 6.23 条观察窗。

建议执行：在该条款后补充："观察窗（如果有）至少应达到与所配用外壳一致的防护等级。

主回路带电部分与观察窗的可触及表面之间的绝缘，应能耐受 GB/T 11022 中 4.3 规定的对地和极间的试验电压。"

原因分析：因 DL/T 617—2010 对观察窗的防护等级及试验电压未做要求，而 GB/T 7674—2008 已有明确规定，故建议补充执行 GB/T 7674—2008 第 5.110 条规定。

4.2.1.2　DL/T 593—2016《高压开关设备和控制设备标准的共用技术要求》

本标准是高压开关类设备的共用基础标准。本标准适用于电压 3.0kV 及以上，频率为 50Hz 的电力系统中运行的户内和户外交流高压开关设备和控制设备。

额定电压 72.5kV 及以上组合电器的正常和特殊使用条件、额定值、设计和结构、型式试验、出厂试验、选用导则、查询、投标和订货时提供的资料、运输、储存、安装、运行和维护规则、安全性、对环境的影响等应满足本标准。

DL/T 593—2016 第 4.2 条表 1 额定电压范围Ⅰ的额定绝缘水平、表 2 额定电压范围Ⅱ的额定绝缘水平。

建议执行表 4-3、表 4-4 中内容。

表 4-3 额定电压范围Ⅰ的额定绝缘水平

额定电压 U_r（kV，有效值）	额定工频短时耐受电压 U_d（kV，有效值）		额定雷电冲击耐受电压 U_p（kV，峰值）	
	通用值	隔离断口	通用值	隔离断口
(1)	(2)	(3)	(4)	(5)
72.5	160	160 +（42）*	380 *	380 +（59）*
126	230	230（+73）*	550	550（+103）*
252	460	460（+146）*	1050	1050（+206）*

注 1. 根据我国电力系统的实际，本表中的额定绝缘水平与 IEC 62271-1：2007 表 1a 的额定绝缘水平不完全相同。
2. 本表中项（2）和项（4）的数值取自 GB 311.1。
3. 126kV 和 252kV 项（3）中括号内的数值为 $1.0U_r/\sqrt{3}$，是加在对侧端子上的工频电压有效值，项（5）中括号内的数值为 $1.0U_r/\sqrt{2}/\sqrt{3}$，是加在对侧端子上的工频电压峰值。
4. 隔离断口是指隔离开关、负荷-隔离开关的断口以及起联络作用的负荷开关和断路器的断口。
5. 带 * 的值来源于 GB/T 11022—2011 表 1。

表 4-4 额定电压范围Ⅱ的额定绝缘水平

额定电压 U_r（kV，有效值）	额定短时工频耐受电压 U_d（kV，有效值）		额定操作冲击耐受电压 U_s（kV，峰值）			额定雷电冲击耐受电压 U_p（kV，峰值）	
	相对地及相间	开关断口及隔离断口	相对地	相间	开关断口及隔离断口	相对地及相间	开关断口及隔离断口
(1)	(2)	(3)	(4)	(5)	(6)	(7)	(8)
363	510	510（+210）	950	1425	850（+295）	1175	1175（+295）
550	740	740（+318）*	1300	1950	1175（+450）	1675	1675（+450）
800	960	960（+462）	1550	2635 *	1425（+650）	2100	2100（+650）
1100	1100	1100（+635）	1800	2700	1675（+900）	2400	2400（+900）

注 1. 根据我国电力系统的实际，本表中的额定绝缘水平与 IEC 62271-1：2007 表 2a 的额定绝缘水平不完全相同。
2. 本表中项（2）、项（4）、项（5）、项（6）和项（7）根据 GB311.1 的数值提出。
3. 本表中项（3）中括号内的数值为 $1.0U_r/\sqrt{3}$，是加在对侧端子上的工频电压有效值，项（6）和项（8）中括号内的数值为 $1.0U_r/\sqrt{2}/\sqrt{3}$，是加在对侧端子上的工频电压峰值。
4. 本表中 1100kV 的数值是根据我国电力系统的需要而选定的数值。
5. 带 * 的值来源于 GB/T 11022—2011 表 2。

原因分析：根据从严原则，用 GB/T 11022—2011 第 4.3 条表 1、表 2 中的数值取代 DL/T 593—2016 第 4.2 条表 1、表 2 中较低的数值，形成表 4-3、表 4-4。

4.2.2 从标准

组合电器从标准是指组合电器开展设备安装、出厂试验、技术监督等工作应执行的技术标准，一般包括部件元件类、原材料类、技术监督类等类别。组合电器从标准共29项，标准清单见表4－5。

表4－5　组合电器从标准清单

标准分类	序号	标准号	标准名称
部件元件类	1	NB/T 42025—2013	额定电压72.5kV及以上智能气体绝缘金属封闭开关设备
	2	GB/T 22383—2017	额定电压72.5kV及以上刚性气体绝缘输电线路
	3	DL/T 402—2016	高压交流断路器
	4	DL/T 486—2010	高压交流隔离开关和接地开关
	5	GB/T 20840.1—2010	互感器　第1部分：通用技术要求
	6	GB/T 20840.2—2014	互感器　第2部分：电流互感器的补充技术要求
	7	GB/T 20840.3—2013	互感器　第3部分：电磁式电压互感器的补充技术要求
	8	GB/T 20840.7—2007	互感器　第7部分：电子式电压互感器
	9	GB/T 20840.8—2007	互感器　第8部分：电子式电流互感器
	10	GB/T 11032—2010	交流无间隙金属氧化物避雷器
	11	GB/T 4109—2008	交流电压高于1000V的绝缘套管
	12	GB/T 23752	玻璃及瓷绝缘子
	13	GB/T	复合绝缘子
	14	GB/T 22382—2017	额定电压72.5kV及以上气体绝缘金属封闭开关设备与电力变压器之间的直接连接
	15	JB/T 10549—2006	SF_6气体密度继电器和密度表 通用技术条件
	16	GB/T 25081—2010	高压带电显示装置（VPIS）
	17	GB/T 22381—2017	额定电压72.5kV及以上气体绝缘金属封闭开关设备与充流体及挤包绝缘电力电缆的连接 充流体及干式电缆终端
	18	NB/T 42105—2016	高压交流气体绝缘金属封闭开关设备用盆式绝缘子
	19	Q/GDW 10673—2016	输变电设备外绝缘用防污闪辅助伞裙技术条件及使用导则
	20	Q/GDW 11716—2017	气体绝缘金属封闭开关设备用伸缩节技术规范
	21	GB/T 567.1—2012	爆破片安全装置　第1部分：基本要求
	22	DL/T 1430—2015	变电设备在线监测系统技术导则
	23	Q/GDW 1430—2015	智能变电站智能控制柜技术规范
	24	GB/T 28819—2012	充气高压开关设备用铝合金外壳

续表

标准分类	序号	标准号	标准名称
原材料类	1	GB/T 12022—2014	工业六氟化硫
	2	GB/T 34320—2017	六氟化硫电气设备用分子筛吸附剂使用规范
	3	JB/T 7052—1993	高压电器设备用橡胶密封件 六氟化硫电器设备密封件技术条件
技术监督类	1	Q/GDW 11074—2013	交流高压开关设备技术监督导则
	2	Q/GDW 11717—2017	电网设备金属技术监督导则

下述标准中，4.2.2.1～4.2.2.24为部件元件类；4.2.2.25～4.2.2.27为原材料类；4.2.2.28、4.2.2.29为技术监督类。

4.2.2.1 NB/T 42025—2013《额定电压72.5kV及以上智能气体绝缘金属封闭开关设备》

本标准适用于额定电压72.5kV及以上智能气体绝缘金属封闭开关设备。

额定电压72.5kV及以上智能组合电器的术语和定义、额定值、设计与结构、试验、选用导则、查询、投标和订货时提供的资料、运输、储存、安装、运行和维护规则以及安全等方面规定的智能相关要求应执行本标准。

4.2.2.2 GB/T 22383—2017《额定电压72.5kV及以上刚性气体绝缘输电线路》

本标准适用于额定电压72.5kV及以上、额定频率为50Hz的刚性气体绝缘输电线路。

额定电压72.5kV及以上刚性气体绝缘输电线路的使用条件、额定值、设计与结构、试验、选用导则、查询、投标和订货时提供的资料、运输、储存、安装、运行和维护规则及安全等应执行本标准。

4.2.2.3 DL/T 402—2016《高压交流断路器》

本标准适用于设计安装在户内或户外且运行在频率50Hz、电压为3～1000kV系统中的交流断路器。

额定电压72.5kV及以上组合电器用交流断路器的使用条件、额定值、设计与结构、型式试验、出厂试验、选用导则、运输、储存、安装、运行和维护规则、安全性、对环境的影响等应执行本标准。

4.2.2.4 DL/T 486—2010《高压交流隔离开关和接地开关》

本标准适用于设计安装在户内或户外，且运行在频率50Hz、标称电压3000V及以上的系统中，端子是封闭的和敞开的交流隔离开关和接地开关。

额定电压72.5kV及以上组合电器用交流隔离开关和接地开关的使用条件、额定值、设计与结构、型式试验、出厂试验、选用导则、运输与储存、安全性、对环境的影响等应执行本标准。

4.2.2.5 GB/T 20840.1—2010《互感器 第1部分：通用技术要求》

本标准适用于供电电气测量仪表或/和电气保护装置适用、规定频率为15～100Hz、新制造的模拟量或数字量输出互感器。

本标准仅包含通用技术要求。对于每一类互感器，其产品标准由本标准和有关的专用技术部分组成。

4.2.2.6 GB/T 20840.2—2014《互感器 第2部分：电流互感器的补充技术要求》

本标准适用于供电气测量仪表或/和电气保护装置使用、频率为15～100Hz的新制造的电磁式电流互感器。

额定电压72.5kV及以上组合电器用电磁式电流互感器的额定值、设计与结构及试验等应执行本标准。

4.2.2.7 GB/T 20840.3—2013《互感器 第3部分：电磁式电压互感器的补充技术要求》

本标准适用于供电气测量仪表或/和电气保护装置使用、频率为15～100Hz的新制造的电磁式电压互感器。

额定电压72.5kV及以上组合电器用电磁式电压互感器的额定值、设计与结构及试验等应执行本标准。

4.2.2.8 GB/T 20840.7—2007《互感器 第7部分：电子式电压互感器》

本标准适用于新制造的模拟量输出的电子式电压互感器，供频率为15～100Hz的电气测量仪器和电气保护装置使用。

额定电压72.5kV及以上组合电器用电子式电压互感器的通用要求、正常和特殊使用条件、额定值、设计、试验、标志等应执行本标准。

4.2.2.9 GB/T 20840.8—2007《互感器 第8部分：电子式电流互感器》

本标准适用于新制造的电子式电流互感器，它具有模拟量电压输出或数字量输出，供频率为15～100Hz的电气测量仪器和继电保护装置使用。

额定电压72.5kV及以上组合电器用电子式电压互感器的通用要求、正常和特殊使用条件、额定值、设计、试验、标志等应执行本标准。

4.2.2.10 GB/T 11032—2010《交流无间隙金属氧化物避雷器》

本标准适用于为限制交流电力系统过电压而设计的无间隙金属氧化物避雷器。

额定电压72.5～800kV组合电器用无间隙金属氧化物避雷器的标志及分类、标准额定值和运行条件、技术要求及试验要求等应执行本标准。

4.2.2.11 GB/T 4109—2008《交流电压高于1000V的绝缘套管》

本标准适用于设备最高电压高于1000V、频率15～60Hz三相交流系统中的电器、变压器、开关等电力设备和装置中使用的套管。

额定电压72.5kV及以上组合电器用绝缘套管的额定值、运行条件、订货信息和标识、试验等应执行本标准。

4.2.2.12 GB/T 23752—2009《额定电压高于1000V的电器设备用承压和非承压空心瓷和玻璃绝缘子》

本标准适用于电器设备中普通用途的空心瓷和玻璃绝缘子，开关及控制设备中长期承受气体压力的空心瓷绝缘子。

4.2.2.13 DL/T 1048—2007《标称电压高于1000V的交流用棒形支柱复合绝缘子 定义、试验方法及验收规则》

本标准规定了交流系统中运行的电力设备和装置上的户内和户外复合支柱绝缘子的定义、核技术要求、标志和试验分类及检验规则。

本标准适用于标称电压1～252kv、频率不超过50Hz的交流系统中运行的电力设备和装置上的户内和户外棒形支柱复合绝缘子（简称绝缘子）。安装地点的海拔为1000m及以下，环境温度在-40～+40℃之间。

本标准不包含特殊运行条件下选用绝缘子的要求。

4.2.2.14　GB/T 22382—2017《额定电压72.5kV及以上气体绝缘金属封闭开关设备与电力变压器之间的直接连接》

本标准规定了额定电压72.5 kV及以上、额定频率为50 Hz的气体绝缘金属封闭开关设备与电力变压器之间的直接连接的使用条件、额定值、设计和结构、试验、随询问单、标书和订单提供的资料、运输、储存、安装、运行和维护规则、产品对环境的影响、供应方的界限等。

4.2.2.15　JB/T 10549—2006《SF_6气体密度继电器和密度表 通用技术条件》

本标准适用于SF_6气体密度继电器和密度表。

额定电压72.5kV及以上组合电器用SF_6气体密度继电器和密度表的分类、额定参数、技术要求、检验方法、检验规则、标志、标签、使用说明书、包装、运输和贮存等应执行本标准。

4.2.2.16　GB/T 25081—2010《高压带电显示装置（VPIS）》

本标准适用于标称电压3kV及以上、频率50Hz的电力系统中运行的户内和户外高压电气设备所使用的带电显示装置。

额定电压72.5kV及以上组合电器用高压带电显示装置的适用范围、适用条件、术语、额定值、设计与结构、试验、选用导则及安全等应执行本标准。

4.2.2.17　GB/T 22381—2017《额定电压72.5kV及以上气体绝缘金属封闭开关设备与充流体及挤包绝缘电力电缆的连接　充流体及干式电缆终端》

本标准适用于额定电压72.5kV及以上、额定频率为50Hz的气体绝缘金属封闭开关设备的冲流体和挤包电缆的连接装置，在单相或三相布置中电缆终端为冲流体式或干式。在电缆绝缘与开关设备气体的绝缘间用绝缘锥隔开。

额定电压72.5kV及以上、额定频率为50Hz的气体绝缘金属封闭开关设备与充流体及挤包绝缘电力电缆的连接充流体及干式电缆终端的额定值、设计和结构、标准尺寸、试验和供应方界限等应执行本标准。

4.2.2.18　NB/T 42105—2016《高压交流气体绝缘金属封闭开关设备用盆式绝缘子》

本标准适用于额定电压72.5kV及以上、额定频率60Hz及以下的高压交流气体绝缘金属封闭开关设备中使用的盆式绝缘子，包括承压的和不承压的盆式绝缘子。

额定电压72.5～800kV组合电器中使用的盆式绝缘子的定义、使用条件、额定值、设计与结构、型式试验、出厂试验以及标识、包装、运输、储存等应执行本标准。

4.2.2.19　Q/GDW 10673—2016《输变电设备外绝缘用防污闪辅助伞裙技术条件及使用导则》

本标准适用于110（66）kV及以上的交直流系统、环境温度-40～+40℃条件下运行的输变电设备外绝缘用辅助伞裙。

额定电压72.5kV及以上组合电器的外绝缘用防污闪辅助伞裙的基本技术要求、检验规则、包装与贮存、运行维护等应执行本标准。

4.2.2.20 Q/GDW 11716—2017《气体绝缘金属封闭开关设备用伸缩节技术规范》

本标准适用于气体绝缘金属封闭开关设备用伸缩节。

额定电压72.5kV及以上组合电器用伸缩节的产品分类、技术要求、试验方法、检验规则、选用原则、标志、包装和贮存等应执行本标准。气体绝缘金属封闭输电线路用伸缩节参照执行。

4.2.2.21 GB/T 567.1—2012《爆破片安全装置　第1部分：基本要求》

本标准适用于下列爆破片安全装置：压力容器、压力管道或其他密闭承压设备为防止超压或出现过度真空而使用的爆破片安全装置；爆破片安全装置中爆破压力不大于500MPa，且不小于0.001MPa。

额定电压72.5kV及以上组合电器用爆破片安全装置的设计、制造、检验、试验、标记标识、包装储存、出厂文件等应执行本标准。

4.2.2.22 DL/T 1430—2015《变电设备在线监测系统技术导则》

本标准适用于变压器、电抗器、断路器、气体绝缘金属封闭开关设备、电容型设备、金属氧化物避雷器等变电设备的在线监测系统。

额定电压72.5kV及以上组合电器用在线监测系统的架构、配置原则、功能要求、技术要求和试验、调试、验收等应执行本标准。

4.2.2.23 Q/GDW 1430—2015《智能变电站智能控制柜技术规范》

本标准适用于35kV（户外）、110（66）~750kV电压等级高压设备智能控制柜。

智能变电站智能控制柜的使用条件、技术要求、试验方法、试验分类及项目、产品的质量保证等应执行本标准。

4.2.2.24 GB/T 28819—2012《充气高压开关设备用铝合金外壳》

本标准适用于充有压缩的干燥空气、惰性气体如六氟化硫或氮气或这些气体的混合气体的户外、户内安装的高压开关设备的铝合金外壳。

额定电压72.5kV及以上组合电器的铝合金外壳的设计、制造和工艺、检验和试验、认证和标识等应执行本标准。

4.2.2.25 GB/T 12022—2014《工业六氟化硫》

本标准适用于氟与硫直接反应并经过精制的工业六氟化硫。该产品主要用作电力工业、冶金行业和气象部门等。

额定电压72.5kV及以上组合电器用工业六氟化硫的要求、检验规则、试验方法、包装、标志、贮运及安全警示等应执行本标准。

4.2.2.26 GB/T 34320—2017《六氟化硫电气设备用分子筛吸附剂使用规范》

本标准适用于六氟化硫电气设备用分子筛吸附剂。

额定电压72.5kV及以上SF_6气体绝缘的组合电器使用的分子筛吸附剂的技术要求、六氟化硫电气设备选用、配置、使用和废弃处理分子筛吸附剂的规范等应执行本标准。

4.2.2.27 JB/T 7052—1993《高压电器设备用橡胶密封件　六氟化硫电器设备密封件技术条件》

本标准适用于六氟化硫高压电器设备用橡胶密封件，也适用于其附属设备用橡胶密封件。

额定电压 72.5kV 及以上 SF_6气体绝缘的组合电器用橡胶密封件的技术要求、试验方法、检验规则及包装、标志、运输、贮存方法等应执行本标准。

4.2.2.28 Q/GDW 11074—2013《交流高压开关设备技术监督导则》

本标准明确了高压开关设备设备验收技术监督内容，对设备的监督预警告警和整改过程监督工作提出具体要求。

本标准适用于国家电网有限公司系统的 12～800kV 交流高压开关设备（断路器、组合电器（GIS）、隔离开关及高压开关柜等）的技术监督工作，其他电压等级开关设备可参照执行。

4.2.2.29 Q/GDW 11717—2017《电网设备金属技术监督导则》

本标准规定了杆塔、构架、电力金具、变压器、电抗器、断路器、隔离开关、接地开关、互感器、气体绝缘封闭式电气设备、开关柜、绝缘子、套管、导地线、接地网、附属部件等电网设备金属技术监督的范围、项目、内容及相应的要求。

本标准适用于 10kV 及以上电网设备部件的金属技术监督。

4.2.3 支撑标准

组合电器支撑标准是指支撑组合电器相关标准条款执行指导意见的技术标准。组合电器支撑标准共 4 项，其中主标准的支撑标准 2 项，从标准的支撑标准 2 项。标准清单见表 4－6。

表 4－6　组合电器支撑标准清单

序号	标准号	标准名称	标准分类
1	GB/T 11022—2011	高压开关设备和控制设备标准的共用技术要求	主标准支撑
2	GB/T 7674—2008	额定电压 72.5kV 及以上气体绝缘金属封闭开关设备	主标准支撑
3	GB/T 8905—2012	六氟化硫电气设备中气体管理和检测导则	从标准支撑
4	GB/T 11023—2018	高压开关设备六氟化硫气体密封试验方法	从标准支撑

4.2.3.1 GB/T 11022—2011《高压开关设备和控制设备标准的共用技术要求》

本标准适用于电压 3kV 及以上，频率 50Hz 及以下的电力系统中运行的户内、户外安装的交流开关设备和控制设备。

除非在特定类型开关设备和控制设备有关的产品标准中另有规定，本标准适用于所有的高压开关设备和控制设备。

注：为了便于本标准的使用，通常意义上的高压开关设备的电压范围泛指额定电压 3.6kV 及以上，实际应用中通常中压开关设备的额定电压范围是 3.6～63kV；高压开关设备的额定电压范围是 72.5～252kV；超高压开关设备的额定电压范围是 363～800kV；特高压开关设备的额定电压范围是 1100kV 及以上。

4.2.3.2 GB/T 7674—2008《额定电压 72.5kV 及以上气体绝缘金属封闭开关设备》

本标准规定了交流额定电压 72.5kV 及以上额定频率 50Hz 的户内和户外安装的气体绝缘金属封闭开关设备，其绝缘的获得至少部分通过绝缘气体而不是处于大气压力下的空气。

为了便于本标准的使用，术语 GIS 和开关设备均用于表述气体绝缘金属封闭开关设备。

本标准涵盖的气体绝缘金属封闭开关设备由可以直接连接在一起的独立元件构成，且这些元件只能按这种方式运行。

根据需要，本标准对适用于构成 GIS 的各个独立元件的相关标准进行了完善和补充。

4.2.3.3 GB/T 8905—2012《六氟化硫电气设备中气体管理和检测导则》

本标准规定了六氟化硫电气设备中气体管理和监测的方法，给出了六氟化硫电气设备维护、检修和解体过程中回收气体的重复使用技术，推荐了六氟化硫气体的试验、管理及处理。

本标准适用于设备运行和检修中六氟化硫气体的试验、管理及处理。

对电气设备中六氟化硫气体管理和检测的一些具体规定，按其相关标准执行。

4.2.3.4 GB/T 11023—2018《高压开关设备六氟化硫气体密封试验方法》

本标准规定了高压开关设备六氟化硫气体密封的术语和定义、试验项目及试验方法。

本标准规定的试验方法用以测定开关设备/隔室的相对年漏气率。

本标准适用于以六氟化硫气体作为绝缘和/或灭弧介质的高压开关设备的气体密封试验。

注：以其他气体作为操作、绝缘和/或灭弧介质的高压开关设备或其他电气设备（例如六氟化硫互感器等）的气体密封试验可参照本标准执行。

4.3 试验方法及评判标准

4.3.1 机械特性及机械操作试验

4.3.1.1 断路器机械特性试验及机械操作试验

同第3章断路器3.3.2。

4.3.1.2 隔离开关、接地开关机械特性及机械操作试验

（1）试验目的：机械特性参数是判断隔离开关性能的重要参数之一，隔离开关的分合闸时间、分合闸不同期、分合闸速度等，直接影响隔离开关的切合性能。机械操作试验的目的是保证触头充分磨合，试验完成后，检查触头磨损情况，彻底清理壳体内部，保证清洁。

（2）机械特性测量项目包括分闸时间、合闸时间、合闸不同期、分闸不同期、分合闸速度、动触头开距、动触头行程、动触头插入行程。

（3）机械特性测量试验方法。

1）断口的接线方法。单相操作时，断口线接在试品的断口一侧，共用线接在断口的另一侧；三相联动时，断口线 ABC 三相分别接在试品 ABC 三相的一端，试品的另一端 ABC 三相短接，断口线的共用端接在短接线上。

2）操作线的接线方法。根据二次图中的电动机构及电动弹簧机构原理图确定本工程电机回路及控制回路电压，接线方式见图4－23和图4－24。

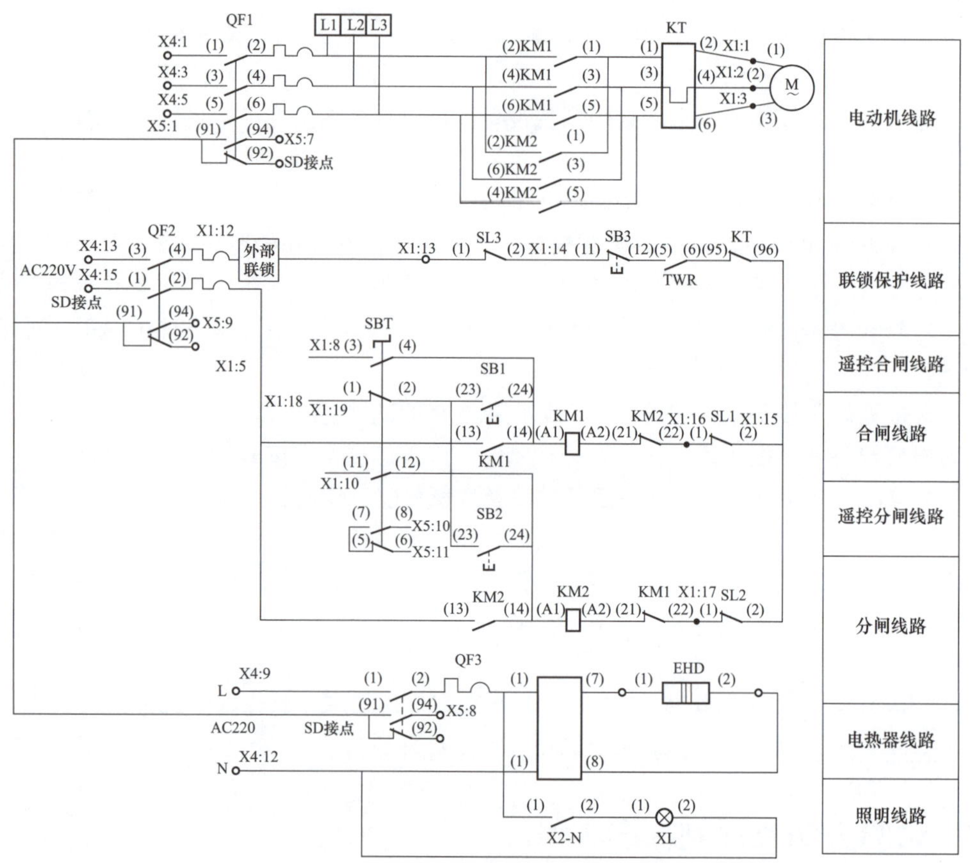

图 4－23　电气原理图

（4）评判标准。

1）机械特性试验：①合、分指示正确；②辅助开关动作正确；③合、分闸时间，合、分闸不同期，合－分时间满足技术文件要求且没有明显变化，必要时，测量行程特性曲线做进一步分析。

2）机械操作试验：①30%额定电压下，隔离开关不得分、合闸；②在 85%、100%、110%额定电压下，隔离开关可靠分、合闸。

图 4－24　机构接线图

4.3.2　主回路电阻测量

4.3.2.1　试验目的

验证 GIS 内部断路器、隔离开关及母线导体连接处接触良好。

4.3.2.2　检测条件

（1）技术要求：每个单元的测试结果不允许超过设计规定值。

（2）试验程序：采用直流压降法。对 GIS 内部断路器、隔离开关及母线导体连接处各单元进行分段和整体测试。断路器、隔离开关和接地开关处于闭合状态。测试结果不超过设计规定值即可判定被测试品合格。

(3) 检测仪器要求：仪器输出直流电流应不小于 100A。

4.3.2.3 试验方法

试验接线如图 4－25 所示，将电流线接到对应的 I＋、I－接线柱，电压线接到 V＋、V－接线柱，两把夹钳夹住被测试品的两端；若电压线和电流线是分开接线的，则电压线要接在测试品的内侧，电流线应接在电压线的外侧。

4.3.2.4 评判标准

回路电阻值应符合制造厂设计规定值要求。

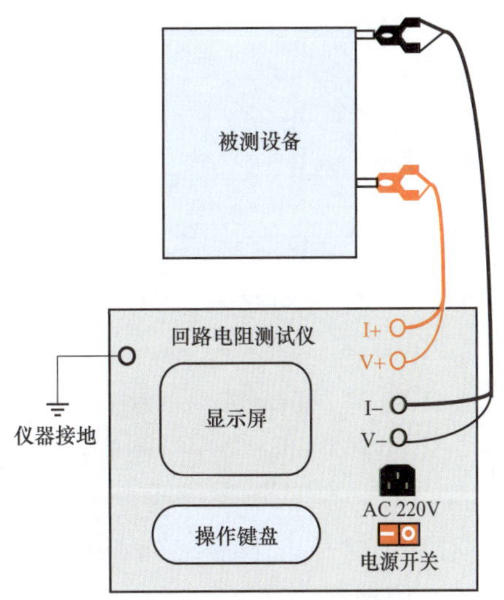

图 4－25 主回路电阻测量接线图

4.3.3 电流互感器试验（电磁式）

4.3.3.1 试验目的

测试互感器变比、极性、绝缘，测试结果符合技术协议要求。试验接线如图 4－26 所示。

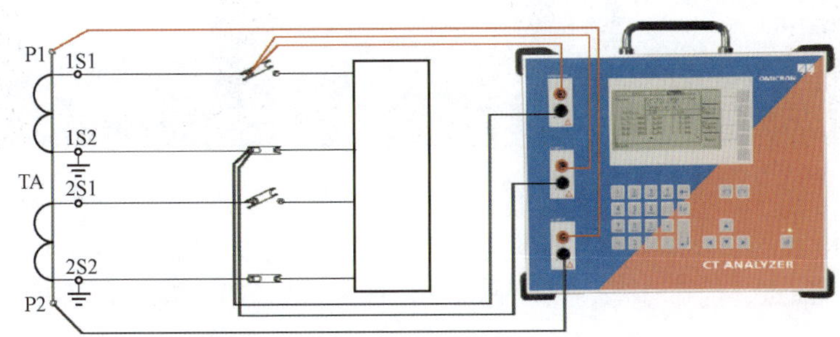

图 4－26 电流互感器（电磁式）试验接线图

4.3.3.2 评判标准

符合技术协议要求，精度、变比、极性、绝缘试验等项目试验合格。

4.3.4 气体密封性试验

4.3.4.1 试验目的

检测各气室、法兰连接部位气密性。

4.3.4.2 试验要求

(1) GIS 充入 SF_6 气体至额定压力。

(2) 断路器、隔离开关及接地开关均已完成出厂试验的机械操作试验后才进行 GIS 密封性试验。

(3) 包扎后，静置 24h 进行检测。

(4) 每个封闭压力系统或隔室允许的相对年漏气率应不大于 0.5%。

4.3.4.3 试验方法

(1) 局部包扎方法：对所有密封面进行包扎，如图4－27所示。

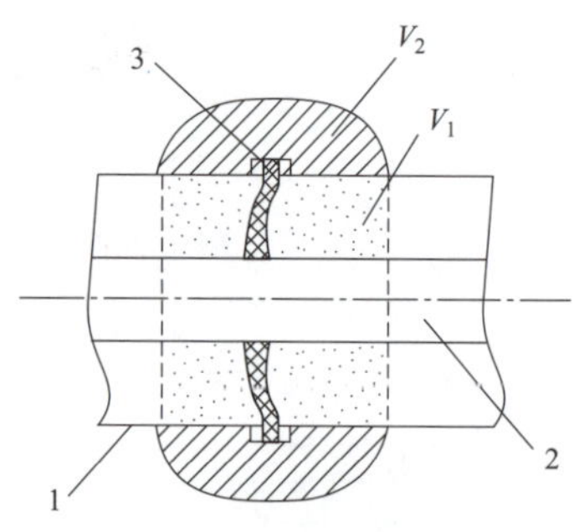

图4－27 局部包扎法示意图

V_1—试品内的容积；V_2—包扎塑料罩的容积；1—母线罐；2—导体；3—盆式绝缘子

(2) 包扎要求：

1) 包扎前，检查被试品中的六氟化硫气体压力，其表压力应显示为额定压力。

2) 包扎时，周围空气中六氟化硫气体含量不大于1μL/L。

3) 包扎时，检查塑料罩是否完好、无损。若有损坏，可用透明胶带粘结。

4) 包扎时间：从充完六氟化硫气体且所有气室均包扎完毕时开始计时，24h后可以检漏。

5) 用螺丝刀或其他工具将塑料罩扎眼（严禁用探头扎眼），将探头伸入塑料腔内，探头要尽量在塑料罩的最下方，且要求探头不能与塑料罩直接接触。此时观察显示屏上的数字，即为实测值，如图4－28所示。

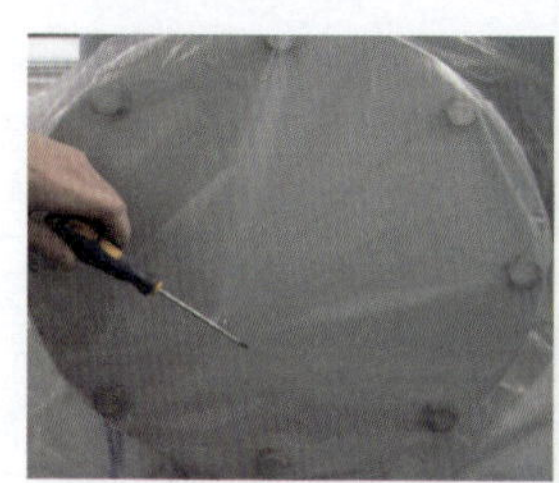
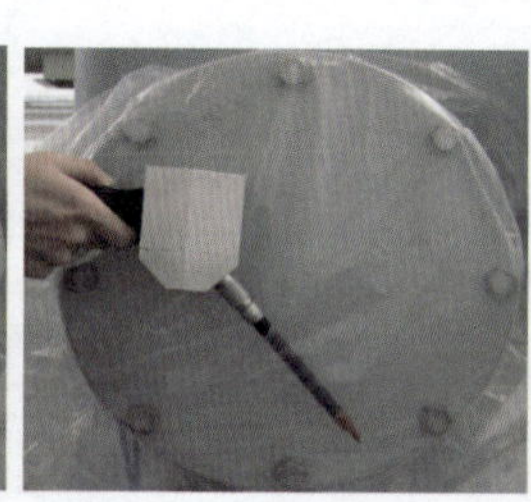

图4－28 局部包扎法现场图

(3) 定性检漏方法：用于查找准确的漏点位置，将探头对准对接面的结合部位，尽可能地靠近可疑泄漏点，前后移动，移动速度20mm/s，直至找到漏点的准确部位，如图4－29所示。

4.3.4.4 评判标准

SF_6产品要求年漏气率不大于0.5%。检漏仪显示值为泄漏浓度值，该值与六氟化硫气体额定压力及容积有关。实测值要小于0.5%对应的气体泄漏浓度值即为合格。

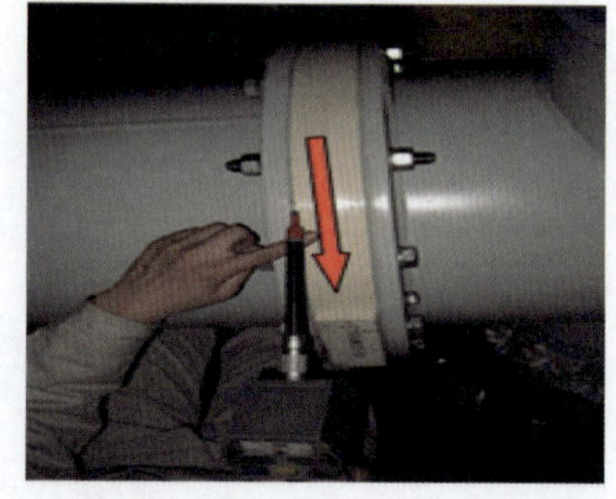

图4－29 定性检漏法测试位置示意图

4.3.5 SF_6气体水分含量测定

4.3.5.1 试验目的

在SF_6气体中若有过量的水分，当温度降低时水分就会凝结在绝缘子等零件的表面，降低其绝缘强度。当温度较高时（200℃以上），SF_6气体与水分发生化学反应，产生SO_2和HF等腐蚀性物质，严重影响产品质量。因此必须严格控制SF_6气体中的水分含量。

4.3.5.2 检测要求

各气室充六氟化硫气体至额定压力，静置48h后，进行六氟化硫水分测试。六氟化硫水分测试仪器如图4-30所示。

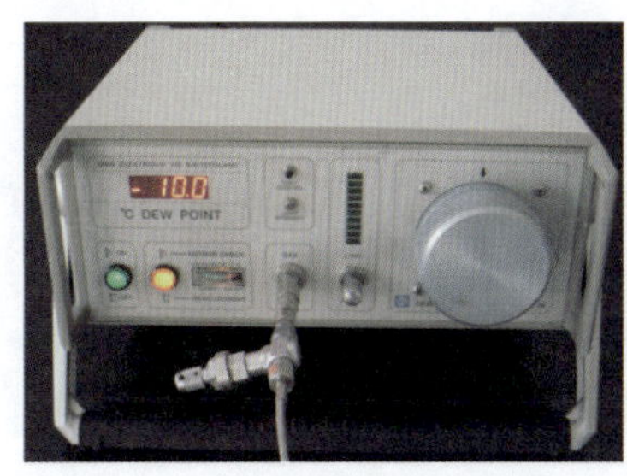

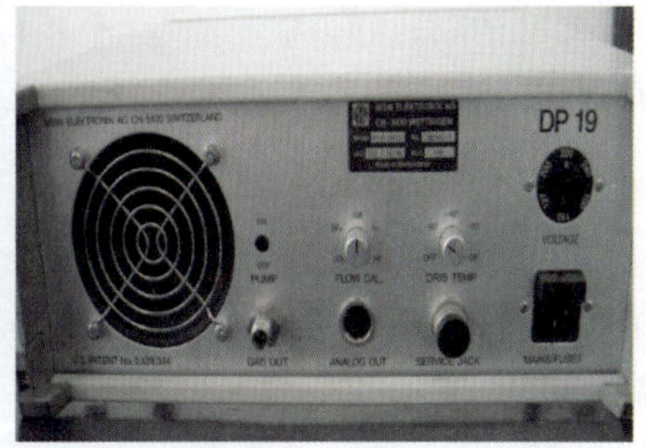

图4-30 六氟化硫水分测试仪器

4.3.5.3 对测量气路系统的要求

（1）测量管路必须用不锈钢管、铜管或聚四氟乙烯管，壁厚不小于1mm，内径为2～4mm，管道内壁应光滑、清洁。

（2）接头应采用金属材料，内垫用金属垫片或用聚四氟乙烯垫片，接头应清洁。

4.3.5.4 试验接线

SF_6气体水分含量测定试验接线如图4-31所示。

4.3.5.5 检测步骤

试验采用露点法。

（1）冷凝式露点仪采用导入式的取样方法。取样点必须设置在足以获得代表性气样的位置并就近取样。

（2）取样阀选用体积小的针阀。取样管道不宜过长，管道内壁应光滑清洁；管道无渗漏，管道壁厚应满足要求。

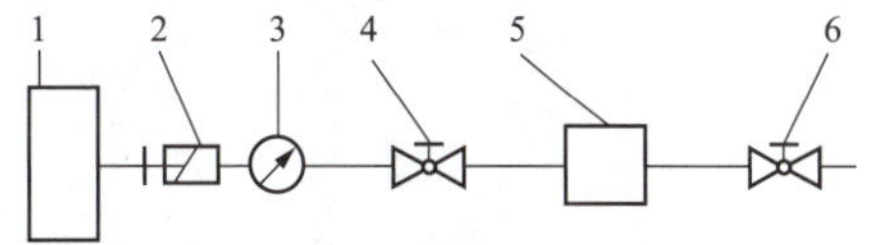

图4-31 SF_6气体水分含量试验接线图

1—待测电气设备；2—气路接口（连接设备与仪器）；3—压力表；4—仪器入口阀门；5—测试仪器；6—仪器出口阀门（可选）

（3）当测量准确度较低或测量时间较长时，可以适当增大取样总流量，在气样进入仪器之前设置旁通分道。

（4）环境温度应高于气样露点温度至少3℃，否则要对整个取样系统及仪器排气口的气路系统采取升温措施，以免因冷壁效应而改变气样的湿度或造成冷凝堵塞。

（5）根据取样系统的结构、气体湿度的大小用被测气体对气路系统分别进行不同流量、不同时间的吹洗，以保证测量结果的准确性。

（6）测量时缓慢开启调节阀，仔细调节气体压力和流速。测量过程中保持测量流量稳定，并从仪器直接读取露点值。检测过程中随时监测被测设备的气体压力，防止气体压力异常下降。

4.3.5.6 评判标准

断路器、快速隔离开关、快速接地开关气室的六氟化硫气体水分含量应不大于150μL/L，其他气室的六氟化硫水分含量应不大于250μL/L。

4.3.6 辅助回路绝缘试验

4.3.6.1 试验目的

验证辅助回路绝缘强度。

4.3.6.2 试验方法

交流耐压试验电压为2000V，持续时间1min。

4.3.6.3 评判标准

控制回路与辅助回路应能承受工频电压2000V、1min，试验中若未发生放电，则判定试验通过。

4.3.7 主回路绝缘试验（交流耐压）及局部放电试验

4.3.7.1 试验目的

验证主回路绝缘强度和绝缘件局部放电量。

4.3.7.2 试验准备

（1）被试品各气室内的六氟化硫气体压力应为最低功能压力。

（2）试验工装的各气室压力正常，记录各气室表压。

（3）试验工装各开关分、合位置正确。

4.3.7.3 试验接线

采用串联谐振试验装置，如图4－32所示，试验接线如图4－33所示。

图4－32 串联谐振装置图

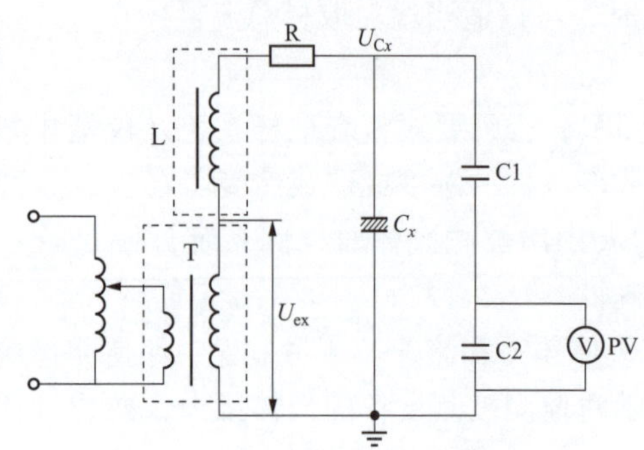

图4－33 串联谐振回路原理接线图

T—励磁变压器；U_{ex}—励磁电压；L—电感；R—限流电阻；U_{Cx}—被试品上的电压；C_x—被试品电容；C1、C2—电容分压器高、低压臂；PV—电压表

4.3.7.4 试验步骤

（1）检查确认接线正确。

（2）接通试验电源，开始升压进行试验。升压过程中应密切监视高压回路，监听被试品有无异响。

（3）升至试验电压，开始计时并读取试验电压。

（4）计时结束，降压然后断开电源，将被试设备放电并短路接地。

4.3.7.5 评判标准

（1）根据国家标准值进行升压，分别对断口及对地进行工频耐压 1min。

（2）局部放电试验结果应≤5pC，或符合技术协议要求。

（3）试验合格的判定：升压至标准规定值，在规定的时间内，若未发生破坏性放电，则认为试验通过。

（4）出现下列情形可判定试验不合格：

1）升压升不到标准值，出现放电现象；

2）升压至标准值，保持不到规定时间。

4.3.7.6 试品放电的处理原则

若试品在试验过程中发生放电，装配分厂将产品放电部位进行解体，查找放电点，然后对放电部位重新处理，清理干净，恢复后再次进行耐压，通过后方可出厂。试验员将试验结果详细记录。

缺陷示例如图 4－34 所示。

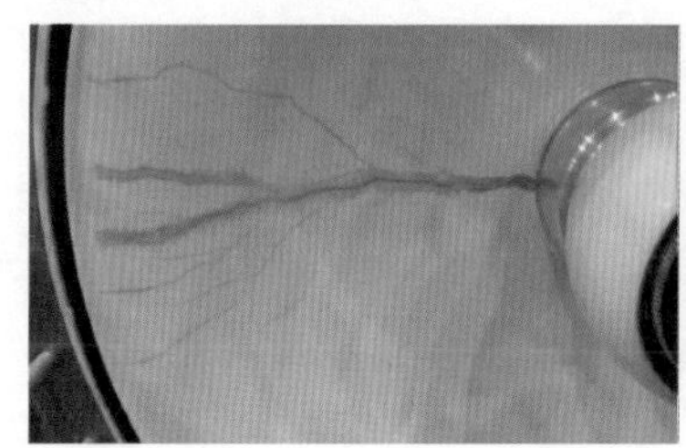
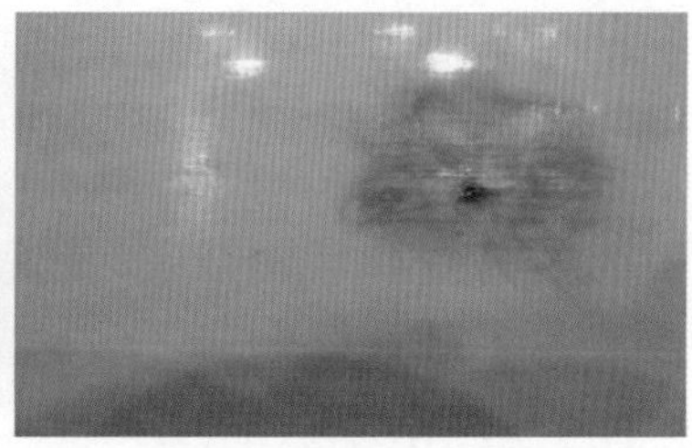

图 4－34 缺陷示例

4.3.8 雷电冲击试验

4.3.8.1 试验目的

雷电冲击试验的目的是考核设备在特殊工况下的绝缘水平，用到的设备是冲击电压发生器，如图 4－35 所示。

图 4－35 冲击电压发生器

4.3.8.2 试验程序

试品与工装对接，工装及试品可靠接地，电流互感器短接并接地，各气室充最低功能六氟化硫气体。升压：首次升压（分/合闸时）应施加预加电压的 80%，调整波形及其参数，使其符合标准要求。

4.3.8.3 评判标准

根据电压等级不同，依据技术条件对试品进行雷电冲击耐压试验，在分闸及合闸状态下分别进行，且正负极性各 3 次。试验过程中若未发生放电，则判定试品通过试验。

4.3.9 气体密度继电器及压力表

4.3.9.1 试验目的

检查压力降低报警压力、压力降低报警解除压力、压力降低闭锁压力、压力降低闭锁解除压力等是否满足产品技术条件。

4.3.9.2 检测步骤

（1）将被检压力表安装在台式压力检测装置上，旋紧调节阀，保证检测过程中不漏气。

（2）调压至压力表满程，保压3min。

（3）检测压力表各触点，记录各触点触发值，出具产品检验报告。

4.3.9.3 评判标准

气体密度继电器应校验其接点动作值与返回值，并符合其产品技术条件的规定；压力表示值的误差与变差均应在表计相应等级的允许误差范围内。

4.3.10 套管试验

套管试验包括密封性试验和SF_6气体湿度检测，须在套管与组合电器的导电回路总装后，随组合电器本体一起试验。

4.3.11 绝缘件试验

评判标准：在试验电压下单个绝缘件的局部放电量不大于3pC。绝缘拉杆、盆式绝缘子、支撑绝缘子逐支进行X射线探伤。

绝缘件外观及尺寸检测合格后，对绝缘子内部、嵌件及屏蔽环进行X射线检测，无气泡、无异物、无屏蔽环与嵌件接触不良或无位置不正确等缺陷，视为试品合格。

4.4 《指导书》重点条款解析

本节的表格为引用《指导书》的内容，表中序号相应保留，“监督要点解析”中的编号也与之对应。

4.4.1 组合电器监造要点

4.4.1.1 组合电器断路器

（1）监督内容、权重及要点见表4-7。

表4-7 组合电器断路器监督内容、权重及要点

《指导书》对应序号	监督内容	权重	监督要点
4.1.1	1）绝缘拉杆	Ⅰ	①表面光滑，无变形，无气泡、杂质、裂纹、划伤等缺陷
		Ⅱ	②绝缘拉杆应出具拉力强度试验报告，应满足断路器最大操作拉力的要求
		Ⅲ	③252kV及以上GIS用绝缘拉杆总装配前逐支进行工频耐压和局部放电试验，局部放电量不大于3pC
		Ⅱ	④绝缘拉杆外观良好，连接牢固，并有防止绝缘拉杆脱落的有效措施（如采取销针、卡簧等措施）
		Ⅰ	⑤拉杆拆封前的检查及暴露时间的控制：绝缘拉杆要在打开包装后的规定时间内（厂内规定工艺要求）完成装配过程。暴露在空气中的时间超出规定时间的绝缘拉杆，使用前应进行干燥处理，必要时重新进行试验

续表

《指导书》对应序号	监督内容	权重	监督要点
4.1.1	2）灭弧室材料及组装工艺	Ⅰ	①灭弧室零部件清洗干净，表面光滑，无磕碰、划伤
		Ⅱ	②各零部件连接部位螺栓压接牢固，力矩要求满足厂家工艺文件要求
		Ⅱ	③静、动触头清洁，无金属毛刺，圆角过渡圆滑，镀银面无氧化、起泡等缺陷
		Ⅲ	④GIS 用断路器、隔离开关和接地开关出厂试验时应进行不少于 200 次的机械操作试验（其中断路器每 100 次操作试验的最后 20 次应为重合闸操作试验），以保证触头充分磨合。200 次操作完成后应彻底清洁壳体内部，再进行其他出厂试验
		Ⅱ	⑤各装配单元导电回路电阻测量值应在产品技术要求规定范围内，满足厂家文件要求
		Ⅱ	⑥机械尺寸应满足产品设计要求
		Ⅱ	⑦断路器分、合闸指示标志清晰，动作指示位置正确。断路器应有独自的铭牌等标志，其出厂编号为唯一并可追溯
	3）传动件	Ⅱ	产品与技术规范书或技术协议中厂家、型号、规格一致，具备出厂质量证书、合格证、试验报告，进厂验收、检验、见证记录齐全
	4）操动机构	Ⅰ	①机构内的弹簧（弹簧机构）轴、销、卡片完好，二次线连接紧固
		Ⅲ	②液压机构下方应无油迹，液压弹簧机构各功能模块应无液压油渗漏；电机零表压储能时间、分合闸操作后储能时间符合厂内产品技术要求；额定压力下，液压弹簧机构的 24h 压降应满足厂内产品技术要求；弹簧机构在合闸弹簧储能完毕后，限位辅助开关应立即将电机电源切断
		Ⅱ	③防失压慢分装置应可靠；手动泄压阀动作应可靠，关闭严密，不泄压、不漏油
	5）机构箱	Ⅱ	①机构箱箱门开合顺畅，密封胶条安装到位，应有效防止尘、雨、雪、小虫和动物的侵入，防护等级不低于 IP45W
		Ⅲ	②机构箱内交、直流电源应有绝缘隔离措施
		Ⅱ	③机构箱内配有通风设施，则应满足设备防潮、防凝露要求，通气孔应确保形成对流
		Ⅰ	④外观完整、无损伤，接地良好，箱门与箱体之间接地连接铜线截面积不小于 $4mm^2$
		Ⅰ	⑤断路器二次线均匀布置、无松动

（2）监督要点解析

1）绝缘拉杆。②绝缘拉杆拉力强度试验是设备监造技术监督重要的监督项目。绝缘拉杆拉力强度试验为破坏性试验，采用同批次抽验检测方法，一般查看型式试验报告。断路器分、合中绝缘拉杆会受到冲击力，当绝缘拉杆拉力强度不合格时，会影响分合闸位置、行程曲线。绝缘拉杆拉力试验报告如图 4－36 所示。

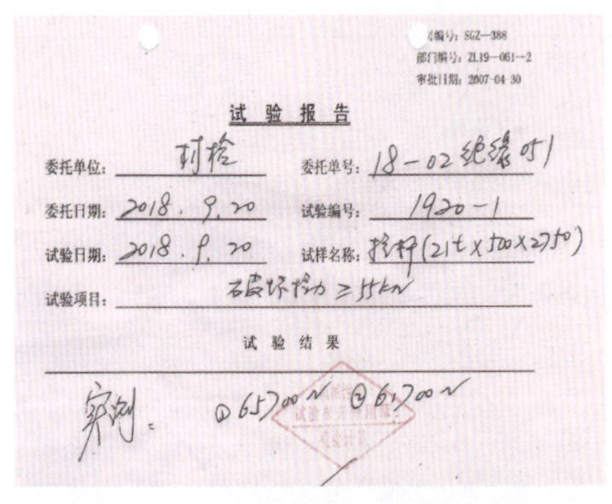

编号：SGZ—388
部门编号：ZL19—061—2
审批日期：2007-04-30

试验报告

委托单位：
委托单号：18-02
委托日期：2018.9.20
试验编号：1920-1
试验日期：2018.9.20
试样名称：
试验项目：

试验结果

图 4－36　绝缘拉杆拉力试验报告

③绝缘拉杆工频耐压试验和局部放电试验是设备监造技术监督重要的监督项目。绝缘拉杆性能的好坏直接关系到 GIS 设备的安全运行，较多 GIS 内部放电都是由于绝缘件缺陷导致的。在设备监造阶段对其进行耐压、局部放电试验，可有效发现设备的内部缺陷，从而采取相应的措施，以避免带有缺陷的设备出厂。

④绝缘拉杆外观检查是设备监造技术监督重要的监督项目。绝缘拉杆外观良好，连接牢固，并有防止绝缘拉杆脱落的有效措施（如采取销针、卡簧等措施），如图4－37所示。

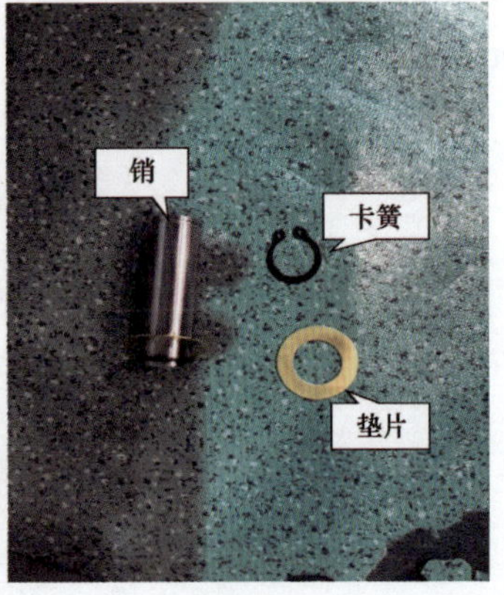

图 4－37　绝缘拉杆销、卡簧、垫片及装配

⑤绝缘拉杆拆封前的检查及暴露时间的控制是设备监造技术监督重要的监督项目。玻璃纤维（断路器用国产绝缘拉杆及绝缘筒）、环氧浇注件，在相对湿度小于 50% 的情况下暴露时间不得大于 20 天；51% ~70% 不得大于 14 天；大于 70% 不得大于 7 天。聚酯纤维、凯夫拉纤维（进口绝缘拉杆及绝缘筒、隔离开关用国产绝缘杆），在相对湿度小于 50% 的情况下暴露时间不得大于 12 天；51% ~70% 不得大于 8 天；大于 70% 不得大于 1 天。暴露时间用控制卡显示，如图 4－38 所示。

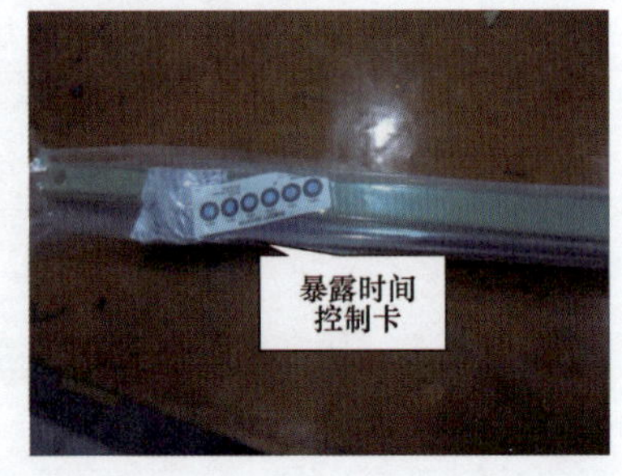

图 4－38　绝缘拉杆暴露时间控制卡

2）灭弧室。③灭弧室静、动触头的工艺质量检查是设备监造技术监督重要的监督项目。断路器静、动触头存在金属毛刺会在运行中造成放电现象；静触头侧会为合闸提供一定的夹紧力；圆角过渡光滑可以有效防止静、动触头在接触过程中造成机械损伤导致发热；同时镀银层氧化、起泡也会引起回路异常发热等问题发生。灭弧室静触头座装配如图 4－39 所示。

②断路器不少于 200 次的机械操作试验是设备监造技术监督重要的监督项目。机械磨合试验的目的是通过静、动触头的摩擦将其本身可能存在的金属毛刺打磨干净，保证断路

器触头及操动机构充分磨合，避免由金属微粒引起的内部短路，可有效降低设备安全风险。机械操作试验次数通过计数器显示，如图4－40所示。

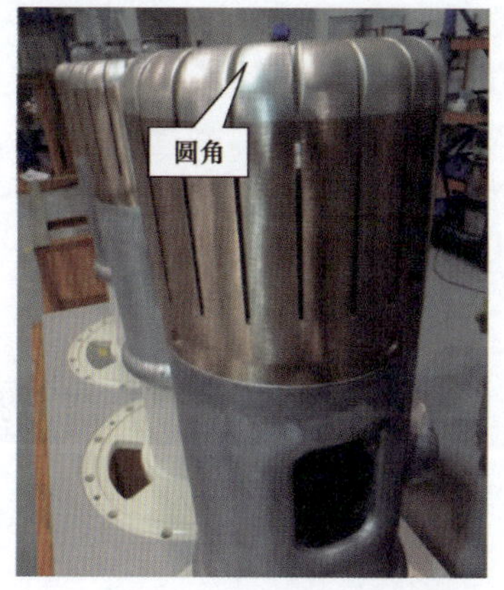

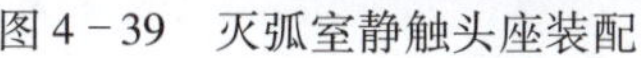

图4－39　灭弧室静触头座装配　　图4－40　操动机构计数器

4）操动机构机械。①②③操动机构性能检查是设备监造技术监督重要的监督项目。操动机构储能异常、频繁打压、操作压力不足、弹簧压缩量不够等缺陷，将直接导致操动机构误动、拒动。检查操动机构性能可靠性可为断路器机械特性提供保障，防止断路器开断运行电流、故障电流失败而导致系统不可靠运行。液压弹簧操动机构如图4－41所示。

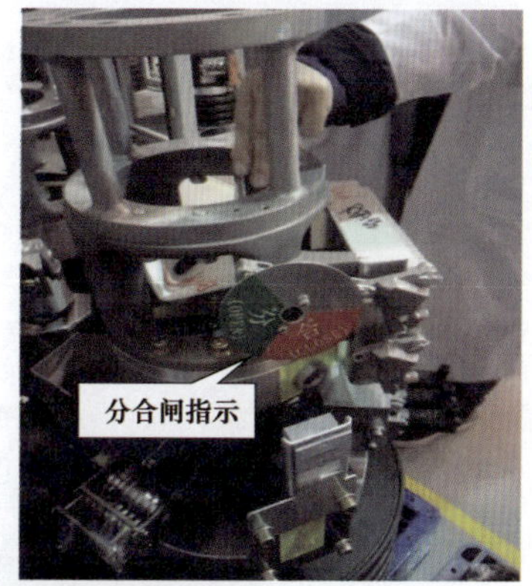

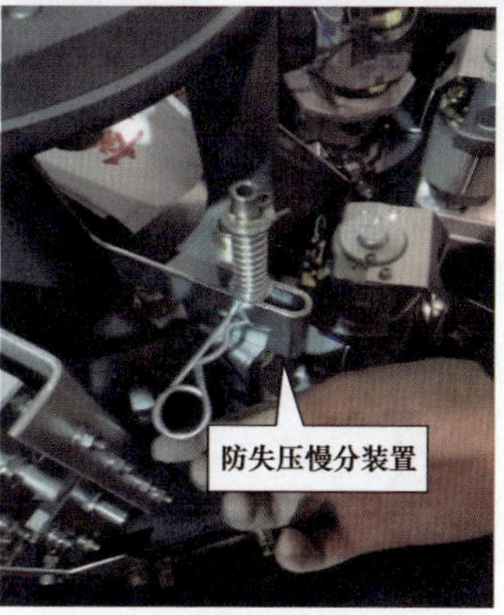

图4－41　液压弹簧操动机构

图 4－42　隔离措施

5）机构箱。②机构箱内交、直流电源绝缘隔离措施检查是设备监造技术监督重要的监督项目。机构箱交、直流电源混装在运行中存在直流接地风险，容易造成直流正负偏移量大于保护误动因数，使设备及保护装置出现误动可能，危害设备稳定运行。交直流电源隔离也能方便检修、故障处理工作。隔离措施如图4－42所示。

（3）监督要求。开展该项目监督主要需要现场查看实物，对照设计图纸和工艺质量文件，查看质检员的检验记录，查验试验报告、装配检查记录，外购件还需查验原厂质量证明书及检验报告。

4.4.1.2　组合电器隔离开关

（1）监督内容、权重及要点见表 4－8。

表 4－8　组合电器隔离开关监督内容、权重及要点

《指导书》对应序号	监督内容	权重	监督要点
4.1.2	1）部件装配及参数、性能检查	Ⅱ	①机构与本体连接处密封良好，电缆口应封闭，接地良好，电机运转无异音，操动机构动作可靠、灵活
		Ⅰ	②同一间隔的多台隔离开关的电机电源，必须设置独立的开断设备
		Ⅱ	③接地开关与快速接地开关的接地端子应与外壳绝缘后再接地，以便测量回路电阻
		Ⅲ	④隔离开关和接地开关应进行不少于 200 次的机械操作试验，操作完成后应彻底清洁壳体内部，保证无碎屑，再进行其他试验
		Ⅱ	⑤应确保操动机构的操作功具有一定裕度（最高 110% U_n，最低 85% U_n 电压下可靠动作），避免合、分闸不到位
		Ⅲ	⑥隔离开关主触头镀银层厚度应不小于 8μm
	2）操动机构	Ⅰ	①机构内的弹簧、轴、销、卡片、缓冲器等零部件完好
		Ⅰ	②应检查销轴、卡环及螺栓连接等连接部件的可靠性，防止其脱落导致传动失效
		Ⅱ	③机构应设置闭锁销，闭锁销处于“闭锁”位置，机构既不能电动操作也不能手动操作；处于“解锁”位置时能正常操作
		Ⅲ	④机构箱外壳表面应选用不锈钢、铸铝或具有防腐措施的材料，其厚度应大于 2mm

（2）监督要点解析。

1）部件装配及参数、性能检查。④隔离开关和接地开关200次的机械操作试验是设备监造技术监督重要的监督项目。机械磨合试验的目的是通过静、动触头的摩擦将其本身可能存在的金属毛刺打磨干净，断路器在出厂前进行不少于200次的机械操作试验可有效避免设备投运后因金属摩擦产生过多金属颗粒从而导致拉弧、绝缘击穿等事故，可有效降低设备安全风险。

⑤隔离开关操动机构扭矩检查是设备监造技术监督重要的监督项目。隔离开关应满足足够的操作扭矩，避免、分、合闸不到位现象发生，并满足足够的手动操作力矩，可为隔离开关和接地开关分、合操作（包括破冰操作）提供足够的操作力；电源设置、手动操作力矩等不满足要求，将影响设备安全可靠运行。

⑥隔离开关主触头镀银层厚度检查是设备监造技术监督比较重要的监督项目。隔离开关导电部件的材质、触指压力、外形、规格、镀银层工艺与厚度决定了隔离开关的接触电阻。触头导体镀银（如图4-43所示）是减小接触电阻方法之一，能整体提高导体的导电能力，可有效防止触头等部位由于接触电阻过大引起的设备发热问题，因此需要严格监督检查触头、导体镀银层厚度各项指标。

2）操动机构。③隔离开关机械闭锁检查是设备监造技术监督重要的监督项目。闭锁销是GIS设备转入维护检修中保护人身安全的重要机械手段之一，后期现场检修维护中插入闭锁销可有效避免因违规操作导致机构误动，威胁工作人员人身安全。隔离开关闭锁销如图4-44所示。

图4-43 触头

图4-44 隔离开关闭锁销

（3）监督要求。开展该项目监督主要通过查阅资料的方式，现场查看实物、查验装配检查记录、核查试验报告，检查零部件入场合格证、质量跟踪卡，对照图纸、工艺质量文件、相关标准确认是否符合要求。

4.4.1.3 组合电器母线

（1）监督内容、权重及要点见表4-9。

表4-9 组合电器母线监督内容、权重及要点

《指导书》对应序号	监督内容	权重	监督要点
4.1.3	部件参数、性能	Ⅲ	①母线导体材质为电解铜或铝合金
		Ⅲ	②铝合金母线的导电接触部位表面应镀银，镀银层厚度不小于8μm

（2）监督要点解析。组合电器母线是设备监造技术监督重要的监督项目。母线作为组合电器内主要导体，其导电性能的优劣是组合电器正常运行的主要影响因素。①②两个监督项目的共同目的，就是保证母线具有良好的导电性能，避免在运行过程中出现导体过热等现象。现场监督人员可采用X射线荧光镀层测厚仪或便携式光谱仪等能保证精度的设备进行镀银层厚度测量，被检测的镀银层不可有脱皮、划痕等外观缺陷。母线导体的触头部位应镀银，母线静接触部位镀银厚度不应小于 8μm。母线及导电接触部位如图 4－45 所示。

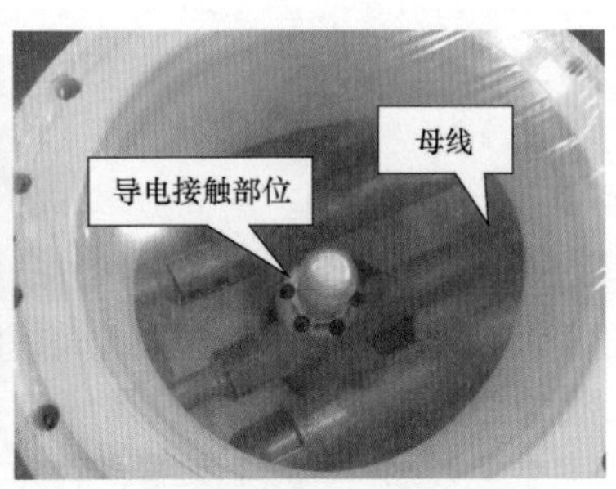

图 4－45　母线及导电接触部位

（3）监督要求。开展该项目监督主要需要现场查看实物，查验原厂质量证明书及检验报告、进厂验收记录，并与订货技术协议及标准对照。

4.4.1.4　组合电器电流互感器

（1）监督内容、权重及要点见表 4－10。

表 4－10　组合电器电流互感器监督内容、权重及要点

《指导书》对应序号	监督内容	权重	监督要点
4.1.4	1）各项特性参数	Ⅱ	精度、极性、变比、直流电阻满足技术协议要求
	2）装配工艺	Ⅱ	①电流互感器二次侧严禁开路，二次接线引线端子完整，标志清晰，二次引线端子应有防松动措施（如采取平垫、弹垫、备帽等措施），引流端子连接牢固，绝缘良好
		Ⅰ	②电流互感器接线盒电缆进线口封堵严实，箱盖密封良好

（2）监督要点解析。

各项特性参数：①电流互感器各项特性参数检查是设备监造技术监督重要的监督项目。电流互感器是保护、测量、计量二次回路的重要组成部分，其稳定性、安全性和精度对整个二次系统的有效运行有决定性意义。驻厂监造过程中，应对电流互感器的各项参数正确性进行复核。电流互感器出厂检验报告如图 4－46 所示。

（3）监督要求。开展该项目监督主要需要对照技术协议检查外购件具备出厂质量证

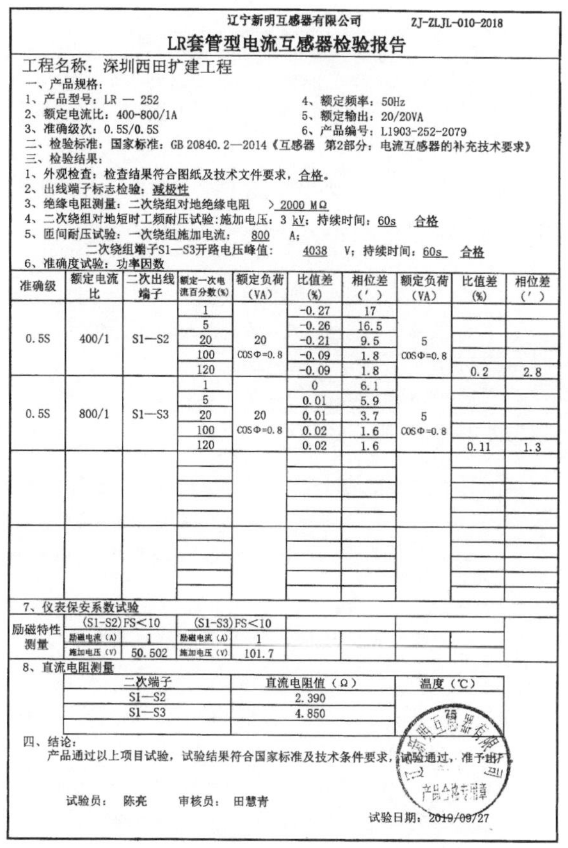

辽宁新明互感器有限公司 ZJ-ZLJL-010-2018

LR套管型电流互感器检验报告

工程名称：深圳西田扩建工程

一、产品规格：

1、产品型号：LR — 252　　4、额定频率：50Hz

2、额定电流比：400-800/1A　　5、额定输出：20/20VA

3、准确级次：0.5S/0.5S　　6、产品编号：L1903-252-2079

二、检验标准：国家标准：GB 20840.2—2014《互感器 第2部分：电流互感器的补充技术要求》

三、检验结果：

1、外观检查：检查结果符合图纸及技术文件要求，合格。

2、出线端子标志检验：减极性

3、绝缘电阻测量：二次绕组对地绝缘电阻 ＞2000 MΩ

4、二次绕组对地短时工频耐压试验：施加电压：3 kV；持续时间：60s 合格

5、匝间耐压试验：一次绕组施加电流：800 A；

二次绕组端子S1—S3开路电压峰值：4038 V；持续时间：60s 合格

6、准确度试验：功率因数

准确级	额定电流比	二次出线端子	额定一次电流百分数(%)	额定负荷(VA)	比值差(%)	相位差(′)	额定负荷(VA)	比值差(%)	相位差(′)
0.5S	400/1	S1—S2	1	20 COSΦ=0.8	-0.27	17	5 COSΦ=0.8		
			5		-0.26	16.5			
			20		-0.21	9.5			
			100		-0.09	1.8			
			120		-0.09	1.8		0.2	2.8
0.5S	800/1	S1—S3	1	20 COSΦ=0.8	0	6.1	5 COSΦ=0.8		
			5		0.01	5.9			
			20		0.01	3.7			
			100		0.02	1.6			
			120		0.02	1.6		0.11	1.3

7、仪表保安系数试验

励磁特性测量	(S1-S2)FS＜10		(S1-S3)FS＜10	
	励磁电流（A）	1	励磁电流（A）	1
	施加电压（V）	50.502	施加电压（V）	101.7

8、直流电阻测量

二次端子	直流电阻值（Ω）	温度（℃）
S1—S2	2.390	
S1—S3	4.850	

四、结论：

产品通过以上项目试验，试验结果符合国家标准及技术条件要求，试验通过，准予出厂。

试验员：陈亮　审核员：田慧青

试验日期：2019/09/27

图 4-46　电流互感器出厂检验报告

书、合格证、试验报告；进厂验收、检验、见证记录齐全；实物与文件对证。

4.4.1.5 组合电器外壳

（1）监督内容、权重及要点见表 4-11。

（2）监督要点解析。

3）焊接质量检查和探伤试验。①焊缝无损检测是设备监造技术监督比较重要的监督项目。采用 A 型脉冲反射超声波检测仪对 GIS 设备进行焊缝内部检测可有效检测焊接部位的焊接质量，及时发现气泡、裂纹等潜在缺陷，保证 GIS 罐体焊缝焊接质量，避免不合格壳体出厂使用。壳体如图 4-47 所示。

表 4-11　　组合电器外壳监督内容、权重及要点

《指导书》对应序号	监督内容	权重	监 督 要 点
4.1.7	1）材质检查和试验报告	Ⅱ	应检查材料板（管）材质及厚度，材料的牌号、规格，要求材质报告和实物统一
	2）外观尺寸检查	Ⅰ	外壳整体尺寸符合厂家设计图纸要求；外壳上各类出口法兰位置方向正确；外壳各密封面平整、光滑，公差符合图纸要求

续表

《指导书》对应序号	监督内容	权重	监督要点
4.1.7	3）焊接质量检查和探伤试验	Ⅲ	①生产厂家应对 GIS 罐体焊缝进行无损探伤检测，保证罐体焊缝 100%合格
		Ⅲ	②金属材料和部件材质应进行质量检测，对罐体应按批次抽样开展金属材质成分检测，按批次开展金相试验抽检，并提供相应报告
		Ⅰ	③对于修正部位的补焊要充分、饱满
	4）压力试验	Ⅲ	①标准的试验压力应是 k 倍的设计压力（对于焊接的铝外壳和焊接的钢外壳：$k=1.3$；对于铸造的铝外壳和铝合金外壳，$k=2.0$），试验压力至少应维持 1min，试验期间不应出现破裂或永久变形
		Ⅱ	②压力试验不合格的壳体，其金属焊缝均应进行无损探伤检测
	5）防锈、防腐	Ⅱ	①户外设备外壳应采用防腐材料。外壳防腐涂层厚度不小于 120μm（铝合金表面不小于 90μm），附着力不小于 5MPa
		Ⅰ	②外壳油漆表面光洁、均匀，颜色应与技术协议一致

图 4－47　壳体

4）压力试验。GIS 设备壳体压力试验、气密性试验是设备监造技术监督比较重要的监督项目。GIS 设备壳体材质不合格或制造时工艺不到位，金属焊接及铸造处理工艺不良，会使得壳体存在砂眼、壳体厚度不一、受力不均匀，导致设备投入运行后壳体漏气；此外 GIS 设备法兰盘密封、防水工艺不到位，会导致法兰槽锈蚀、密封胶圈老化、法兰连接处漏气。壳体水压试验和气密性试验可有效检出设备壳体沙眼、密封不良等缺陷，有效避免设备投运后出现漏气故障。壳体的水压试验报告和气密性试验报告如图 4－48、图 4－49 所示。

（3）监督要求。开展该项目监督主要需要现场查看实物，查验罐体合格证，对照工艺质量文件，查看焊接设备、探伤试验设备状况是否良好，审查施工人员资质。

4.4.1.6　组合电器出线套管（绝缘复合套管、瓷套管）

（1）监督内容、权重及要点见表 4－12。

水压试验检验报告

Inspection Report for Hydrostatic Test

产品编号: JS190106411 JSZJ-007

Product Serial Number

试压部位 Static Pressure Test Location	整机 complete machine	试验日期 Test Date	2019.9.22	工艺过程卡编号 Serial No. of Technological Process Card	JS/QC002.18-2012
压力表精度等级 Precision Grade of Pressure Gauge	1.6	压力表量程 Measuring Span of Pressure Gauge	0-2.5Mpa	压力表检定日期 Calibrating Date of Pressure Gauge	2019.4.9
压力表编号 Serial No. of Pressure Gauge	E16076	环境温度（℃）Environmental Temperature	室温 room temperature	介质温度（℃）Medium Temperature	室温 room temperature
压力表表盘直径 Dial Diameter of Pressure Gauge		Φ100	试验介质 Test Medium		水 water

设计要求压力试验曲线 Design Static Pressure Test Curve：试验压力 Test Pressure (Mpa) 1.2 Mpa；检查压力 Design Pressure (Mpa) 0.8Mpa；10min 保压时间 Pressure Holding Time；5min 保压时间 Pressure Holding Time；T

实际压力试验曲线 Actual Static Pressure Test Curve：试验压力 Test Pressure (Mpa) 1.2 Mp；检查压力 Design Pressure (Mpa) 0.8Mpa；10min 保压时间 Pressure Holding Time；5min 保压时间 Pressure Holding Time；T

结论 Conclusion:

本产品经 1.2 MPa 试验，无渗漏；无可见的异常变形；无异常响声；试验结论合格。

This product is tested with pressure of 1.2 MPa; and has no leak, no visible abnormal deformation, no abnormal noise; the test conclusion is acceptable.

检验员：[签名] Inspector　压力试验责任人：[签名] Operator in Duty　日期：2019.9.22 Date

图4-48　壳体的水压试验报告

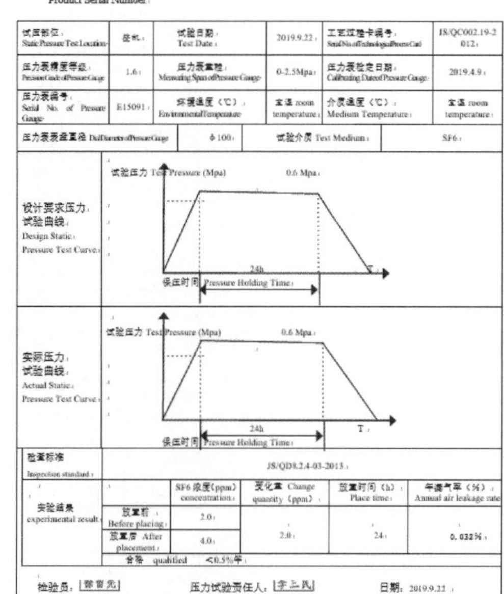

气密性试验检验报告

Inspection Report for Pneumatic Test

产品编号: JS190106411 JSZJ-008

Product Serial Number

试压部位 Static Pressure Test Location	整机	试验日期 Test Date	2019.9.22	工艺过程卡编号 Serial No. of Technological Process Card	JS/QC002.19-2012
压力表精度等级 Precision Grade of Pressure Gauge	1.6	压力表量程 Measuring Span of Pressure Gauge	0-2.5Mpa	压力表检定日期 Calibrating Date of Pressure Gauge	2019.4.9
压力表编号 Serial No. of Pressure Gauge	E15091	环境温度（℃）Environmental Temperature	室温 room temperature	介质温度（℃）Medium Temperature	室温 room temperature
压力表表盘直径 Dial Diameter of Pressure Gauge		Φ100	试验介质 Test Medium		SF6

设计要求压力试验曲线 Design Static Pressure Test Curve：试验压力 Test Pressure (Mpa) 0.6 Mpa；24h 保压时间 Pressure Holding Time；T

实际压力试验曲线 Actual Static Pressure Test Curve：试验压力 Test Pressure (Mpa) 0.6 Mpa；24h 保压时间 Pressure Holding Time；T

检查标准 Inspection standard	JS/QD8.2.4-03-2013				
实验结果 experimental result		SF6浓度(ppm) concentration	变化量 Change quantity（ppm）	放置时间（h） Place time	年漏气率（%） Annual air leakage rate
	放置前 Before placing	2.0	2.0	24	0.032%
	放置后 After placement	4.0			
	合格 qualified ＜0.5%年				

检验员：[签名] Inspector　压力试验责任人：[签名] Operator in Duty　日期：2019.9.22 Date

图4-49　壳体的气密性试验报告

表4-12　组合电器出线套管监督内容、权重及要点

《指导书》对应序号	监督内容	权重	监督要点
4.1.8	各项参数与外观	Ⅰ	①实物密封面光洁，表面无损伤和裂痕
		Ⅲ	②检查套管爬电距离满足订货技术协议要求

（2）监督要点解析。组合电器出线套管（绝缘复合套管、瓷套管）是设备监造技术监督重要的监督项目。

1）各项参数与外观。规范爬电距离（查看产品技术文件）是保证电力设备安全稳定运行的必要手段，可有效避免设备在运行环境中出现闪络风险。套管出厂合格证如图4-50所示。

（3）监督要求。开展该项目监督主要需要现场查看实物，查验套管出厂合格证并与订货技术协议及标准对照。

4.4.1.7　组合电器伸缩节

（1）监督内容、权重及要点见表4-13。

（2）监督要点解析。①伸缩节水平及垂直公差检查是设备监造技术监督重要的监督项目。GIS设备各部件间组成复杂，在现场运行时由于环境温度的变化，金属筒体会发生热胀冷缩现象，同时GIS设备的基础也可能有较小沉降、位移。为了避免由于上述原因而导致的事故，需要在GIS母线或者出线间隔安装一定数量的伸缩节，如图4-51所示，特性报告如图4-52所示。

湖南华联火炬电瓷电器有限公司

电瓷产品试验报告

B74	2401	168	338	0.2	1.5	3	1.5	0.2	0.2	合格
B81	2401	168	339	0.2	1.5	5	1.5	0.2	0.2	合格

7.3 工频耐受电压试验

产品工频耐受电压试验结果见表3。

表3　工频耐受电压试验结果　kV

产品编号	规定值（不小于）	时间 min	试验值	时间 min	试验结果	备注
A56	460	5	460	5	合格	
A62	460	5	460	5	合格	
536	460	5	460	5	合格	
529	460	5	460	5	合格	
527	460	5	460	5	合格	
D39	460	5	460	5	合格	
D43	460	5	460	5	合格	
D40	460	5	460	5	合格	
537	460	5	460	5	合格	
D49	460	5	460	5	合格	
B74	460	5	460	5	合格	
B81	460	5	460	5	合格	

7.4 内水压耐受试验

以上产品均经过压力负荷值为2.4MPa，时间为1min的内水压耐受试验，全部通过。

7.5 逐个超声波探伤检查

瓷件未胶装前用CTS--9008探伤仪进行逐个超声波探伤检查，未发现瓷件内部生烧、氧化、开裂、气孔等缺陷，全部合格。

7.6 弯曲负荷试验

以上产品均经过弯曲负荷为8 kN的四向弯曲负荷试验，全部通过。

8. 抽样试验

8.1 抽样数量：　2支

9. 试验结果：

抽样试验在逐个试验合格后进行，结果如下。

9.1 主要尺寸和形位偏差检查

试品主要尺寸和形位偏差检验按照产品图样和相应标准规定进行，结果见表4。

表4　单位：mm

检验项目 / 技术要求 / 瓷套编号	瓷套高度	内孔直径		上下法兰平行度	上下法兰同轴度	安装孔位置度	瓷与法兰端面距离		爬电距离	检验结果
		上部	下部				上端	下端		
	2400±3	175^{+5}_{-9}	340^{+5}_{-8}	0.3	3	2	0.1~0.3		≥8593	
67	2400	171	338	0.1	15	1.2	0.2	0.2	9140	合格
66	2401	170	337	0.1	1.4	1.1	0.2	0.2	9150	合格

图4－50　套管出厂合格证

表4－13　组合电器伸缩节监督内容、权重及要点

《指导书》对应序号	监督内容	权重	监督要点
4.1.9	各项特性参数与外观	Ⅱ	①伸缩节两侧法兰端面平面度公差不大于0.2mm，密封平面的平面度公差不大于0.1mm，伸缩节两侧法兰端面对于波纹管本体轴线的垂直度公差不大于0.5mm
		Ⅲ	②波纹管及法兰应为锰（Mn）元素含量不大于2%的奥氏体型不锈钢或铝合金
		Ⅱ	③伸缩节中的波纹管本体不允许有环向焊接头，所有焊接缝要修整平滑；伸缩节中波纹管若为多层式，纵向焊接接头应沿圆周方向均匀错开；多层波纹管直边端部应采用熔融焊，使端口各层熔为整体
		Ⅲ	④对伸缩节中的直焊缝应进行100%的X射线探伤，缺陷等级应不低于NB/T47013.2规定的Ⅱ级；环向焊缝进行100%着色检查，缺陷等级应不低于NB/T 47013.5规定的Ⅰ级
		Ⅱ	⑤伸缩节制造厂家在伸缩节制造完成后，应进行例行水压试验。试验压力为1.5倍的设计压力，到达规定试验压力后保持压力不少于10min，伸缩节不得有渗漏、损坏、失稳等异常现象；试验压力下的波距相对零压力下波距的最大波距变化率应不大于15%
		Ⅱ	⑥用于轴向补偿的伸缩节应配备伸缩量计量尺，同时具有“伸缩节（状态）伸缩量－环境温度”调整参数表

图 4－51 伸缩节

新东北电气

金属波纹管补偿器产品技术特性报告

技术参数	设计压力	0.8 M Pa	工作压力	0.1~0.8 M Pa
	设计温度	150℃	工作温度	-35℃~+110℃
	轴向补偿量	±10mm（5 次）	一次压缩量	-10mm（5 次）
	地震时径向变位置	±1mm（10 次）	外 形 尺 寸	765×765×170
	产品型号	ZFW20-252	总重量	143.36kg
	工作介质	SF_6		
压力试验	水压试验压力 MPa	1.2		
	气密试验压力 MPa	0.6		
无损检测	无损检测部位	检测方法	检测比例	合格级别
	波纹管管坯	PT	100%	Ⅰ级
	波纹管与法兰环焊缝	PT	100%	Ⅰ级
	接管对接纵焊缝	/	/	/
施工依据	设计与制造标准： GB/T12777—2008《金属波纹膨胀节通用技术条件》 GB/T30092—2013《高压组合电器用金属波纹管补偿器》			

图 4－52 伸缩节特性报告

③GIS 伸缩节焊接工艺检查是设备监造技术监督重要的监督项目。GIS 伸缩节焊接工艺不当会使得伸缩节不能发挥应有温度补偿作用，造成 GIS 支撑断裂、漏气等严重的质量事故。波纹管本体不应有环向焊接接头；公称直径小于等于 $\phi 600$mm，仅允许有一条纵向焊接接头，公称直径大于 $\phi 600$mm，允许有两条纵向焊接接头，两条焊接接头间隔应大于 250mm。波纹管为多层时，管坯套合时各层管坯间纵向焊接接头位置应沿圆周方向均匀错开；各层间不应有水、油、污物等杂质；直边段端口应采用熔融焊。伸缩节焊缝如图 4－53 所示。

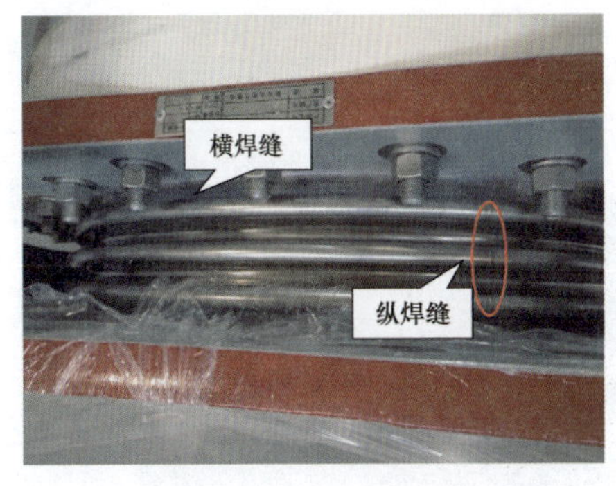

图 4－53 伸缩节焊缝

（3）监督要求。开展该项目监督主要需要查验原厂质量证明书和检验报告、进厂验收记录，现场核对实物。

4.4.1.8 组合电器盆式、支持绝缘子

（1）监督内容、权重及要点见表 4－14。

（2）监督要点解析。

1）外观及尺寸检查。②GIS 罐体上跨接部位检查是设备监造技术监督重要的监督项目。

GIS 罐体上跨接片可将 GIS 壳体各气室与接地网有效连接，壳体法兰间存在感应电动势，若不能形成良好通路则会导致 GIS 壳体出现打火情况，威胁人身和设备安全。若跨接片通过法兰螺栓直接固定，由于热胀冷缩影响，在法兰固定部位容易出现空隙，进水结

冰，导致法兰腐蚀漏气，因此要求跨接片应接于外壳上的专用安装端子。罐体跨接片如图4－54所示。

表4－14　组合电器盆式、支持绝缘子监督内容、权重及要点

《指导书》对应序号	监督内容	权重	监督要点
4.1.10	1）外观及尺寸检查	Ⅱ	①户外GIS法兰对接面宜采用双密封，并应在法兰接缝、安装螺孔、跨接片接触面周边、法兰对接面注胶孔、盆式绝缘子浇注孔等部位涂防水胶
		Ⅲ	② GIS采用带金属法兰的盆式绝缘子时，应预留窗口用于特高频局部放电检测；采用此结构的盆式绝缘子可取消罐体对接处的跨接片，但生产厂家应提供型式试验依据。如需采用跨接片，户外GIS罐体上应有专用跨接部位，禁止通过法兰螺栓直连
	2）机械、密封性能试验（水压、检漏）	Ⅱ	按设计要求压力和保压时间进行水压和检漏试验，应无渗漏、裂纹等异常
	3）探伤试验	Ⅲ	绝缘子内部无裂缝、裂纹、气泡等异常缺陷。252kV及以上的GIS用盆式绝缘子还应逐支进行X光探伤检测
	4）电气性能试验（工频耐压、局部放电）	Ⅲ	126kV及以上的盆式绝缘子应逐支进行工频耐压和局部放电试验。在设计技术要求的气压、电压和时间下无破坏性放电，局部放电值合格（单件≤3pC）

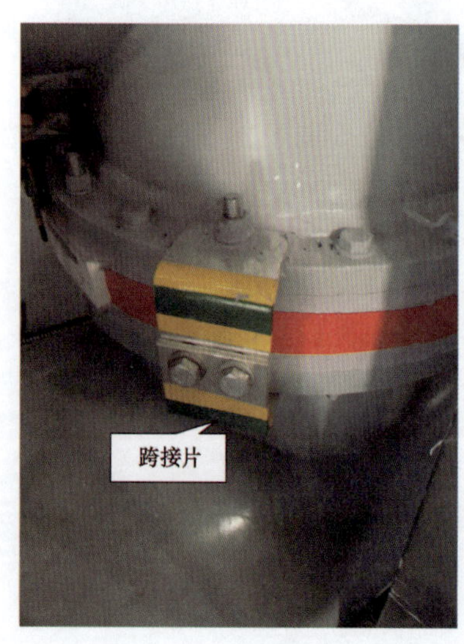

图4－54　罐体跨接片

2）机械、密封性能试验检查是设备监造技术监督重要的监督项目。GIS设备法兰盘密封、防水工艺不到位，会导致法兰槽锈蚀、密封胶圈老化、法兰连接处漏气。罐体水压试验和气密性试验可有效检出设备壳体沙眼、密封不良等缺陷，有效避免设备投运后出现漏气故障，影响设备安全稳定运行。盆式绝缘子试验报告如图4－55所示。

4）盆式绝缘子电气性能试验（工频耐压、局部放电）检查是设备监造技术监督重要的监督项目。盆式绝缘子耐压试验、局部放电试验可以检验设备的绝缘性能，减小设备投运后发生绝缘击穿的风险。

（3）监督要求。开展该项目监督主要通过现场查看实物，查验盆式绝缘子合格证，查看试验操作过程，对照图纸和工艺质量文件，记录试验压力和保压时间，核查试验报告必要时抽检。

4.4.1.9　组合电器汇控柜

（1）监督内容、权重及要点见表4－15。

试 验 报 告

工程名称： 西 田

产品型号： ZFW20-252

图 号： 5KBa. 780. 101

名 称： 盆式绝缘子

试验项目：气密试验、水压试验

1. 气密技术条件：$\leq 1\times10^{-7}$ Pa·m³/s

编 号	实测值 Pa·m³/s	试验日期
5XA190822-8	4.0×10[illegible]	2019.9.12
5XA190821-25	4.2×10[illegible]	2019.9.12
5XA190812-11	4.0×10[illegible]	2019.10.6
5XA190817-22	3.2×10[illegible]	2019.9.24

2. 水压技术条件：试验压力 1.2MPa. 试验时间 10min

编 号	实测值	试验日期
5XA190822-8	1.2MPa. 10min	2019.9.12
5XA190821-25	1.2MPa. 10min	2019.9.12
5XA190812-11	1.2MPa. 10min	2019.10.5

试验结论： 合 格

操作者：顾×，王×× 检查员： 转发日期： 2019.10.24

图 4－55 盆式绝缘子试验报告

表 4－15 组合电器汇控柜监督内容、权重及要点

《指导书》对应序号	监督内容	权重	监督要点
4.1.11	尺寸及特性	Ⅱ	①户外用组合电器的机构箱盖板、汇控柜门应具备优质的密封防水性，且查看窗不应采用有机玻璃或强化有机玻璃
		Ⅱ	②户外汇控箱或机构箱的防护等级应不低于 IP45W，箱体应设置可使箱内空气流通的迷宫式通风口，并具有防腐、防雨、防风、防潮、防尘和防小动物进入的性能。带有智能终端、合并单元的智能控制柜防护等级应不低于 IP55。非一体化的汇控箱与机构箱应分别设置温度、湿度控制装置
		Ⅲ	③温控器（加热器）、继电器等二次元件应取得“3C”认证或通过与“3C”认证同等的性能试验，外壳绝缘材料阻燃等级应满足 V－0 级，并提供第三方检测报告
		Ⅱ	④断路器分、合闸控制回路的端子间应有端子隔开，或采取其他有效防误动措施
		Ⅲ	⑤分相弹簧机构断路器的防跳继电器、非全相继电器不应安装在机构箱内，应装在独立的汇控箱内
		Ⅰ	⑥汇控柜柜门应密封良好，柜门有限位措施，回路模拟线无脱落，可靠接地，柜门无变形

（2）监督要点解析。③温控器（加热器）、继电器等二次元件性能及外壳绝缘材料检查是设备监造技术监督重要的监督项目。带“3C”认证标识的温控器如图4－56所示。

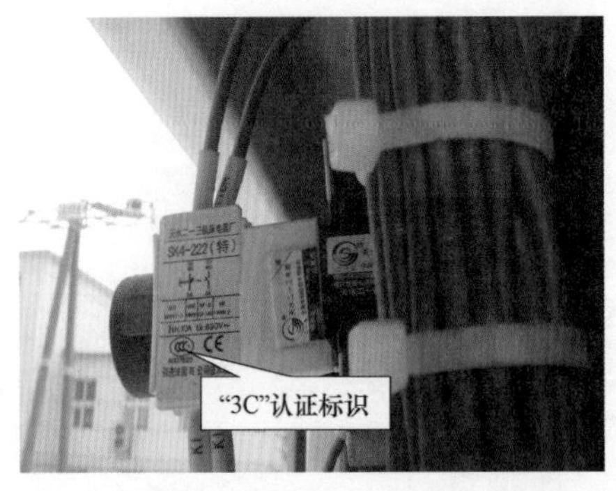

图4－56　带“3C”认证标识的温控器

⑤弹簧机构断路器的防跳继电器、非全相继电器安装位置检查是设备监造技术监督重要的监督项目。布置在弹簧机构箱内的防跳继电器、非全相继电器在断路器操作过程中可能受振动影响，造成误动。断路器防跳继电器、非全相继电器等直接作用于跳、合闸回路的元件应布置在独立的汇控柜内。

（3）监督要求。开展该项目监督主要通过查验原厂质量证明书及检验报告、进厂验收记录，并与订货技术协议及标准对照。

4.4.1.10　组合电器 SF_6 密度继电器

（1）监督内容、权重及要点见表4－16。

表4－16　组合电器 SF_6 密度继电器监督内容、权重及要点

《指导书》对应序号	监督内容	权重	监督要点
4.1.13	外部特性	Ⅲ	①三相分箱的GIS母线及断路器气室，禁止采用管路连接。独立气室应安装单独的密度继电器，密度继电器表计应朝向巡视通道
		Ⅲ	②充气口保护封盖的材质应与充气口材质相同，防止电化学腐蚀
		Ⅲ	③充气接头材质不应采用2系铝合金（铜合金）及7系铝合金（锌合金）
		Ⅲ	④密度继电器与开关设备本体之间的连接方式应满足不拆卸校验密度继电器的要求
		Ⅲ	⑤密度继电器应装设在与被监测气室处于同一运行环境温度的位置。对于严寒地区的设备，其密度继电器应满足环境温度在－40～－25℃时准确度不低于2.5级的要求

（2）监督要点解析。①组合电器断路器设置独立气室检查是设备监造技术监督重要的监督项目。

②③SF_6气体密度继电器充气口、保护盖材质检查是设备监造技术监督重要的监督项目。充气接头在设备运行中承受与GIS的主件相同的压力，其运行环境也相同。而2系铝合金（铜合金）及7系铝合金（锌合金）存在腐蚀倾向，在设备运行中，特别是设备所在地区有化工、火电、焦化等腐蚀源时，充气接头会发生腐蚀，破坏组合电器的密封性，甚至引发绝缘事故，严重影响设备安全。

充气接头与保护盖选用不同材质材料，如图4－57所示，由于材质的电导率不同，会导致运行中发生电化学腐蚀效应，破坏组合电器的密封性。

⑤组合电器 SF_6气体密度继电器与本体连接方式检查是设备监造技术监督重要的监督项目。GIS 设备投运后 SF_6密度继电器需定期校验，为避免表计拆卸过程损坏密封圈、引起设备漏气，SF_6密度继电器与 GIS 本体之间的连接方式应满足不拆卸校验密度继电器的要求，如图 4－58 所示。

图 4－57　材质不对应的情况

图 4－58　满足不拆卸即可校验的密度继电器

⑥组合电器 SF_6气体密度继电器安装位置检查是设备监造技术监督重要的监督项目。在不同温度下，相同密度的气体压力不同，为保证密度继电器真实反映 GIS 本体 SF_6气体压力，密度继电器应装设在与 GIS 本体同一运行环境温度的位置。

（3）监督要求。开展该项目监督主要通过查验原厂质量证明书与订货技术协议及标准对照。

4.4.1.11　组合电器压力释放装置

（1）监督内容、权重及要点见表 4－17。

表 4－17　　组合电器压力释放装置监督内容、权重及要点

《指导书》对应序号	监督内容	权重	监督要点
4.1.14	参数特性	Ⅱ	①带有压力释放装置的组合电器，其压力释放装置的喷口不能朝向巡视通道，必要时加装喷口弯管
		Ⅱ	②装配前应检查并确认防爆膜是否受外力损伤，装配时应保证防爆膜泄压方向正确（凸面朝向设备内部）、定位准确，防爆膜泄压挡板的结构和方向应避免在运行中积水、结冰、误碰

（2）监督要点解析。②压力释放装置防爆膜检查是设备监造技术监督重要的监督项目。压力释放装置是保证人员及设备安全的有力举措，其不合理的设置将可能导致人员及设备安全事故。防爆膜应在规定压力下可靠动作，在设定的爆破压力差下，爆破片两侧压力差达到预设定值时，爆破片即刻动作（破裂或脱落），并泄放 SF_6气体。对防爆膜的动作值进行规定，并对动作值进行抽检是保证其质量的有效手段。防爆膜和防爆膜弯管如图 4－59、图 4－60 所示。

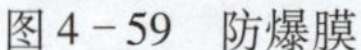

图 4-59　防爆膜

图 4-60　防爆膜弯管

（3）监督要求。开展该项目监督主要通过查阅厂家防爆膜设计文件和防爆膜出厂检测报告。

4.4.1.12　组合电器吸附剂及安装吸附剂的防护罩

（1）监督内容、权重及要点见表 4-18。

表 4-18　　组合电器吸附剂及安装吸附剂的防护罩监督内容、权重及要点

《指导书》对应序号	监督内容	权重	监督要点
4.1.15	各项参数	Ⅱ	吸附剂罩的材质应选用不锈钢或其他高强度材料，不应采用塑料材质。吸附剂应选用不易粉化的材料并装于专用袋中，绑扎牢固

（2）监督要点解析。组合电器吸附剂罩的材质检查是设备监造技术监督重要的监督项目。在 GIS 设备每个气室中均安装有吸附剂，其主要成分是活性氧化铝，目的是吸收 SF_6 气体中的水分及 SF_6 气体分解产物。断路器中的 SF_6 气体在电弧作用下分解生成许多低氟化物，吸附剂能在不吸收 SF_6 气体的前提下完成吸附水分及 SO_2、SFO_2、S_2FO_{10} 等分解物的功能。在设备制造阶段，如果吸附剂罩材质、安装及吸附剂成分和用量选取不合适，在设备投运后会因机械强度不足、紧固方法不当或吸附剂填充过多等原因造成吸附剂罩破损，引发设备故障。吸附剂罩如图 4-61 所示。

图 4-61　吸附剂罩

（3）监督要求。开展该项目监督主要需要查验原厂质量证明书及检验报告、进厂验收记录，并与订货技术协议及标准对照。

4.4.1.13 组合电器密封圈及密封结构

（1）监督内容、权重及要点见表4－19。

表4－19 组合电器密封圈及密封结构监督内容、权重及要点

《指导书》对应序号	监督内容	权重	监督要点
4.1.16	外观质量	Ⅰ	①密封槽面应清洁，无划伤痕迹；密封垫应无损伤；已用过的密封垫（圈）不得重复使用
		Ⅱ	②密封圈放置应平整，完全嵌入凹槽内；检查密封硅脂涂覆工艺，以及涂覆后情况，避免因密封硅脂过量滴溅造成GIS放电

（2）监督要点解析。②组合电器密封圈及密封结构检查是设备监造技术监督重要的监督项目。GIS密封不良将导致设备漏气缺陷，直接影响设备运行性能。密封圈安装工艺把控可有效提高各部件间的密封性能；检查密封硅脂涂覆工艺可防止因硅脂涂抹过量，造成在电与热的作用下其沿密封面流到绝缘子表面从而引发绝缘子表面闪络，引发设备故障。胶垫的检验报告如图4－62所示。

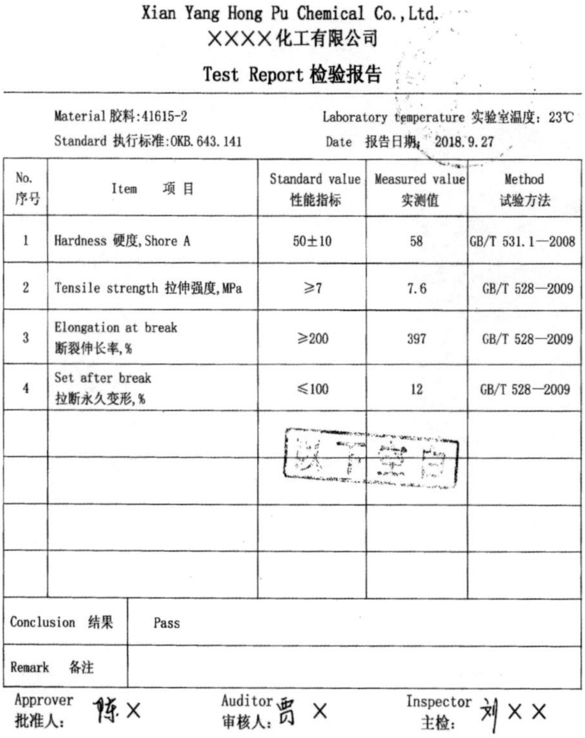

Xian Yang Hong Pu Chemical Co.,Ltd.
××××化工有限公司
Test Report 检验报告

Material 胶料:41615-2　　Laboratory temperature 实验室温度：23℃
Standard 执行标准:OKB.643.141　　Date 报告日期：2018.9.27

No. 序号	Item 项目	Standard value 性能指标	Measured value 实测值	Method 试验方法
1	Hardness 硬度,Shore A	50±10	58	GB/T 531.1—2008
2	Tensile strength 拉伸强度,MPa	≥7	7.6	GB/T 528—2009
3	Elongation at break 断裂伸长率,%	≥200	397	GB/T 528—2009
4	Set after break 拉断永久变形,%	≤100	12	GB/T 528—2009
		以下空白		
Conclusion 结果	Pass			
Remark 备注				

Approver 批准人：陈×　　Auditor 审核人：贾×　　Inspector 主检：刘××

图4－62 胶垫的检验报告

（3）监督要求。开展该项目监督主要通过检查密封圈检验报告，现场查看实际装配过程、对照装配记录确定是否符合要求。

4.4.1.14 组合电器总体装配

（1）监督内容、权重及要点见表4－20。

表4－20 组合电器总体装配监督内容、权重及要点

《指导书》对应序号	监督内容	权重	监督要点
4.1.17	1）装配单元（间隔）的元部件组合	Ⅱ	①检查螺栓力矩标记，防止螺栓松动
		Ⅱ	②用清洁剂清洁金属密封面、法兰对接面，表面应清洁、无毛刺
		Ⅲ	③应采用不低于100A直流压降法测量主回路各部分导电回路电阻，其值应符合厂内技术条件规定
		Ⅰ	④产品的安装、检测及试验工作全部完成后，应按产品技术文件要求对产品涂防水胶进行密封防水处理
	2）接地	Ⅰ	连接可靠且接触良好，并满足设计通流要求，接地连片有接地标志
	3）二次电缆	Ⅰ	垂直安装的二次电缆槽盒应从底部单独支撑固定，且通风良好；水平安装的二次电缆槽盒应有低位排水措施。机构箱内二次电缆应采用阻燃电缆，截面积应符合产品设计要求：互感器回路应≥4mm^2；控制回路应≥2.5mm^2
	4）隔断盆式绝缘子	Ⅰ	隔断盆式绝缘子标示红色，导通盆式绝缘子标示为绿色

图4－63 螺栓力矩标识

（2）监督要点解析。

1）装配单元（间隔）的元部件组合。①螺栓力矩检查是设备监造技术监督重要的监督项目。检查螺栓力矩标记，防止螺栓松动，如图4－63所示。

（3）监督要求。开展该项目监督主要是现场查看实物，检查装配记录、制造厂工艺质量文件。

4.4.2 组合电器金属专业现场监督要点解析

4.4.2.1 隔离开关、接地开关及操动机构

（1）监督内容、权重及要点见表4－21。

（2）监督要点解析。

1）部件镀层厚度。①隔离开关主触头镀银层厚度检测是非常重要的监督项目。镀银层厚度检测分为有损检测和无损检测。有损检测为使用化学试剂与镀银层发生化学反应，通过测量化学试剂的消耗量间接得到镀银层厚度值。此方法多用于生产厂家评定镀银生产工艺。无损检测为X射线荧光法，即使用X射线荧光仪测量并记录样品中银和铜元素的含量，再根据元素含量与镀银层厚度的对应关

系，得到镀银层厚度值。现场监督选用X射线荧光法，采用X射线荧光镀层测厚仪或便携式光谱仪等能保证精度的设备进行镀银层厚度测量。

表4-21　　隔离开关、接地开关及操动机构监督内容、权重及要点

《指导书》对应序号	监督内容	权重	监督要点
4.2.1	1）部件镀层厚度	Ⅳ	①隔离开关主触头镀银层厚度应不小于8μm
		Ⅳ	②外露连杆、拐臂的镀锌层平均厚度不低于65μm
	2）操动机构箱厚度和材质	Ⅳ	机构箱外壳应使用锰（Mn）元素含量不大于2%的奥氏体型不锈钢、铸铝或具有防腐措施的材料，且厚度不小于2mm。如采用双层设计，其单层厚度不得小于1mm

被检测的镀银层不可有脱皮、划痕等外观缺陷，检测依据GB/T 16921—2005《金属覆盖层 覆盖层厚度测量 X射线光谱方法》，质量判定依据DL/T 1424—2015《电网金属技术监督规程》第5.2.1 d）条规定，室内导电回路动接触部位镀银厚度不宜小于8μm。

②外露连杆、拐臂的镀锌层厚度检测是非常重要的监督项目。外露连杆、拐臂暴露在大气中，镀锌的主要目的为防腐蚀。一般采用磁性镀层测厚仪进行镀锌层厚度测量。检测依据GB/T 4956—2003《磁性基体上非磁性覆盖层 覆盖层厚度测量 磁性法》，质量判定依据DL/T 1424—2015《电网金属技术监督规程》第5.2.3 a）条和GB/T 2694—2018《输电线路铁塔制造技术条件》第6.9.5条规定，镀锌层平均厚度不低于65μm。

2）操动机构箱厚度和材质。操动机构的箱体厚度及材质是非常重要的监督项目。采用X射线荧光光谱分析仪进行材质分析。检测依据DL/T 991—2006《电力设备金属光谱分析技术导则》，质量判定依据DL/T 486—2010《高压交流隔离开关和接地开关》第5.13条，户外设备的箱体应选用不锈钢、铸铝或具有防腐措施的材料，应具有防潮、防腐、防小动物进入等功能。箱体厚度测量采用超声波测厚仪进行，检测前应校准仪器并根据被测部件的材质设置声速。检测依据GB/T 11344—2008《无损检测接触式超声脉冲回波法测厚方法》，质量判定依据Q/GDW 11717—2017《电网设备金属技术监督导则》第16.3.1b）条规定，户外密闭箱体（控制、操作及检修电源箱等）应具有良好的密封性能，其公称厚度不应小于2mm；如采用双层设计，其单层厚度不得小于1mm。

（3）监督要求。开展本项目监督时，可采取现场抽检方式进行监督。测量隔离开关主触头镀银层厚度时，每个工程抽检1~3件，每件检测6点；测量外露连杆、拐臂的镀锌层厚度时，每个工程抽检1~3件，每件检测5点；测量箱体厚度时，每个工程抽检3件，每件每面检测5点；检测箱体材质时，每个工程抽检3件，每件逐面检验。对不合格件进行整批更换，对更换后的设备进行复测，合格后方可使用。

4.4.2.2　母线

（1）监督内容、权重及要点见表4-22。

（2）监督要点解析。母线镀层厚度检测是非常重要的监督项目。采用 X 射线荧光镀层测厚仪或便携式光谱仪等能保证精度的设备进行镀银层厚度测量，被检测的镀银层不可有脱皮、划痕等外观缺陷。检测依据 GB/T 16921—2005《金属覆盖层 覆盖层厚度测量 X 射线光谱方法》，质量判定依据 Q/GDW 11717—2017《电网设备金属技术监督导则》第 11.3.3 b）条，母线导体的触头部位应镀银，母线静接触部位镀银厚度不应小于 8μm。

表 4－22　　母线监督内容、权重及要点

《指导书》对应序号	监督内容	权重	监督要点
4.2.2	部件镀层厚度	Ⅳ	铝合金母线的导电接触部位表面应镀银，镀银层厚度不小于 8μm

（3）监督要求。开展本项目监督时，可采取现场抽检方式进行监督。每个工程抽检 1～3件，每件检测 6 点。建议采用 X 射线荧光光谱分析仪进行镀层厚度测量，主要查看铝合金母线的导电接触部位的镀层厚度是否符合标准要求。对不合格件进行整批更换，对更换后的设备进行复测，合格后方可使用。

4.4.2.3　外壳及配件

（1）监督内容、权重及要点见表 4－23。

表 4－23　　外壳及配件监督内容、权重及要点

《指导书》对应序号	监督内容	权重	监督要点
4.2.3	1）焊接质量检测	Ⅳ	GIS 及罐式断路器罐体焊缝进行无损探伤检测，依据 NB/T 47013.3—2015 中附录 H.11 进行焊缝质量分级，焊缝质量不低于Ⅱ级为合格
	2）部件材质	Ⅳ	对轴承（销）进行材质成分检验，材质应为 06Cr19Ni10 的奥氏体不锈钢

（2）监督要点解析。外壳焊接质量及轴承（销）材质检测是非常重要的监督项目。

1）焊接质量检测。采用 A 型脉冲反射超声波检测仪进行 GIS 设备对接焊缝内部缺陷检测。检验标准依据 NB/T 47013.3—2015《承压设备无损检测 第 3 部分：超声检测》中相关要求。当焊接部位壁厚小于 8mm 时，建议参照 NB/T 47013.3—2015 中附录 H 中壁厚为 8mm 时的相关规定。焊接接头分类标准执行 JB/T 4734—2002《铝制焊接容器》第 10.1.6 条，GIS 壳体圆筒部分的纵向焊接接头属 A 类焊接接头，环向焊接接头属 B 类焊接接头，焊接质量判定依据 JB/T 4734—2002 第 10.6.4.2 b）条，超声检测不低于Ⅱ级为合格。

2）部件材质。采用 X 射线荧光光谱分析仪进行材质分析。检测依据 DL/T 991—2006《电力设备金属光谱分析技术导则》，质量判定依据 Q/GDW 11717—2017《电网设

备金属技术监督导则》第9.2.7条规定，轴销及开口销的材质应为06Cr19Ni10的奥氏体不锈钢。

（3）监督要求。开展本项目监督时，可采取现场抽检方式进行监督。检测外壳焊缝质量时，每个工程按纵焊缝10%，环焊缝5%（长度）进行抽检。检测轴承（销）材质时，每个工程抽检3~5件进行检测。对不合格件进行整批更换，对更换后的设备进行复测，合格后方可使用。

4.4.2.4 伸缩节

（1）监督内容、权重及要点见表4-24。

表4-24 伸缩节监督内容、权重及要点

《指导书》对应序号	监督内容	权重	监督要点
4.2.4	1）外观检查	Ⅱ	伸缩节中的波纹管本体不允许有环向焊接头，所有焊接缝要修整平滑；伸缩节中波纹管若为多层式，纵向焊接接头应沿圆周方向均匀错开；多层波纹管直边端部应采用熔融焊，使端口各层熔为整体
	2）部件材质	Ⅳ	波纹管及法兰应为Mn元素含量不大于2%的奥氏体型不锈钢或铝合金

（2）监督要点解析。伸缩节外观检查是设备监造技术监督重要的监督项目，材质检测是非常重要的监督项目。

1）外观检查。采用目视检测，检测依据NB/T 47013.7—2012《承压设备无损检测 第7部分：目视检测》，质量判定依据Q/GDW 11717—2017《电网设备金属技术监督导则》第11.3.2 c）和d）条，波纹管本体不应有环向焊接接头，公称直径小于等于ϕ600mm，仅允许有一条纵向焊接接头，公称直径大于ϕ600mm，允许有两条纵向焊接接头，两条焊接接头间隔应大于250mm；波纹管为多层时，管坯套合时各层管坯间纵向焊接接头位置应沿圆周方向均匀错开。多层波纹管各层间不应有水、油、污物等杂质。多层波纹管直边段端口应采用熔融焊。

2）部件材质。采用X射线荧光光谱分析仪进行材质分析，检测依据DL/T 991—2006《电力设备金属光谱分析技术导则》，质量判定依据DL/T 1424—2015《电网金属技术监督规程》第6.1.4 a）条，波纹管及法兰应为Mn元素含量不大于2%的奥氏体型不锈钢或铝合金。

（3）监督要求。开展本项目监督时，可采取现场抽检方式进行监督。每个工程抽检3件伸缩节进行目视检测，同时每个工程抽检3件进行材质检验。主要检查伸缩节外观及相应部件的材质是否符合标准要求。对不合格件进行整批更换，对更换后的设备进行复测，合格后方可使用。

4.4.2.5 SF_6充气阀门

（1）监督内容、权重及要点见表4-25。

表 4-25　　SF_6充气阀门监督内容、权重及要点

《指导书》对应序号	监督内容	权重	监督要点
4.2.5	部件材质	Ⅲ	①充气接头材质不应采用2系铝合金（铝铜合金）及7系铝合金（铝锌合金）
		Ⅲ	②充气口保护封盖的材质应与充气口材质相同

（2）监督要点解析。SF_6充气阀门材质检测是比较重要的监督项目。采用X射线荧光光谱分析仪进行材质分析，检测依据DL/T 991—2006《电力设备金属光谱分析技术导则》，质量判定依据Q/GDW 11717—2017《电网设备金属技术监督导则》第10.2.4a）条，气体绝缘互感器充气接头不应采用2系铝合金（铝铜合金）和7系铝合金（铝锌合金）；《国家电网有限公司十八项电网重大反事故措施（修订版）》第12.2.1.17条，GIS充气口保护封盖的材质应与充气口材质相同，防止电化学腐蚀。建议采用X射线荧光光谱分析仪进行金属材质检测。

（3）监督要求。开展本项目监督时，可采取现场抽检方式进行监督。每个工程抽检3~5件进行检验。对不合格的充气阀门进行整批更换，对更换后的设备进行复测，合格后方可使用。

4.4.2.6　断路器主触头

（1）监督内容、权重及要点见表4-26。

表 4-26　　断路器主触头监督内容、权重及要点

《指导书》对应序号	监督内容	权重	监督要点
4.2.6	材质、镀层	Ⅳ	主触头的材质应为牌号不低于T2的纯铜，主触头应镀银

（2）监督要点解析。断路器主触头自身的材质及表面镀层的材质是非常重要的监督项目。断路器触头材质及镀层材质不符可能导致该类设备出现发热甚至过热现象，危及设备安全运行。应严格检测主触头材质及镀层材质，防止接触电阻偏大。现场监督选用X射线荧光法，采用X射线荧光光谱分析仪进行材质分析，检测依据DL/T 991—2006《电力设备金属光谱分析技术导则》，质量判定依据DL/T 1424—2015《电网金属技术监督规程》第6.1.2a）条规定，主触头的材质应为牌号不低于T2的纯铜，主触头应镀银，镀银质量应符合设计要求。

（3）监督要求。开展本项目监督时，可采取现场抽检方式进行监督。测量断路器主触头材质及镀层材质时，每个工程抽检1~3件，每件检测6点。对不合格件进行整批更换，对更换后的设备进行复测，合格后方可使用。

第 5 章　隔　离　开　关

5.1　基本知识

5.1.1　隔离开关定义及作用

隔离开关主要用来隔离电路，其在分断状态下有明显可见的断口，在关合状态下，导电系统中可以通过正常的工作电流和故障下的短路电流。隔离开关没有灭弧装置，除了能开断很小的电流外，不能用来开断负荷电流，更不能开断短路电流，但隔离开关必须具备一定的动、热稳定性。

隔离开关的主要作用如下：

（1）在设备检修时，用隔离开关来隔离有电和无电部分，造成明显的断开点，令检修的设备与电力系统隔离，以保证工作人员和设备的安全。

（2）隔离开关和断路器相配合，进行倒闸操作，以改变运行方式。

（3）用来开断小电流电路和旁（环）路电流。

（4）用隔离开关进行 500kV 小电流电路合旁（环）路电流的操作，但须经计算符合隔离开关技术条件和有关调度规程后方可进行。

5.1.2　隔离开关分类

根据其机械寿命的不同分为 M0、M1、M2 三级。

M0 级隔离开关：具有 1000 次操作循环的机械寿命，适合输、配电系统中使用且满足一般要求的隔离开关。

M1 级隔离开关：具有 3000 ~ 5000 次操作循环的延长机械寿命，主要用于隔离开关和同等级的断路器关联操作的场合。

M2 级隔离开关：具有 10000 次操作循环的机械寿命，主要用于隔离开关和同等级的断路器关联操作的场合。

隔离开关其他分类见表 5 - 1。

表 5 - 1　　隔 离 开 关 分 类

分类方式	类别
装设地点	户内式、户外式
支持绝缘子数目	单柱式、双柱式、三柱式
运动方式	水平旋转、垂直旋转、摆动式、插入式
有无接地装置及数量	不接地、单接地、双接地
操动机构	手动、电动、气动、液压
使用性质	一般输配电用、快速分闸用、中性点接地用

5.1.3 典型隔离开关

国内常见的隔离开关类型主要来自三大开关厂，以户外隔离开关为主，其结构型式和特点如表5－2所示。

表5－2　　国内户外隔离开关不同结构型式及特点

型式		厂家	型号	额定电压（kV）	特点			
					相间距离	轴向长度	占用空间	其他
单柱式	单柱双臂垂直伸缩式	新东北电气集团有限公司	GW6A	220～500	小	小	少	折架轻巧，冲击小，钳夹范围大
	单柱单臂垂直伸缩式	西安西电高压开关有限责任公司	GW10	220～500	小	小	少	折架轻巧，冲击小
		河南平高电气股份有限公司	GW16	220～500				
		新东北电气集团有限公司	GW20	220～500				
双柱式	双柱水平开启式	新东北电气集团有限公司 西安西电高压开关有限责任公司等	GW4	35～220	大	中	大	支持绝缘子受扭矩
		新东北电气集团有限公司、 西安西电高压开关有限责任公司等	GW5	35～110	大	中	大	支持绝缘子受扭矩和弯矩
	双柱水平伸缩式	西安西电高压开关有限责任公司等	GW11	220～500	小	中	中	操动力矩较小、平稳
		新东北电气集团有限公司	GW12 GW21	220～500				
		河南平高电气股份有限公司	GW17	220～500				
三柱式	三柱水平旋转式	西安西电高压开关有限责任公司、 河南平高电气股份有限公司和 新东北电气集团有限公司	GW7	220～500	大	大	大	转动绝缘子分别受扭矩或弯矩

1. 单柱双臂垂直伸缩式

单柱双臂垂直伸缩式隔离开关在单柱式隔离开关的发展初期应用较为广泛，目前在电力系统中使用较多的是单柱双臂伸缩对称式，即 GW6 型。其各部分结构如图 5-1 所示，其主要特点是折架轻巧，冲击小，钳夹范围大。

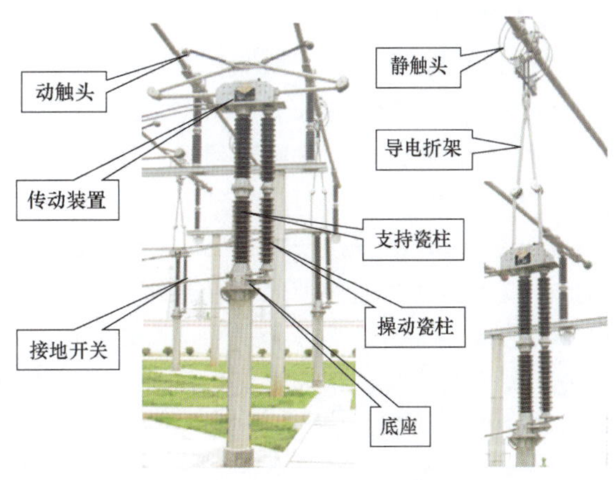

图 5-1　GW6 型隔离开关结构图

2. 单柱单臂垂直伸缩式

单臂垂直伸缩式与双臂式的区别主要是：只用双臂折架式的半边折架，减轻了导电系统的质量，减小了分闸冲击力。根据生产厂家的不同，产品型号分别为 GW10 型、GW16 型、GW20 型等，GW10 型隔离开关的外观图及结构图如图 5-2、图 5-3 所示。

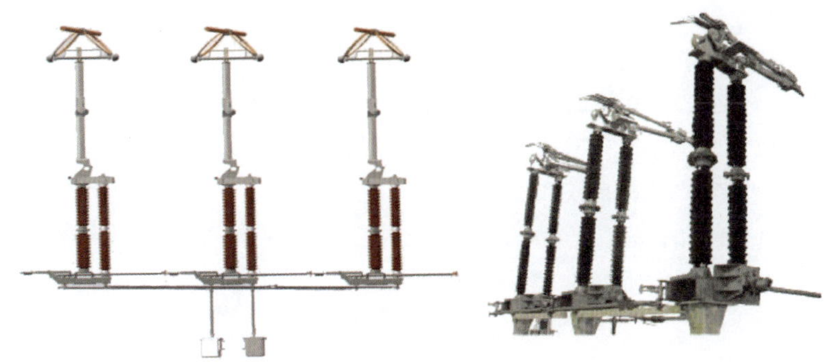

图 5-2　GW10 型隔离开关外观图

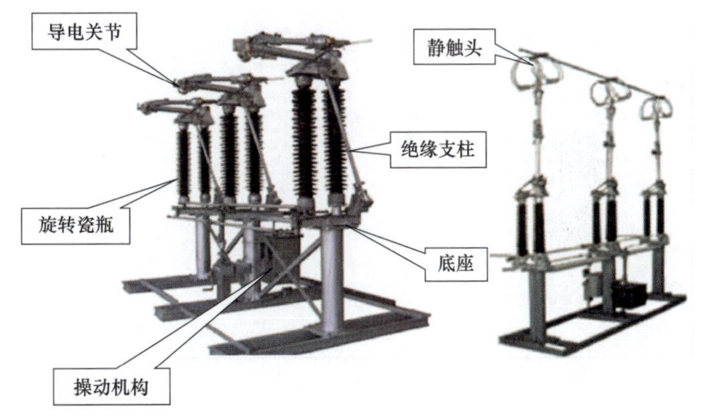

图 5-3　GW10 型隔离开关结构图

上述两类产品均为单柱式产品，其特点主要有：

(1) 不需笨重而庞大的底座，因而满足了电力建设中占地面积小的要求，能有效地利用变电站的安装面积，有较好的经济效果。

（2）主要用于架空母线下，可在架空母线下面直接将垂直空间用作电气隔离断口。作为母线隔离开关，除节省占地面积外，还可减少引接导线，分、合状态特别清晰。

（3）分、合闸时折架上部受力较大，另外在单臂折架式（半折架式）中，由于重心偏移，分闸位置对支柱产生附加弯矩，因此必须提高绝缘支柱强度。

3. 双柱水平开启式

GW4 系列隔离开关为户外双柱水平开启式隔离开关，它由底座、棒形瓷柱和导电部分组成。每极有两个瓷柱，分装在底座两端的轴承座上，并用交叉连杆相连，可以转动。导电闸刀分成相等的两段，分别固定在瓷柱的顶端。触头由柱形触头、触子、触头座、弹簧组成，其上装有防护罩，用于防雨、冰雪及尘土。隔离开关的分、合操作，由传动轴通过连杆机构带动两侧棒形瓷柱沿相反方向各自回转 90°，使闸刀在水平面上转动，实现分、合闸。在底座两端可以装设一或两把接地闸刀，当主闸刀分开后，利用接地闸刀将待检修设备或线路接地，以保证安全。为防止误操作，在主闸刀和接地闸刀间加操作闭锁。GW4 系列隔离开关电压等级有 12/40.5/126/252kV，其结构简单，维护方便，但触头接触位置受引线影响。GW4 系列隔离开关外观图及结构图如图 5－4、图 5－5 所示。

4. V 形双柱水平开启

GW5 系列隔离开关的棒形瓷柱作 V 形布置，是双柱式隔离开关的改进型。主闸刀触指采用外压式结构，避免弹簧分流。导电回路转动部位采用双回稳态结构，两转动部件通过软连接导电，软连接与动部件采用固定接触方式，保证了转动部件不会因连接方式而引起故障。双回结构通过软连接的放大、缩小圆周轨迹，实现了可靠的转动过渡。底部轴承座下靠伞齿轮啮合，传动平稳。产品安装灵活，有水平安装、侧装、倒装三种形式。GW5 系列隔离开关结构图 5－6 所示。

图 5－4　GW4 系列隔离开关外观图

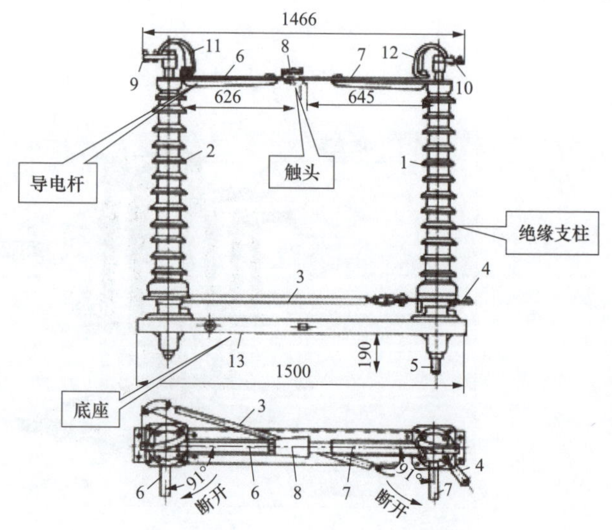

图 5－5　GW4 系列隔离开关结构图

1、2—绝缘支柱；3—传动连杆；4—联锁；5—操作连杆；6、7—导电杆；8—触指；9、10—接线夹；11、12—导电带；13—底座

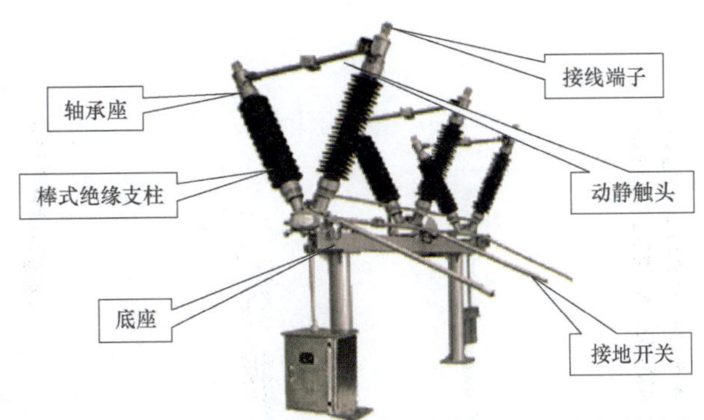

图5-6 GW5系列隔离开关结构图

5. 三柱水平旋转式

GW7系列隔离开关为户外三柱双断点水平转动式隔离开关。每相有三组支持瓷柱，每相瓷柱顶部装有均压环，以改善电场分布情况。两端的瓷柱是固定不动的，顶部均装有触指、触头座、弹簧及防护罩组成的静触头，中间瓷柱可转动70°。动触头闸刀由紫铜管制成，固定在中间瓷柱的顶部。隔离开关的分、合闸是由操动机构带动中间瓷柱转动实现的。GW7系列隔离开关的结构如图5-7所示。

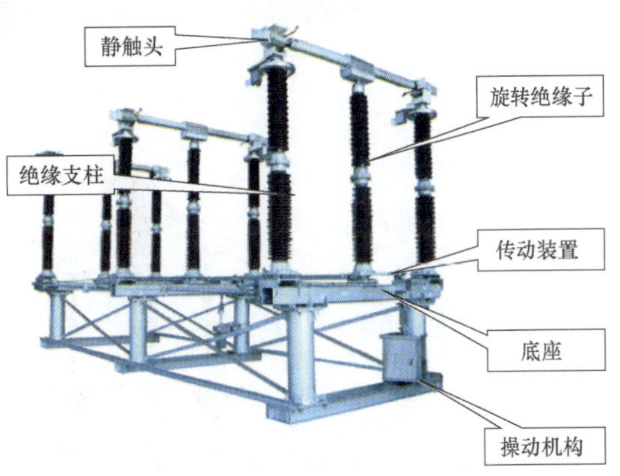

图5-7 GW7系列隔离开关结构图

GW7系列隔离开关具有结构简单、运行可靠、维修工作量少、较高的机械强度和绝缘强度等特点，配用电动或手动操动机构。使用场合与GW4基本相同，电压等级只有126/252kV，且126kV的产品使用较少。其结构特点是：①因其分闸后导电管占用相间距离比较小，可以节省占地面积；②引线对触头接触位置影响小。缺点是造价高。

6. 双柱水平伸缩式

双柱水平伸缩式隔离开关分闸后动触头上折叠收拢，形成水平方向的绝缘断口。触头为插入式，分闸后形成水平的绝缘断口。类似型号有GW11型、GW12型、GW21型、GW17型等。GW11型隔离开关外观图和结构图如图5-8、图5-9所示。

7. 户内闸刀式隔离开关

上述介绍的隔离开关为户外式隔离开关，下面对常用的户内式隔离开关进行介绍。常用的户内闸刀式隔离开关型号有GN19型隔离开关和GN22型隔离开关。

GN19型隔离开关每相导电部分主要由触刀（动触头）和静触头组成。静触头是安装在固定于底架上面的两个支持绝缘子上，触刀的一端通过螺栓轴销与一个静触头连接，转动触刀与另一端静触头构成可分连接。触刀中间有拉杆绝缘子，两端都有夹紧弹簧，维持触刀对静触头的压力。三相平行安装。拉杆绝缘子与安装在底架上的主轴相连，主轴通过拐臂和连杆与操动机构相连。主轴的两端都伸出底座，操动机构可装在任

图 5-8　GW11 型隔离开关外观图

图 5-9　GW11 型隔离开关结构图

何一侧。触刀由两片槽形铜片组成，不仅增大了散热面积，而且提高了机械强度和动稳定性。额定电流 1000A 以上的 GN19 型隔离开关，在触刀接触处槽形铜片两侧还装有磁锁压板，当巨大的短路电流通过时，增大接触压力，提高了隔离开关的动、热稳定性。GN19 型隔离开关分为平装型和穿墙型，图 5-10 所示为 GN19 平装型隔离开关。

GN22 型隔离开关是另一种户内闸刀式三相隔离开关，其主要特点是采用了合闸—锁紧两步动作。所谓合闸—锁紧两步动作，是当合闸时主轴转动的前 80°为合闸位移角，用于闸刀转动，使其从断开极限位置转到合闸极限位置；主轴转动的后 10°为接触锁紧角，用于锁紧机构将触刀锁紧。当主轴转动前 80°时，触刀能灵活地转动，合闸到位后，由挡块、摇杆、顶销和限位销构成的定位限动机构使其转换为第二步锁紧动作，通过滑块带动连杆运动，从而使两侧顶杆推出，借助磁锁板的杠杆作用，将顶杆的推力放大 5.5 倍，压紧在触刀上，形成接触压力，使触刀锁紧。分闸操作的动作过程与合闸时相反。GN22 型隔离开关结构如图 5-11 所示。

5.1.4　隔离开关结构

隔离开关的类型很多，按照部件的功能，可以分为导电系统、支撑绝缘子和操作绝缘子、操动机构和机械传动系统及底座。各基本组成部分的主要零部件及其功能见表 5-3。

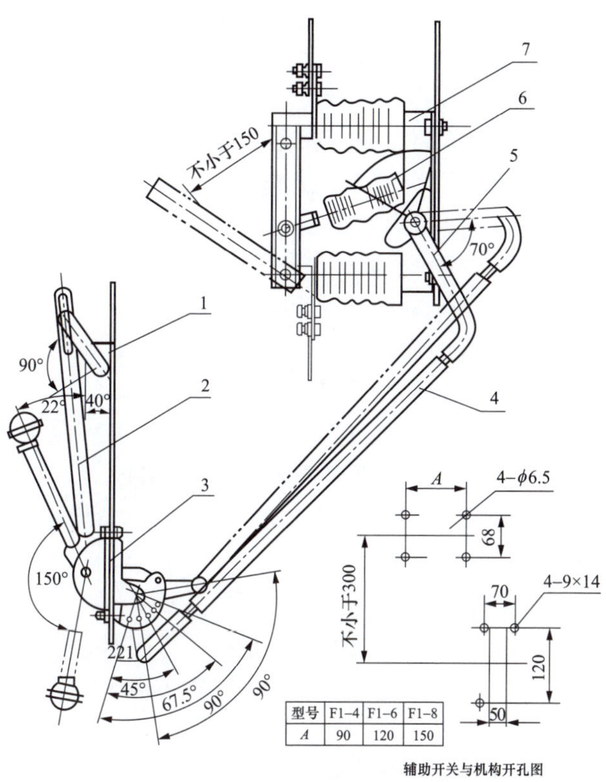

图5-10 GN19平装型隔离开关

1—辅助开关；2—连动臂；3—CS6-1型操动机构；4—连杆；5—拐臂；6—拉杆绝缘子；7—隔离开关

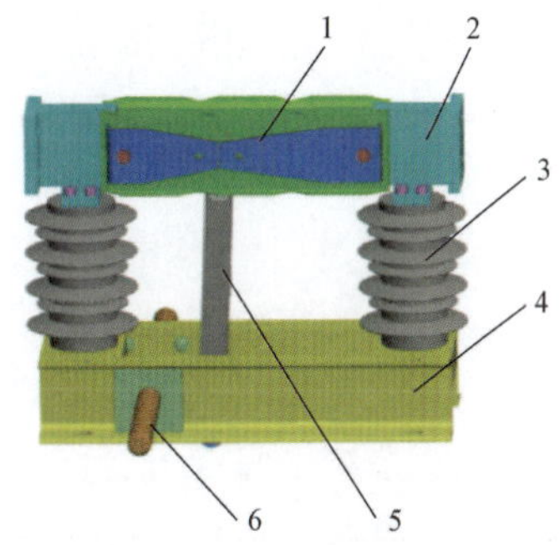

图5-11 GN22型隔离开关结构图

1—导电触头；2—接线端子；3—绝缘子；4—底架；5—绝缘拉杆；6—转动主轴

1. 导电系统

隔离开关的导电系统是指隔离开关主导电回路，是系统电流流经的部分，包括接线端子装配部分、端子与导电杆的连接部分、导电杆、动触头和静触头装配等。隔离开关的主导电回路是电力系统主回路的组成部分，承受额定电流通过，所以导电回路的设计应能耐受1.1倍额定电流而不超过允许温升值。

表5-3 隔离开关基本组成部分的主要零部件及其功能

名称	主要零部件	功能
导电系统	动静触头、导电回路	开断及关合电力线路
绝缘子	支柱绝缘子 操作绝缘子	保证开断元件有可靠的对地绝缘；承受、传递开断元件的操作力
传动系统	连杆、齿轮、拐臂等	将操作命令及操作力传递给开断元件
基座	开关本体底架底座	基础支撑
操动机构	电动、气动、手动机构的本体及其配件	为开断元件分、合闸操作提供能量，并实现各自规定的操作

隔离开关的连接部分是指导电系统中各个部件之间的连接，包括接线端子与接线座的连接、接线座与导电杆的连接、导电杆与导电杆的连接（折叠式动触杆）、动触头与静触头之间的连接。这些连接部分有固定连接，也有活动连接，包括旋转部件的导电连接。这些连接部位的连接可靠性是保证导电系统可靠导电的关键。要求接线端子及载流部分应清洁，且应接触良好，接线端子（或触头）镀银层无脱落，可挠连接应无折损，表面应无严重凹陷及锈蚀，设备连接端子应涂以薄层电力复合脂。

隔离开关的触头是在合闸状态下系统电流通过的关键部位，它由动、静触头间通过一定的压力接触后形成电流通道。长久地保持动、静触头之间必需的接触压力是保证开关长期可靠运行的关键。规定触头弹簧应进行防腐防锈处理，应尽量采用外压式触头，如采用内压式触头，其触头弹簧必须采用可靠的防弹簧分流措施。对于静触头悬挂在母线上的单柱式隔离开关或接地开关，静触头应满足额定接触区的要求。触头间应接触紧密，两侧的接触压力应均匀且符合产品技术文件要求，当采用插入连接时，导体插入深度应符合产品技术文件要求。触头表面应平整、清洁，并涂以薄层中性凡士林。

2. 支柱绝缘子和操作绝缘子

隔离开关的支柱绝缘子是用以支撑其导电系统并使其与地绝缘的绝缘子，同时它还将支撑隔离开关的进、出引线。操作绝缘子则通过其转动将操动机构的操作力传递至与地绝缘的动触头系统，完成分合闸的操作。不同形式的隔离开关，支柱绝缘子同时也可作为操作绝缘子，既起支持作用，也起操作作用，如双柱式或三柱式隔离开关；但对于单柱式隔离开关，则要分设支柱绝缘子和操作绝缘子，各司其职。不管是支柱绝缘子还是操作绝缘子，它们既是电气元件，也是机械部件。

支柱绝缘子应垂直于底座平面（V 形隔离开关除外），且连接牢固；同一绝缘子柱的各绝缘子中心线应在同一垂直线上；同相各绝缘子柱的中心线应在同一垂直平面内。对于易发生黏雪、覆冰的区域，支柱绝缘子在采用大小相间的防污伞形结构基础上，每隔一段距离应采用一个超大直径伞裙（可采用硅橡胶增爬裙），一般支柱绝缘子所用伞裙伸出长度 8～10cm；当绝缘子表面灰密为等值盐密的 5 倍及以下时，支柱绝缘子统一爬电比距应满足要求。爬电比距不满足规定时，可采用复合支柱或复合空心绝缘子，也可将未满足污区爬电比距要求的绝缘子涂覆 RTV。绝缘子表面应清洁，无裂纹、破损、焊接残留斑点等缺陷；瓷瓶与金属法兰胶装部位应牢固密实；在绝缘子金属法兰与瓷件的胶装部位涂以性能良好的防水密封胶。在钳夹最不利的位置下，隔离开关支柱绝缘子和硬母线的支柱绝缘子不应受额外的作用力。

3. 操动机构和机械传动系统

隔离开关的分、合闸是通过操动机构和包括操作绝缘子在内的机械传动系统来实现的，操动机构分为人力操作和动力操作两种机构。人力或动力操作可分为直接操作和储能操作，储能操作一般是使用弹簧，可以是手动储能，也可以是电动机储能，或者是用压缩介质储能。在机械传动系统中，还包括隔离开关和接地开关之间的防止误操作的机构联锁装置，以及机械连接的分、合闸位置指示器。

电动、手动操作应平稳、灵活、无卡涩，电动机的转向应正确，分、合闸指示应与实际位置相符、限位装置应准确可靠、辅助开关动作应正确。操动机构输出轴与其本体传动轴应采用无级调节的连接方式。隔离开关、接地开关平衡弹簧应调整到操作力矩最小并加以固定，接地开关垂直连杆应涂以黑色油漆标识。折臂式隔离开关主拐臂调整应过死点。

传动机构拐臂、连杆、轴齿、弹簧等部件表面不应有划痕、锈蚀、变形等缺陷，具有良好的防腐性能。轴销应采用优质防腐、防锈材质，且具有良好的耐磨性能；轴套应采用自润滑无油轴套，其耐磨、耐腐蚀、润滑性能与轴应匹配；转动连接轴承座应采用全密封结构，至少应有两道密封，不允许设注油孔。轴承润滑必须采用二硫化钼锂基脂润滑剂，保证在设备周围空气温度范围内能起到良好的润滑作用，严禁使用黄油等易失效变质的润滑脂。

机构箱应密闭良好、防雨防潮性能良好，箱内安装有防潮装置时，加热装置应完好，加热器与各元件、电缆及电线的距离应大于50mm；机构箱内控制和信号回路应正确并符合现行GB 50171《电气装置安装工程盘、柜及二次回路接线施工及验收规范》的有关规定。

4. 底座

隔离开关的底座是支柱和操作绝缘子的装配和固定基础，也是操动机构和机械传动系统的装配基础。隔离开关的底座可分为共底座和分离底座，分离底座中每极的动、静触头分别装在两个底座上。

5.1.5 主要参数

1. 隔离开关型号表示方法及含义

隔离开关型号的表示方法如图5－12所示。

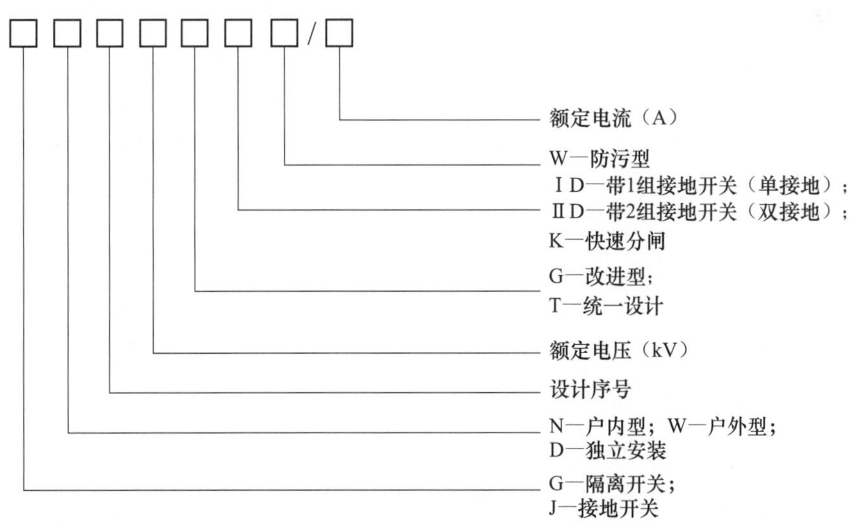

图5－12 隔离开关型号的表示方法

2. 隔离开关主要性能参数

（1）额定电压（kV）。指隔离开关最高工作电压，是线电压，也表示其承受绝缘支撑强度。

（2）额定电流（A）。指隔离开关在40℃时最大工作承载电流。

（3）额定短路时耐受电流（热稳定，kA/s）。指隔离开关触头在流过短路电流，而所在3～4s内所抗拒短路这一电流造成的热熔焊而不损坏的能力。

（4）额定峰值耐受电流（动稳定，kA）。指隔离开关在承受短路时，短路电流所造成的斥动力而不发生损坏的能力。

（5）回路接触电阻（μΩ）。指隔离开关导电回路中各电接触形式下的导电性能，是检验及设计、制造工艺装配的技术能力。

5.2 标准体系介绍

隔离开关相关国家标准、行业标准、企业标准共计12项，其中主标准3项，从标准6项，支撑标准3项。

5.2.1 主标准体系

隔离开关主标准是指隔离开关的基础性技术标准，一般包括设备使用条件、额定参数、设计与结构、型式试验/出厂试验项目及要求等内容。隔离开关主标准共3项，标准清单见表5－4。

表5－4 隔离开关主标准清单

序号	标准号	标准名称
1	DL/T 486—2010	高压交流隔离开关和接地开关
2	DL/T 593—2016	高压开关设备和控制设备标准的共用技术要求

5.2.1.1 DL/T 486—2010《高压交流隔离开关和接地开关》

本标准适用于电压3.0kV及以上，频率为50Hz的电力系统中运行的户内和户外、端子是封闭或敞开的交流隔离开关和接地开关，以及它们的操动机构及其辅助设备。

额定电压40.5～800kV隔离开关的使用条件、额定值、设计与结构、型式试验、出厂试验、选用导则、运输与储存、安全性、对环境的影响等方面的技术要求应执行本标准。

DL/T 486—2010《高压交流隔离开关和接地开关》中4.103表3规定了额定端子静态机械负荷。

建议执行：GB/T 1985—2014《高压交流隔离开关和接地开关》中4.102表2。

原因分析：根据从严原则，用GB/T 1985—2014中4.102表2的数值取代DL/T 486—2010中4.103表3中较低的数值，形成表5－5。

表5－5 额定端子静态机械负荷

额定电压 U_r（kV）	额定电流（A）	双柱式或三柱式隔离开关		单柱式隔离开关		垂直力 F_c[a]（N）
		水平纵向负荷 F_{a1}和F_{a2}（N）	水平横向负荷 F_{b1}和F_{b2}（N）	水平纵向负荷 F_{a1}和F_{a2}（N）	水平横向负荷 F_{b1}和F_{b2}（N）	
12 24	[b]	500	250	—	—	300

续表

额定电压 U_r（kV）	额定电流（A）	双柱式或三柱式隔离开关		单柱式隔离开关		垂直力 F_c[a]（N）
		水平纵向负荷 F_{a1}和F_{a2}（N）	水平横向负荷 F_{b1}和F_{b2}（N）	水平纵向负荷 F_{a1}和F_{a2}（N）	水平横向负荷 F_{b1}和F_{b2}（N）	
31.5* 40.5 72.5	≤2500	800	500	800	500	750
	>2500	1000	750	1000	750	750
126	≤2500	1000	750	1000	750	1000
	>2500	1250	750	1250	750	1000
252	≤1600*	1500*	1000*	2000*	1500*	1000
	≥2000*	1500	1000	2000	1500	1250
363	≤2500*	2000	1500	2500	2000	1500
	≥3150*	2000	1500	2500	2000	1500
550	≤3150*	3000*	2000	4000	2000	2000
	4000*	3000*	2000	4000	2000	2000
800	≤3150*	3000	2000	4000	3000	2000
	4000*	3000	2000	4000	3000	2000

注 1. 31.5kV 隔离开关仅电气化铁道供电系统用。

2. 带＊数值取自 GB/T 1985—2014 中 4.102 条表 2。

[a] F_c是模拟由连接导线的重量引起的向下的力。软导线的重量已计入纵向或横向力中。

[b] 额定电流包含所有电流参数。

5.2.1.2 DL/T 593—2016《高压开关设备和控制设备标准的共用技术要求》

本标准是高压开关类设备的共用基础标准。本标准适用于电压 3.0kV 及以上，频率为 50Hz 及以下的电力系统中运行的户内和户外安装的交流开关设备和控制设备。

额定电压 40.5kV 及以上隔离开关的使用条件、额定值、设计与结构、型式试验、出厂试验、选用导则、运输与储存、安全性、对环境的影响等方面的技术要求应满足本标准。

DL/T 593—2016《高压开关设备和控制设备标准的共用技术要求》中 4.2 额定电压范围的额定绝缘水平中给出了表 1 额定电压范围 I 的额定绝缘水平和表 2 额定电压范围 II 的额定绝缘水平。

建议执行：GB/T 11022—2011《高压开关设备和控制设备标准的共用技术要求》4.3 中表 1、表 2。

原因分析：根据从严原则，用 GB/T 11022—2011 第 4.3 条表 1、表 2 中的数值取代 DL/T 593—2016 第 4.2 条表 1、表 2 中较低的数值，形成表 5-6 和表 5-7。

5.2.2 从标准体系

隔离开关从标准是指隔离开关开展技术监督工作应执行的技术标准，一般包括部件元件类和技术监督类。隔离开关从标准共 6 项，标准清单见表 5-8。

表 5-6　　额定电压范围 I 的额定绝缘水平

额定电压 U_r（kV，有效值）	额定工频短时耐受电压 U_d（kV，有效值）		额定雷电冲击耐受电压 U_p（kV，峰值）	
	通用值	隔离断口	通用值	隔离断口
（1）	（2）	（3）	（4）	（5）
72.5	160	160 +（42）*	380 *	380 +（59）*
126	230	230（+73）*	550	550（+103）*
252	460	460（+146）*	1050	1050（+206）*

注：1～5 略。

6. 根据我国电力系统的实际，本表中的额定绝缘水平与 IEC 62271-1：2007 表 1a 的额定绝缘水平不完全相同。
7. 本表中项（2）和项（4）的数值取自 GB 311.1。
8. 126kV 和 252kV 项（3）中括号内的数值为 $1.0U_r/\sqrt{3}$，是加在对侧端子上的工频电压有效值，项（5）中括号内的数值为 $1.0U_r\sqrt{2}/\sqrt{3}$，是加在对侧端子上的工频电压峰值。
9. 隔离断口是指隔离开关、负荷-隔离开关的断口以及起联络作用的负荷开关和断路器的断口。
10. 带 * 的值来源于 GB/T 11022—2011 表 1。

表 5-7　　额定电压范围 II 的额定绝缘水平

额定电压 U_r（kV，有效值）	额定短时工频耐受电压 U_d（kV，有效值）		额定操作冲击耐受电压 U_s（kV，峰值）			额定雷电冲击耐受电压 U_p（kV，峰值）	
	相对地及相间	开关断口及隔离断口	相对地	相间	开关断口及隔离断口	相对地及相间	开关断口及隔离断口
（1）	（2）	（3）	（4）	（5）	（6）	（7）	（8）
363	510	510 （+210）	950	1425	850 （+295）	1175	1175 （+295）
550	740	740 （+318）*	1300	1950	1175 （+450）	1675	1675 （+450）
800	960	960 （+462）	1550	2635 *	1425 （+650）	2100	2100 （+650）
1100	1100	1100 （+635）	1800	2700	1675 （+900）	2400	2400 （+900）

注　1）～5）略。

6. 根据我国电力系统的实际，本表中的额定绝缘水平与 IEC 62271-1：2007 表 2a 的额定绝缘水平不完全相同。
7. 本表中项（2）、项（4）、项（5）、项（6）和项（7）根据 GB 311.1 的数值提出。
8. 本表中项（3）中括号内的数值为 $1.0U_r/\sqrt{3}$，是加在对侧端子上的工频电压有效值，项（6）和项（8）中括号内的数值为 $1.0U_r\sqrt{2}/\sqrt{3}$，是加在对侧端子上的工频电压峰值。
9. 本表中 1100kV 的数值是根据我国电力系统的需要而选定的数值。
10. 带 * 的值来源于 GB/T 11022—2011 表 2。

表5-8 隔离开关设备从标准清单

标准分类	序号	标准号	标准名称
部件元件类	1	GB/T 8287.1—2008	《标称电压高于1000V系统用户内和户外支柱绝缘子 第1部分：瓷或玻璃绝缘子的试验》
	2	GB/T 8287.2—2008	《标称电压高于1000V系统用户内和户外支柱绝缘子 第2部分：尺寸与特性》
	3	Q/GDW 10673—2016	《输变电设备外绝缘用防污闪辅助伞裙技术条件及使用导则》
技术监督类	1	Q/GDW 11074—2013	交流高压开关设备技术监督导则
	2	Q/GDW 11717—2017	电网设备金属技术监督导则
	3	Q/GDW 11083—2013	高压支柱瓷绝缘子技术监督导则

5.2.2.1 GB/T 8287.1—2008《标称电压高于1000V系统用户内和户外支柱绝缘子 第1部分：瓷或玻璃绝缘子的试验》

GB/T 8287.1—2008《标称电压高于1000V系统用户内和户外支柱绝缘子 第1部分：瓷或玻璃绝缘子的试验》中5.1.1条一般要求如下：

除非供需双方另有协议，未标注偏差尺寸的规定允许偏差为：

当 $d \leqslant 300$ 时，$\pm(0.04d+1.5)$ mm

当 $d > 300$ 时，$\pm(0.025d+6)$ mm

式中 d 为被检尺寸，单位为mm。

建议执行：GB/T 772—2005《高压绝缘子瓷件 技术条件》第4.1.1条表1规定的瓷件一般尺寸偏差。

原因分析：因GB/T 772—2005《高压绝缘子瓷件 技术条件》4.1.1条中的表1中对瓷件一般尺寸偏差要求严于GB/T 8287.1—2008 5.1.1的要求，根据从严原则，故对本条款进行修改，结果见表5-9。

表5-9 瓷件一般尺寸偏差

瓷件公称尺寸 d	允许偏差	
	有限结构	无限结构
$d \leqslant 45$	±1.5	±2.0
$45 < d \leqslant 60$	±2.0	±2.5
$60 < d \leqslant 70$	±2.5	±3.0
$70 < d \leqslant 80$	±3.0	±4.0
$80 < d \leqslant 90$	±3.5	±4.5
$90 < d \leqslant 110$	±4.0	±5.0
$110 < d \leqslant 125$	±4.5	±6.0
$125 < d \leqslant 140$	±5.0	±6.5
$140 < d \leqslant 155$	±6.0	±7.5

续表

瓷件公称尺寸 d	允许偏差	
	有限结构	无限结构
$155 < d \leq 170$	±6.5	±8.0
$170 < d \leq 185$	±7.0	±9.0
$185 < d \leq 200$	±7.5	±9.5
$200 < d \leq 250$	±8.0	±10.5
$250 < d \leq 300$	±8.5	±11.5
$300 < d \leq 350$	±9.0	±12.5
$350 < d \leq 400$	±10.0	±14.5
$400 < d \leq 450$	±12.0	±16.5
$450 < d \leq 500$	±13.0	±18.0
$500 < d \leq 600$	±15.0	±21.0
$600 < d \leq 700$	±16.0	±23.0
$700 < d \leq 800$	±18.0	±26.0
$800 < d \leq 900$	±19.0	±28.0
$900 < d \leq 1000$	±20.0	±30.0
$d > 1000$	$\pm(0.015d+5)$	$\pm(0.025d+5)$

5.2.3 支撑标准

隔离开关支撑标准是指支撑隔离开关相关标准条款执行指导意见的技术标准。隔离开关支撑标准共3项，其中主标准的支撑标准2项，从标准的支撑标准1项。标准清单见表5-10。

表5-10　　隔离开关设备支撑标准清单

序号	标准号	标准名称	标准分类
1	GB/T 1985—2014	高压交流隔离开关和接地开关	主标准支撑
2	GB/T 11022—2011	高压开关设备和控制设备标准的共用技术要求	主标准支撑
3	GB/T 772—2005	高压绝缘子瓷件技术条件	部件元件

5.3 检测方法及评判标准

5.3.1 直流电阻试验

5.3.1.1 一般规定

双臂电桥由于在测量回路通过的电流较小，难以消除电阻较大的氧化膜，测出的电阻值偏大，因此应使用利用电压降原理的回路电阻测试仪进行回路电阻测试。检测电流应该取100A至额定电流之间的任一电流值。

5.3.1.2 试验接线

如图5-13所示，将电流线接到对应的I+、I-接线柱，电压线接到V+、V-接线柱，两把夹钳夹住被测试品的两端。若电压线和电流线是分开接线的，则电压线要接在测试品的内侧，电流线应接在电压线的外侧，如图5-14所示。

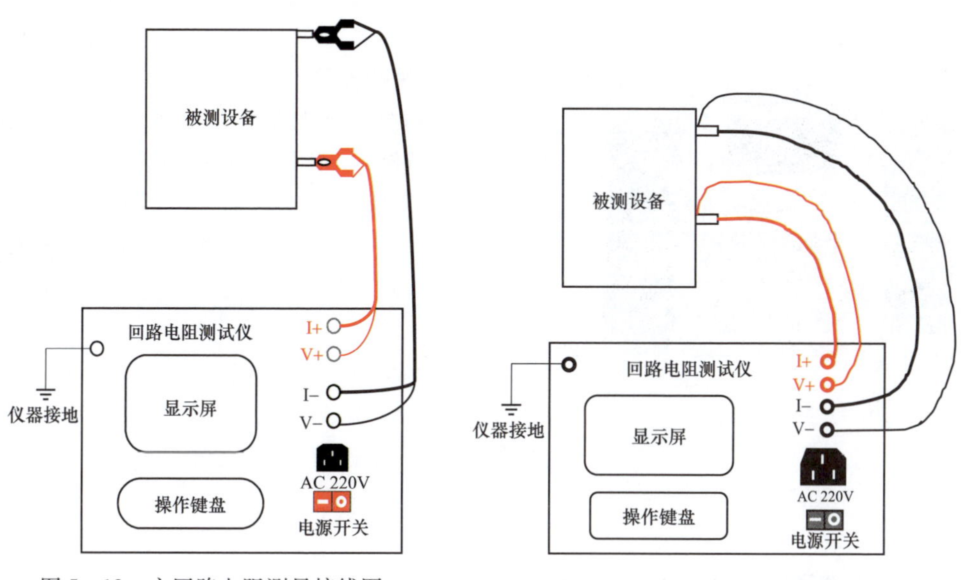

图5-13 主回路电阻测量接线图

图5-14 主回路电阻测量接线图（电流电压测试线分开接线方法）

5.3.1.3 试验步骤

（1）正确记录环境温度。

（2）检查确认被试设备处于导通状态。

（3）进行检测接线，并检查测试接线是否正确、牢固。

（4）接通仪器电源，进行测试，电流稳定后读出检测数据，并做好记录。

（5）关闭检测电源，拆除检测测试线，将被试设备恢复到测试前状态。

5.3.1.4 注意事项

（1）在没有完成全部接线时，不允许在测试接线开路的情况下通电，否则会损坏仪器。

（2）测试时，为防止被测设备突然分闸，应断开被测设备操作回路的电源。

（3）测试线应接触良好、连接牢固，防止测试过程中突然断开。

5.3.1.5 评判标准

测试结果应符合工厂技术条件。如发现测试结果超标，可将被试设备进行分、合操作若干次，重新测量；若仍偏大，可分段查找以确定接触不良的部位。

5.3.2 触指压力测试

5.3.2.1 一般规定

采用弹簧秤测压力不方便、不准确也不安全，有些结构的隔离开关的触指压力用弹簧秤根本无法测量（如剪刀式）。使用智能型触指压力测试仪，只要将测试钳模拟触头的传感器按实际触头尺寸在每对触指接触部位放置，就能显示出触指此时的接触压力并记忆，使用方法简单，测量准确、高效。

5.3.2.2　试验接线

图5－15所示为隔离开关触头测试仪面板，将信号线一端插入传感器接口，另一端接模拟触头对被测设备进行测量。

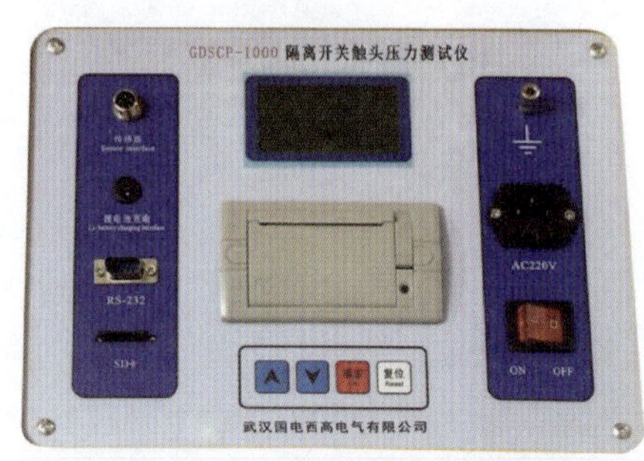

图5－15　测试仪面板

5.3.2.3　试验步骤

（1）确定需要测量隔离开关触指压力的触头接触面的宽度 b（用游标卡尺测量）。

（2）根据触头宽度 b，调整测试仪模拟触头的宽度 a，使 $a=b$（针对GW4、GW5等转入式隔离开关和GW6等折叠式隔离开关分别使用不同的模拟触头）。

（3）调好模拟触头宽度后锁紧螺母，使模拟触头宽度有效固定。

（4）连接传感器的信号线，打开测试仪电源，按确定键开始测量。

（5）记录数据。

5.3.2.4　注意事项

（1）测量时模拟触头的张开速度应该很缓慢。

（2）由于合闸时触头有冲击力，所以压力读数不能按峰值确定。

（3）如有A、B两个测试通道，传感器不能同时插入，否则影响测量数据的准确性。

（4）操作过程中有任何异常，请关闭电源重新启动。

（5）点击触摸屏应采用专用笔，其他替代品可能会损坏屏幕。

5.3.2.5　评判标准

由于手动测试，模拟触头与触指接触面的作用点和作用方向有一定的不一致性，同时传感器灵敏度较高，作用点和作用方向稍有差别，测试值会有一定的分散，因此测试每对触指至少应取3次的平均值，且过高或过低值应删除，测试结果应符合工厂技术条件。

5.4　《指导书》重点条款解析

本节表格内容为引用《指导书》的内容，表中序号相应保留，“监督要点解析”中的编号也与之对应。

5.4.1　隔离开关导电回路

5.4.1.1　导电部分零部件

（1）监督内容、权重及要点见表5－11。

表5-11　　导电部分零部件监督内容、权重及要点

《指导书》对应序号	监督内容	权重	监督要点
5.1.1	零部件材质	Ⅲ	②不锈钢部件禁止采用铸造件，铸铝合金传动部件禁止采用砂型铸造

(2) 监督要点解析。②导电部位零部件材质是设备监造技术监督比较重要的监督项目。对于导电部分中承力的转动部件，不宜用铸铝合金材料；使用铸铝合金传动部件时，禁止采用砂型铸造，因为采用砂型铸造的铝合金件内部常存在砂眼、气孔等铸造缺陷，造成产品强度不够，运行中受力后可能发生脆性断裂，导致无法正常分合闸操作；应采用挤压成型的铸铝件，以达到承力要求。同样，铸造不锈钢在运行中容易因"氢脆"等应力腐蚀问题断裂，因此不锈钢部件应使用锻造钢材，禁止用铸造件。图5-16所示为GW10型隔离开关传动部件，各部分均为锻造钢件，未使用铸铝件。

图5-16　GW10型隔离开关导电部分传动件

(3) 监督要求。现场见证，需现场查看实物。

5.4.1.2　触头镀银层

(1) 监督内容、权重及要点见表5-12。

表5-12　　触头镀银层监督内容、权重及要点

《指导书》对应序号	监督内容	权重	监督要点
5.1.2	动、静触头	Ⅳ	镀银层应为银白色，呈无光泽或半光泽，不应为高光亮镀层；镀层应结晶细致、平滑、均匀、连续；表面无裂纹、起泡、脱落、缺边、掉角、毛刺、针孔、色斑、腐蚀锈斑和划伤、碰伤等缺陷。厚度应不小于20μm，硬度不小于120HV（基体硬度）。内拉式触头应采用可靠绝缘措施防止弹簧分流

(2) 监督要点解析。动、静触头检查是设备监造技术监督非常重要的监督项目。触头镀银可有效减小接触电阻，整体提高导体的导电能力，因此需要严格监督检查触头、导体镀银层厚度各项指标。触头镀银层表面颜色应为银白色，呈无光泽或半光泽，纯净的镀银层光泽度不会很高，非常光亮表示纯度不够。观察其表面有无裂纹、起泡等缺陷，如有此缺陷，运行过程中可能会产生过热情况。触头镀银层经受分、合闸操作摩擦后可能脱落、剥离，因此对镀银层厚度有一定要求。镀银层厚度需多点测量，都不应小于20μm。对于硬度测量，由于镀银层厚度很薄，其硬度无法准确测量，实测硬度是其基体硬度，此数值不小于120HV。

镀银层如图5-17所示。

图 5－17　镀银层图片

内拉式触头弹簧会出现分流发热问题，导致弹簧弹性降低，造成动静触头接触不良，现生产厂家大多采用外压式或自力式触头，以避免分流发热问题。

对采用内拉式触头的隔离开关，应检查其触头弹簧防分流措施是否完善有效，非不锈钢触头弹簧是否进行电镀、磷化等防腐处理，必要时应向制造厂索取弹簧材质和防腐工艺资料，并开展相应检测。图 5－18、图 5－19 所示为内拉式弹簧和外压式弹簧。

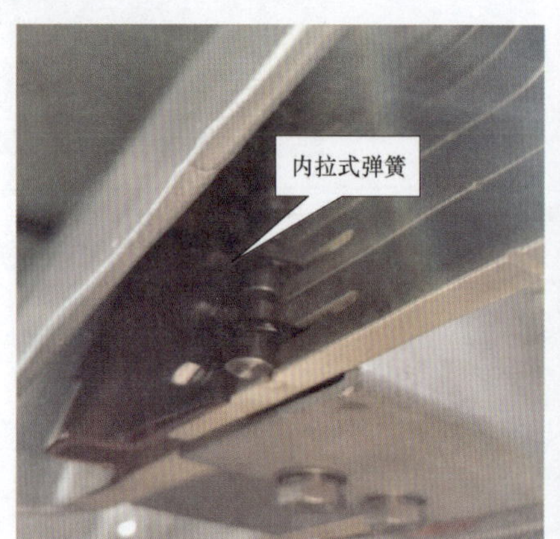

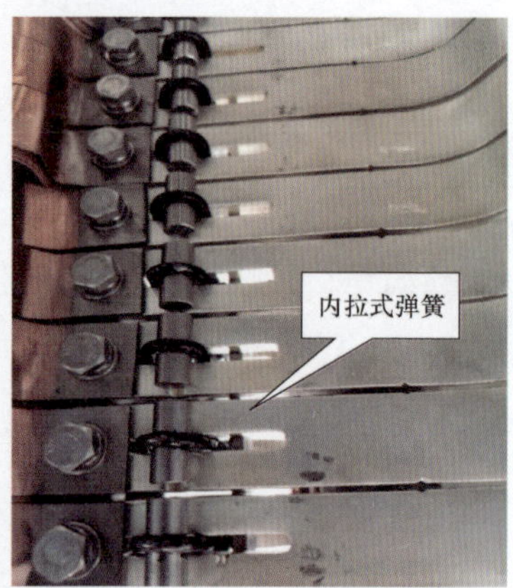

图 5－18　内拉式弹簧

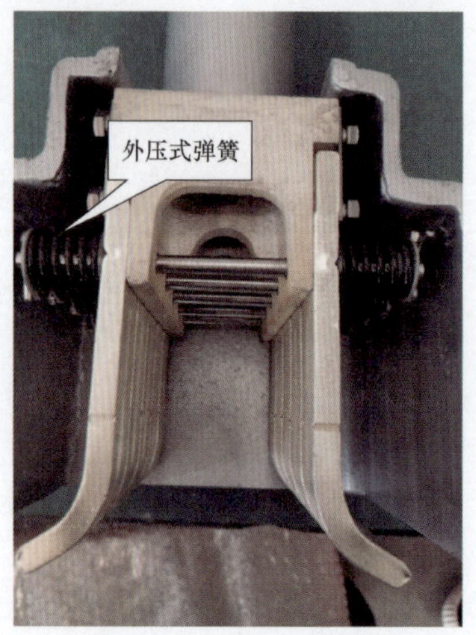

图 5－19　外压式弹簧

（3）监督要求。开展该项目监督主要通过现场见证，现场查看镀银层外观、触头弹簧结构，镀银层厚度和硬度可现场测量或查看质检合格证。

5.4.1.3　接触面

（1）监督内容、权重及要点见表5－13。

表5－13　接触面监督内容、权重及要点

《指导书》对应序号	监督内容	权重	监督要点
5.1.2	主导电装配	Ⅲ	导电回路不同金属接触应采取镀银、搪锡等有效过渡措施，禁止导电回路中不同金属材料直接接触。镀银厚度不宜小于8μm，搪锡厚度不宜小于12μm

（2）监督要点解析。不同金属接触面过渡措施是设备监造技术监督比较重要的监督项目。不同金属直接连接接触面会产生电化腐蚀，最终导致接触电阻大，发生过热的情况，因此应采取镀银、搪锡等有效过渡措施。镀银层厚度不宜小于8μm，搪锡层厚度不宜小于12μm。铜导电带与铝导电部分之间的镀银层如图5－20所示。

图5－20　铜铝过渡镀银层

（3）监督要求。开展该项目监督主要通过现场见证，通过现场观察过渡层情况或查看质检合格证。

5.4.1.4　导电带

（1）监督内容、权重及要点见表5－14。

表5－14　导电带监督内容、权重及要点

《指导书》对应序号	监督内容	权重	监督要点
5.1.2	导电带材质、截面积	Ⅳ	①主导电回路转动部分不应采用导电盘连接，应采用导电带连接，上下导电臂之间的中间接头、导电臂与导电底座之间应采用叠片式软导电带连接，叠片式铝制软导电带应有不锈钢片保护
		Ⅲ	②铜质软连接用来承载短路电流时，应满足动、热稳定要求，如果采用其他材料，则应具有等效的截面积。接地开关可动部件与其底座之间的铜质软连接的截面积应不小于50mm^2

（2）监督要点解析。①导电带材质是设备监造技术监督非常重要的监督项目。隔离开关转动部位导电连接方式有转动触指盘、铜编织带、叠片式软导电带、导电轴承等。转动触指盘塑料外壳在户外运行时很快老化脆裂或进水，造成发热。铜编织带在户外污秽环境中运行时，局部腐蚀容易发展为整节变质，导致断裂散股、焊点脱落等。导电轴承可维护性差。

采用软导电带作为转动部位导电连接，导电接触面固定，强度较优，可有效地减少发热缺陷，减轻检修维护工作量。其安装的位置在上下导电臂之间的中间接头、导电臂与导电底座之间，一般采用叠片式的铜制结构，如采用铝结构，其外层应有不锈钢片保护。

现场实物如图 5－21、图 5－22 所示，图 5－21 为铜导电带，图 5－22 为铝导电带，外层有不锈钢防护。

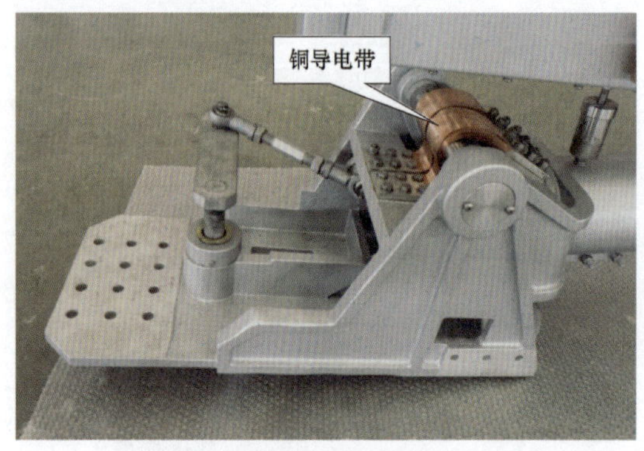

图 5－21　铜导电带

图 5－22　带外壳防护的铝导电带

②导电带截面积是设备监造技术监督比较重要的监督项目。铜材料设计截面积要能满足短路电流要求，通过短路电流时，应满足温升要求；如果采用其他材料，则应具有等效的截面积。对于接地开关可动部件与其底座之间的铜质软连接，由于接地导电回路只是接通残余电流及感应电流，电流值较小，因此规定其截面积不小于 $50mm^2$ 即可。

（3）监督要求。开展该项目监督主要通过现场见证，查看实物，观察导电带情况；对于导电带截面积是否满足要求，需查看型式试验报告中温升值是否合格。

5.4.1.5　防雨措施

（1）监督内容、权重及要点见表 5－15。

表 5－15　　防雨措施监督内容、权重及要点

《指导书》对应序号	监督内容	权重	监督要点
5.1.2	防雨措施	Ⅲ	主导电装配应有防雨措施，配钳夹式触头的单臂伸缩式隔离开关导电臂应采用全密封结构

（2）监督要点解析。防雨措施是设备监造技术监督比较重要的监督项目。隔离开关主导电装配应有防雨措施。对于水平开启式、水平伸缩式和水平旋转式隔离开关，其动静触头接触处设有防雨罩。GW10 型、GW16 型等单柱垂直伸缩式隔离开关导电部分应有防雨措施，一般要采取全密封结构或存在疏水通道，严禁使用存在积水可能的结构，因为采用非全密封导电臂会出现进水、积污等情况，导致传动部件卡涩拒动，寒冷地区导电部分积水后出现冻裂情况。新安装隔离开关导电臂应避免采用异形结构的密封设计，宜采用 O 形或圆形密封结构。图 5－23 为硅橡胶异形密封结构，现不允许采用。

（3）监督要求。开展该项目监督主要通过查看设计图纸，现场查看实物观察防雨措施。

图5-23 硅橡胶异形结构

5.4.2 隔离开关底座/构架

5.4.2.1 支座

（1）监督内容、权重及要点见表5-16。

表5-16 支座监督内容、权重及要点

《指导书》对应序号	监督内容	权重	监督要点
5.2.1	支座	Ⅲ	支座材质应为热镀锌钢或不锈钢，整体结构强度、刚度、稳定性满足厂内技术要求

（2）监督要点解析。支座材质及结构强度是设备监造技术监督比较重要的监督项目。为防止支座腐蚀，支座材料应选用不锈钢或热镀锌钢，根据隔离开关的电压等级及整体重量设计支座结构，整体结构强度、刚度、稳定性应满足厂内技术要求。

现场实物如图5-24所示。

图5-24 隔离开关支座

（3）监督要求。开展该项目监督主要通过现场见证，现场观察支座情况。

5.4.2.2 传动部件

（1）监督内容、权重及要点见表5-17。

表 5-17　传动部件监督内容、权重及要点

《指导书》对应序号	监督内容	权重	监督要点
5.2.1	传动部件	Ⅱ	传动机构拐臂、连杆、轴齿、弹簧等部件应具有良好的防腐性能，传动件如采用镀锌，镀锌层平均厚度不低于65μm。拐臂、连杆、传动轴、凸轮表面不应有划痕、锈蚀、变形等缺陷

图 5-25　GW4 型隔离开关底座及连杆

（2）监督要点解析。传动部件外观检查是设备监造技术监督重要的监督项目。传动部件中各受力部件均使用锻造钢材，长期暴露在大气中易出现锈蚀，须通过渗锌工艺达到防腐、防锈蚀目的，锌层平均厚度不低于65μm。通过外观检查各部件完好。图 5-25 为 GW4 型隔离开关底座及连杆。

（3）监督要求。开展该项目监督主要通过现场见证，现场查看镀锌情况或查看质检合格证。

5.4.2.3　底座装配

（1）监督内容、权重及要点见表 5-18。

表 5-18　底座装配监督内容、权重及要点

《指导书》对应序号	监督内容	权重	监督要点
5.2.2	底座装配	Ⅱ	轴承座、轴销等传动部位转动灵活、润滑良好、密封工艺符合要求

（2）监督要点解析。底座装配是设备监造技术监督重要的监督项目。轴承座装配时，其松紧度要适中，太松轴承座不能有效固定，太紧又导致轴承座旋转受阻。轴承座装配时应密封良好，轴承座内装足够强度的圆锥滚子轴承，加二硫化钼锂基脂，能承受较大径向负荷及轴向重力且不产生间隙，配合良好、旋转灵活。密封不良的转动轴承座在长期运行后易进水、积污、腐蚀，导致卡涩拒动。现场实物如图 5-26 所示。

（3）监督要求。开展该项目监督主要通过现场见证，现场观察支座情况。

图 5-26　GW4 型隔离开关轴承座

5.4.2.4 传动部件装配

（1）监督内容、权重及要点见表5－19。

表5－19　传动部件装配监督内容、权重及要点

《指导书》对应序号	监督内容	权重	监督要点
5.2.2	传动部件装配	Ⅱ	隔离开关和接地开关用于传动的空心管材应有疏水通道

（2）监督要点解析。传动部件装配是设备监造技术监督重要的监督项目。隔离开关和接地开关用于传动的管材应为空心无缝管，空心管材底部不应密封，采用密封结构的空心管材下部应打排水孔，防止雨水进入到管材中无法流出，导致管材内部积水腐蚀。在北方地区，冬季温度较低，进入管材的雨水冬季结冰易胀裂管材。有排水孔的传动杆如图5－27所示，因积水胀裂的传动连杆如图5－28所示。

图5－27　GW5型隔离开关传动杆（有排水孔）

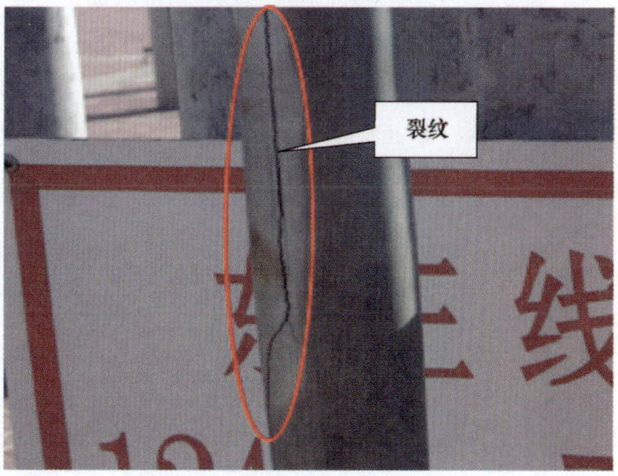

图5－28　有裂纹的传动杆

（3）监督要求。开展该项目监督主要通过现场见证，现场观察传动杆的疏水通道。

5.4.3 机构装配

5.4.3.1 辅助与控制回路检查

（1）监督内容、权重及要点见表5－20。

表5－20　辅助与控制回路监督内容、权重及要点

《指导书》对应序号	监督内容	权重	监督要点
5.3.2	辅助与控制回路检查	Ⅲ	①箱内应贴有电气原理接线图；各空气开关、接触器等二次元器件标示齐全正确，应取得“3C”认证或通过与“3C”认证同等的性能试验，外壳绝缘材料阻燃等级应满足V－0级，并提供第三方检测报告
		Ⅱ	②辅助开关接线正确、切换正常，齿轮箱机械限位准确可靠，辅助开关接点应镀银
		Ⅲ	③机构箱内二次回路的接地应符合规范，并设置专用的接地排；交、直流电源应有绝缘隔离措施

图 5－29　带"3C"认证标识的继电器

（2）监督要点解析。①箱内二次元件检查是设备监造技术监督比较重要的监督项目。机构箱内二次元件标识应齐全，二次元件上要印有"3C"标识或通过产品质检合格证证明其满足"3C"认证同等的性能。其外壳绝缘材料阻燃等级应满足 V－0 级，并通过第三方机构检测合格，当机构箱内发生着火等异常情况时，不会因二次元件材料易燃扩大火灾事故。带"3C"认证标识的继电器如图 5－29 所示。

③机构箱接地排、端子排是设备监造技术监督比较重要的监督项目。接地排供接地线使用，使用接地排可以使接地线有良好的接地条件，不会出现接线混乱。为了排除端子排潮湿凝露、雨水侵入、交直流电缆破损、误碰、误接线等原因造成交直流串电，机构箱应避免交、直流接线出现在同一段或同一串端子排上，出现在同一串端子排上应用绝缘隔板隔开。交、直流端子隔离措施如图 5－30 所示。

图 5－30　交、直流电源隔离措施

（3）监督要求。开展该项目监督主要通过现场见证和文件见证，现场查看和查阅厂家设计图纸。

5.4.3.2　电机过载保护

（1）监督内容、权重及要点见表 5－21。

表 5－21　　电机过载保护监督内容、权重及要点

《指导书》对应序号	监督内容	权重	监督要点
5.3.2	电机过载保护	Ⅳ	操动机构内应装设一套能可靠切断电动机电源的过载保护装置。电机电源消失时，控制回路应解除自保持

（2）监督要点解析。电机过载保护是设备监造技术监督非常重要的监督项目。电动机在实际运行时，拖动隔离开关分、合操作过程中，若机械出现不正常或电路异常使电动机遇到过载，则电动机转速下降、绕组中的电流将增大，绕组的温度升高，严重时甚至会使电动机绕组烧毁。在电路中使用热继电器，就是利用电流的热效应原理，在电动机出现过载时及时切断电动机电路，为电动机提供过载保护，也防止隔离开关机械部件损坏。

（3）监督要求。开展该项目监督主要通过现场见证，查看图纸及现场查看实物，可以查看机构内是否装设热继电器。

5.4.3.3 加热照明

（1）监督内容、权重及要点见表5－22。

表5－22 加热照明监督内容、权重及要点

《指导书》对应序号	监督内容	权重	监督要点
5.3.2	加热照明	Ⅳ	机构箱内所有的加热元件应是非暴露型的；加热器、驱潮装置及控制元件的绝缘应良好，加热器与各元件、电缆及电线的距离应大于50mm；加热驱潮装置能按照设定温、湿度自动（手动）投入，照明装置应工作正常

（2）监督要点解析。加热照明是设备监造技术监督非常重要的监督项目。为防止作业人员烫伤，机构箱内的所有加热元件不应暴露在外，应使用防护网或硅橡胶阻燃材质将其隔离开。元器件的绝缘性能良好，二次电缆及距离加热元件不能太近，防止电缆烧损。加热驱潮装置应按照用户的要求，设有自动投入和手动投入两种功能，满足用户实际需要。照明装置应工作正常。

现场不合格实物如图5－31所示，加热元件暴露在外。

图5－31 暴露在外的不合格加热元件

（3）监督要求。开展该项目监督主要通过现场见证，现场查看实物。

5.4.4 总装

5.4.4.1 绝缘子材质

（1）监督内容、权重及要点见表5－23。

（2）监督要点解析。

1）绝缘子外观检查。④喷砂工艺是设备监造技术监督非常重要的监督项目。隔离开关的支柱或操作绝缘子的集中受力点在绝缘子法兰的胶装处，采用上砂水泥胶装工艺，是为了避免以往常规的压花工艺造成的局部内应力集中，造成绝缘子根部断裂事故。根据绝

表 5－23　　绝缘子材质监督内容、权重及要点

《指导书》对应序号	监督内容	权重	监督要点
5.4.3	1）外观检查	Ⅳ	④绝缘子与法兰胶装部分应采用喷砂工艺。胶装处胶合剂外露表面应平整，无水泥残渣及露缝等缺陷，胶装后露砂高度 10～20mm，瓷脖位置不应小于 10mm，胶装处应均匀涂以防水密封胶
	2）质量报告	Ⅳ	每批绝缘子均应有绝缘子制造厂的质量合格证和制造厂的出厂试验报告（报告中包括瓷件超声波检查、弯曲和扭转试验，任一项不符合要求应判为不合格。用于 72.5kV 及以上电压等级的绝缘子，应逐个进行机械负荷试验）

缘子断裂的事故统计，大多数断裂事故均发生在该部位。水分进入法兰胶装位置时，冬季结冰涨裂将造成绝缘子损伤，应涂以防水密封胶进行保护。胶装后露砂高度 10～20mm，使监造人员明显看出绝缘子与法兰间已采用喷砂工艺。瓷脖位置不应小于 10mm，方便绝缘子探伤。现场实物如图 5－32 所示。

2）质量报告。绝缘子质量报告是设备监造技术监督非常重要的监督项目。通过查看绝缘子出厂试验报告，判断绝缘子质量是否合格。报告中应包含瓷件超声波探伤检查，确认其内部没有气孔等缺陷，弯曲和扭转试验是否达到工厂技术条件。对于 72.5kV 及以上电压等级的绝缘子，应逐个进行机械负荷试验。出厂试验报告如图 5－33 所示。

图 5－32　喷砂工艺

唐山高压电瓷有限公司

试　验　报　告

委托单位：新东北电气集团隔离开关有限公司　　编号 NO.：2019-052

产品名称：耐污型户外棒形支柱瓷绝缘子　　数　量：3柱

产品型号：ZSW-252/8　　产品代号：235265+235266

订 单 号：宁波雁荏 219063772

一．试验依据：

1. GB8287.1—2008 高压支柱瓷绝缘子 第1部分：瓷或玻璃绝缘子的试验
2. GB8287.2—2008 高压支柱瓷绝缘子 第2部分：尺寸与特性
3. Q/TD 1005—2015 12-1100KV 及±800KV 直流户外棒形支柱瓷绝缘子
4. 产品技术条件
5. 产品图样

二．试验项目及结果：

试验项目	规定值	实测值					结果
爬电距离检查	7812mm	7915					合格
温度循环检查	温差 50 ℃ 循环 3 次						合格
弯曲破坏负荷	8kN	9.93					合格
扭转破坏试验	6kN.m	7.2 未坏					合格
逐支探伤试验	合格						
逐支弯曲耐受试验	合格						
孔隙性试验	180MPa.h	不吸红					
镀锌层试验	合格						

三．试验结论：

该产品以上试验结果均符合检验标准、技术条件及图样的规定，合格。

试验人员：王瑞明　王仲民　　　审　核：[illegible]

2019 年 9 月 24 日

图 5－33　绝缘子出厂试验报告

（3）监督要求。监督主要通过现场见证和文件见证：喷砂工艺通过现场查看实物及合格证；绝缘子质量需查看厂家提供的绝缘子出厂试验报告。

5.4.4.2 连杆装配

（1）监督内容、权重及要点见表5－24。

表5－24 连杆装配监督内容、权重及要点

《指导书》对应序号	监督内容	权重	监督要点
5.4.4	连杆装配	Ⅱ	各转动面润滑良好、转动灵活，检查连杆定位销是否装配，垂直连杆应有可靠防滑措施（顶针、销针）

（2）监督要点解析。连杆装配是设备监造技术监督重要的监督项目。垂直连杆的作用是将机构内电机出力传递给闸刀，使其能够正常分合，如连杆不能有效固定，出现打滑现象将会使分、合闸不到位，严重时无法进行分、合闸操作，因此要对其进行有效固定。现场实物如图5－34、图5－35所示。

（3）监督要求。开展该项目监督主要通过现场见证查看实物。

5.4.4.3 闭锁装置装配

（1）监督内容、权重及要点见表5－25。

图5－34 通过抱箍固定

图5－35 中部顶针固定

表5－25 闭锁装置装配监督内容、权重及要点

《指导书》对应序号	监督内容	权重	监督要点
5.4.4	闭锁装置装配	Ⅳ	隔离开关与其所配装的接地开关之间应有可靠的机械联锁，机械联锁应有足够的强度（当发生电动或手动误操作时，不会损坏任何元器件）

（2）监督要点解析。闭锁装置装配是设备监造技术监督非常重要的监督项目。隔离开关与接地开关闭锁包括电气闭锁和机械闭锁，联锁功能可避免运行状态误合接地开关及检修状态误合隔离开关，对于电动操动机构的隔离开关，手动操作时闭锁电动操作可防止误操作。

可靠的机械闭锁包括强度的要求和配合精度的要求。要求机械闭锁有足够强度是防止误分、合隔离开关的有效技术手段，当发生电动或手动误操作时，不会损坏任何元器件；要求机械闭锁有足够的精度，使每次分、合闸操作能有效到位。这两方面任一不满足，都可能造成误操作事故。

（3）监督要求。技术监督人员开展本条目监督时，可采用现场查看实物或查阅设计图纸的方式，查看联闭锁设计是否满足要求。

5.4.4.4 隔离开关调整

（1）监督内容、权重及要点见表5－26。

表5－26　隔离开关调整监督内容、权重及要点

《指导书》对应序号	监督内容	权重	监 督 要 点
5.4.5	拐臂调整	Ⅳ	检查并确认隔离开关主拐臂调整应过死点

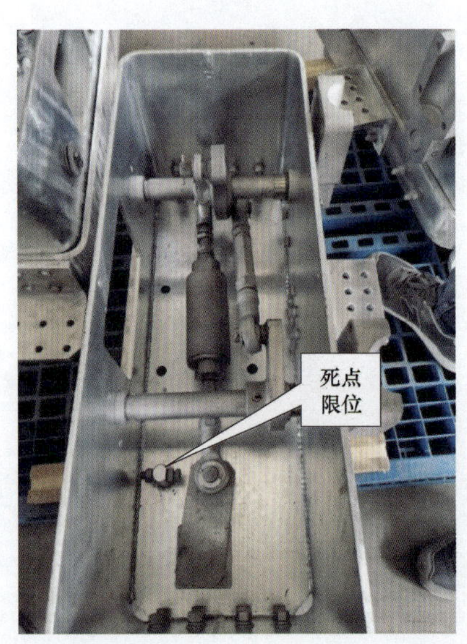

图5－36　GW6导电座内部拐臂死点限位装置

（2）监督要点解析。隔离开关拐臂调整是设备监造技术监督非常重要的监督项目。在隔离开关传动系统中，利用死点使隔离开关实现合闸状态保持，利用破坏死点使隔离开关完成分闸功能，不同结构隔离开关过死点方式有所不同。当隔离开关合闸，在合闸到位时底座装配的连杆要过死点，这样保证导电臂不会在外力情况下向反方向转动，即防止其自动分闸的发生。如果要完成分闸动作，需要对拐臂施加作用力，破坏死点后，使拐臂动作完成分闸。图5－36为GW6导电座内部拐臂死点限位装置。

（3）监督要求。技术监督人员开展本条目监督时，通过现场查看是否过死点。

5.4.5 出厂试验

（1）监督内容、权重及要点见表5－27。

（2）监督要点解析。隔离开关主回路绝缘试验是设备监造技术监督非常重要的监督项目。对于隔离开关的主回路绝缘试验，根据DL/T 593—2006《高压开关设备和控制设备标准的共用技术要求》中主回路的绝缘试验规定：隔开开关通过型式试验后，只需检查导

表 5－27　　出厂试验监督内容、权重及要点

《指导书》对应序号	监督内容	权重	监督要点
5.5.4	主回路绝缘试验	Ⅳ	隔离开关相间、断口间以及导电部分和底座间尺寸满足厂家技术条件，型式试验报告中温升满足厂家技术条件

电部分之间（相间、断口间及导电部分与底架间）的尺寸，工频电压耐受试验可以省略。因此，应100%检查产品的断口距离及带电体对地的绝缘距离，并查看型式试验报告温升值满足厂家技术条件即可。型式试验报告如图5－37所示。

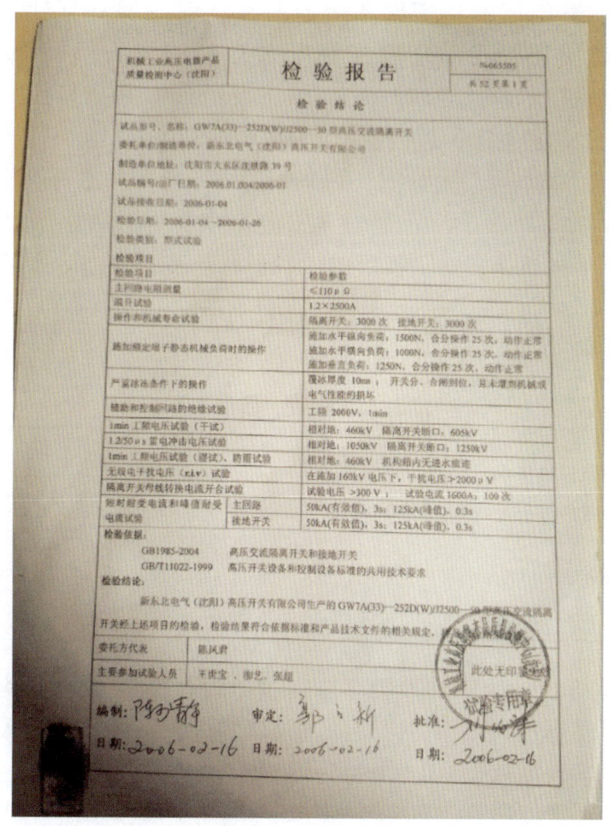

机械工业高压电器产品质量检测中心（沈阳）　　检验报告　　共52页第1页

检验结论

试品型号、名称：GW7A(33)—252D(W)/J2500—50 型高压交流隔离开关

委托单位/制造单位：新东北电气（沈阳）高压开关有限公司

制造单位地址：沈阳市大东区沈铁路39号

试品编号/出厂日期：2006.01.004/2006-01

试品接收日期：2006-01-04

检验日期：2006-01-04～2006-01-26

检验类别：型式试验

检验项目

检验项目		检验参数
主回路电阻测量		≤110μΩ
温升试验		1.2×2500A
操作和机械寿命试验		隔离开关：3000 次　接地开关：3000 次
施加额定端子静态机械负荷时的操作		施加水平纵向负荷：1500N，合分操作 25 次，动作正常 施加水平横向负荷：1000N，合分操作 25 次，动作正常 施加垂直负荷：1250N，合分操作 25 次，动作正常
严重冰冻条件下的操作		覆冰厚度 10mm；开关分、合闸到位，且未遭到机械或电气性能的损坏
辅助和控制回路的绝缘试验		工频 2000V，1min
1min 工频电压试验（干试）		相对地：460kV　隔离开关断口：605kV
1.2/50μs 雷电冲击电压试验		相对地：1050kV　隔离开关断口：1250kV
1min 工频电压试验（湿试）、防雨试验		相对地：460kV　机构箱内无进水痕迹
无线电干扰电压（r.i.v）试验		在施加 160kV 电压下，干扰电压＞2000μV
隔离开关母线转换电流开合试验		试验电压＞300V；　试验电流 1600A，100 次
短时耐受电流和峰值耐受电流试验	主回路	50kA(有效值)，3s；125kA(峰值)，0.3s
	接地开关	50kA(有效值)，3s；125kA(峰值)，0.3s

检验依据：

GB1985-2004　　高压交流隔离开关和接地开关

GB/T11022-1999　　高压开关设备和控制设备标准的共用技术要求

检验结论：

新东北电气（沈阳）高压开关有限公司生产的 GW7A(33)—252D(W)/J2500—50 型高压交流隔离开关经上述项目的检验，检验结果符合依据标准和产品技术文件的相关规定。

委托方代表	陈风君
主要参加试验人员	王世宝、谢艺、张超

此处无印鉴无效　试验专用章

编制：　　审定：　　批准：

日期：2006-02-16　　日期：2006-02-16　　日期：2006-02-16

图 5－37　GW7 型式试验报告

（3）监督要求。技术监督人员开展本条目监督时，通过现场测量，查看出厂试验报告和型式试验报告。

5.4.6　隔离开关金属监督要点

5.4.6.1　导电部分

（1）监督内容、权重及要点见表 5－28。

表 5－28　导电部分监督内容、权重及要点

《指导书》对应序号	监督内容	权重	监督要点
5.6.1	部件镀层厚度	Ⅳ	导电接触面镀银层厚度应不小于 20μm

（2）监督要点解析。导电接触面镀银层厚度检测是设备监造技术监督非常重要的监督项目。镀银层厚度检测分为有损检测和无损检测。有损检测为使用化学试剂与镀银层发生化学反应，通过测量化学试剂的消耗量间接得到镀银层厚度值，此方法多用于生产厂家评定镀银生产工艺。无损检测为 X 射线荧光法，即使用 X 射线荧光仪测量并记录样品中银和铜元素的含量，再根据元素含量与镀银层厚度的对应关系得到镀银层厚度值。现场监督选用 X 射线荧光法，采用 X 射线荧光镀层测厚仪或便携式光谱仪等能保证精度的设备进行镀银层厚度测量。被检测的镀银层不可有脱皮、划痕等外观缺陷，检测依据 GB/T 16921—2005《金属覆盖层　覆盖层厚度测量 X 射线光谱方法》，质量判定依据 DL/T 1424—2015《电网金属技术监督规程》6.1.3 a）条和 Q/GDW 11717—2017《电网设备金属技术监督导则》9.2.3 条规定，镀银层厚度不应小于 20μm。

（3）监督要求。开展本项目监督时，可采取现场抽检方式进行。测量导电接触面镀银层厚度时，每个工程抽检 1～3 件，每件检测 6 点。主要查看镀银层厚度是否符合标准要求。对不合格件进行整批更换，对更换后的设备进行复测，合格后方可使用。

5.4.6.2　传动部件

（1）监督内容、权重及要点见表 5－29。

表 5－29　传动部件监督内容、权重及要点

《指导书》对应序号	监督内容	权重	监督要点
5.6.2	部件镀层厚度	Ⅳ	传动机构拐臂、连杆、轴齿、弹簧等部件应具有良好的防腐性能，传动件如采用镀锌，镀锌层平均厚度不低于 65μm

（2）监督要点解析。传动部件镀层厚度测量是设备监造技术监督非常重要的监督项目。外露连杆、拐臂暴露在大气中，镀锌的主要目的为防腐蚀，一般采用磁性镀层测厚仪进行镀锌层厚度测量，检测依据 GB/T 4956—2003《磁性基体上非磁性覆盖层 覆盖层厚度测量 磁性法》，质量判定依据 DL/T 1424—2015《电网金属技术监督规程》5.2.3 a）条和 GB/T 2694—2018《输电线路铁塔制造技术条件》6.9.5 条规定，镀锌层平均厚度不低于 65μm。

（3）监督要求。开展本项目监督时，可采取现场抽检方式进行。测量传动杆镀层厚度时，每个工程抽检 3～5 件，每件检测 5 点。主要查看镀层厚度是否符合标准要求。对不合格件进行整批更换，对更换后的设备进行复测，合格后方可使用。

5.4.6.3　机构箱体材质分析和箱体厚度检测

（1）监督内容、权重及要点见表 5－30。

表 5-30　　机构箱体材质分析和箱体厚度检测监督内容、权重及要点

《指导书》对应序号	监督内容	权重	监督要点
5.6.3	规格、材质	Ⅳ	机构箱材质应为 Mn 含量不大于 2% 的奥氏体型不锈钢或铝合金，且厚度不应小于 2mm。如采用双层设计，其单层厚度不得小于 1mm

（2）监督要点解析。机构箱体材质分析和箱体厚度检测是设备监造技术监督非常重要的监督项目。

采用 X 射线荧光光谱分析仪进行材质分析，检测依据 DL/T 991—2006《电力设备金属光谱分析技术导则》，质量判定依据 DL/T 486—2010《高压交流隔离开关和接地开关》5.13 条和 DL/T 1424—2015《电网金属金属监督规程》第 6.1.7 条，户外设备的箱体应选用不锈钢、铸铝或具有防腐措施的材料，应具有防潮、防腐、防小动物进入等功能，材质应为 Mn 含量不大于 2% 的奥氏体型不锈钢或铝合金。

采用超声波测厚仪进行箱体厚度测量，检测前应校准仪器并根据被测部件的材质设置声速，检测依据 GB/T 11344—2008《无损检测接触式超声脉冲回波法测厚方法》，质量判定依据 Q/GDW 11717—2017《电网设备金属技术监督导则》16.3.1 b）条规定，户外密闭箱体（控制、操作及检修电源箱等）应具有良好的密封性能，其公称厚度不应小于 2mm；如采用双层设计，其单层厚度不得小于 1mm。

（3）监督要求。开展本项目监督时，可采取现场抽检方式进行监督。每个工程抽检 3 件，厚度检测每面测量 5 点，材质分析每面检验 1 点。主要检查箱体厚度及材质是否符合标准要求。对不合格件进行整批更换，对更换后的设备进行复测，合格后方可使用。

5.4.6.4　导电臂、接线板、静触头横担铝板

（1）监督内容、权重及要点见表 5-31。

表 5-31　　导电臂、接线板、静触头横担铝板监督内容、权重及要点

《指导书》对应序号	监督内容	权重	监督要点
5.6.4	材质	Ⅳ	导电臂、接线板、静触头横担铝板应采用 5 系或 6 系铝合金

（2）监督要点解析。导电臂、接线板、静触头横担铝板材质检测是设备监造技术监督非常重要的监督项目。2 系铝合金中的 Cu 元素以及 7 系铝合金中的 Mg 元素易与基体 Al 形成中间化合物，以二次相的形式在晶界析出，腐蚀产物聚集于晶界，体积膨胀使表层晶粒与合金内层剥离，产生剥蚀。当环境较恶劣、或当铝与另外一种阴极金属形成电偶时，剥蚀的速度会加快。因此 Q/GDW 11717—2017《电网设备金属技术监督导则》条款 9.2.5 规定：导电臂、接线板、静触头横担铝板不应采用 2 系和 7 系铝合金，应采用 5 系或 6 系铝合金。材质分析时采用 X 射线荧光光谱分析仪，检测依据 DL/T 991—2006《电力设备金属光谱分析技术导则》。

（3）监督要求。开展本项目监督时，可采取现场抽检方式进行监督。测量导电臂、接线板、静触头横担铝板材质时，每个工程抽检3～5件进行检测。主要查看相关部件材质是否符合标准要求。对不合格件进行整批更换，对更换后的设备进行复测，合格后方可使用。

5.4.6.5 轴销及开口销

（1）监督内容、权重及要点见表5-32。

表5-32　　轴销及开口销监督内容、权重及要点

《指导书》对应序号	监督内容	权重	监督要点
5.6.5	材质	Ⅳ	轴销及开口销的材质应为06Cr19Ni10的奥氏体不锈钢

（2）监督要点解析。轴销及开口销材质检测是设备监造技术监督非常重要的监督项目。轴销及开口销处易发生缝隙腐蚀，是一种严重的局部腐蚀形式，会引起操作卡涩，腐蚀磨损严重时甚至脱落，因此需要对轴销及开口销的材质进行要求。质量判定依据Q/GDW 11717—2017《电网设备金属技术监督导则》9.2.7条规定，轴销及开口销的材质应为06Cr19Ni10的奥氏体不锈钢。检测时采用X射线荧光光谱分析仪进行材质分析，检测依据DL/T 991—2006《电力设备金属光谱分析技术导则》。

（3）监督要求。开展本项目监督时，可采取现场抽检方式进行监督。轴销及开口销材质检测时，每个工程抽检3～5件进行检测。对不合格件进行整批更换，对更换后的设备进行复测，合格后方可使用。

5.4.6.6 连杆万向节的关节滑动部位

（1）监督内容、权重及要点见表5-33。

表5-33　　连杆万向节的关节滑动部位监督内容、权重及要点

《指导书》对应序号	监督内容	权重	监督要点
5.6.6	材质	Ⅳ	连杆万向节的关节滑动部位材质应为06Cr19Ni10的奥氏体不锈钢

（2）监督要点解析。连杆万向节的关节滑动部位材质检测是设备监造技术监督非常重要的监督项目。采用X射线荧光光谱分析仪进行材质分析，检测依据DL/T 991—2006《电力设备金属光谱分析技术导则》，质量判定依据Q/GDW 11717—2017《电网设备金属技术监督导则》9.2.6条规定，连杆万向节的关节滑动部位材质应为06Cr19Ni10的奥氏体不锈钢，螺杆外套可采用热浸镀锌钢，且采用锻造工艺加工。

（3）监督要求。开展本项目监督时，可采取现场抽检方式进行。测量连杆万向节的关节滑动部位材质时，每个工程抽检3～5件进行检测。主要查看连杆万向节的关节滑动部位材质是否符合标准要求。对不合格件进行整批更换，对更换后的设备进行复测，合格后方可使用。

参　考　文　献

[1] 国家电网有限公司. 国家电网有限公司十八项电网重大反事故措施（2018 年修订版）及编制说明. 北京：中国电力出版社，2018.

[2] 张裕生. 高压开关设备检测和试验. 北京：中国电力出版社，2004.

[3] 詹姆斯. 电力变压器工程. 3 版. 北京：机械工业出版社，2016.

[4] 邱永椿. 高压电气试验培训教材. 北京：中国电力出版社，2016.

[5] 李建明，朱康. 高压电气设备试验方法. 2 版. 北京：中国电力出版社，2019.

[6] 电力行业电力电容器标准化技术委员会，并联电容器装置技术及应用. 北京：中国电力出版社，2011.